国家特色蔬菜产业技术体系
山东省蔬菜产业技术体系　资助
德州市农业科技创新与示范工程

德州市蔬菜
轻简化生产技术大全

● 张自坤　常培培　段青青　王友平　主编

中国农业科学技术出版社

图书在版编目（CIP）数据

德州市蔬菜轻简化生产技术大全 / 张自坤等主编. --北京：中国农业科学技术出版社，2025.8. -- ISBN 978-7-5116-7623-8

Ⅰ. S63

中国国家版本馆 CIP 数据核字第 2025FH3810 号

责任编辑　崔改泵
责任校对　李向荣
责任印制　姜义伟　王思文

出 版 者	中国农业科学技术出版社
	北京市中关村南大街 12 号　　邮编：100081
电　　话	（010）82109194（出版中心）　（010）82106624（发行部）
	（010）82109709（读者服务部）
网　　址	https://castp.caas.cn
经 销 者	各地新华书店
印 刷 者	北京建宏印刷有限公司
开　　本	185 mm×260 mm　1/16
印　　张	15.5
字　　数	340 千字
版　　次	2025 年 8 月第 1 版　2025 年 8 月第 1 次印刷
定　　价	80.00 元

版权所有·侵权必究

《德州市蔬菜轻简化生产技术大全》编委会

主　　编：张自坤　常培培　段青青　王友平

副 主 编：王静静　李腾飞　张绍丽　韩梅梅　张禄祺

参　　编：李　华　徐光东　王　璐　李海燕　肖　华
　　　　　李春华　王爱杰　尚建民　王艳红　张守国
　　　　　朱德辉　张　娟　孙海艳　臧　彦　林　彬
　　　　　郭朝杰　刘　春　宋善兴　付娟娟　王付军
　　　　　杨　静　贾圆圆　杨德峰

PREFACE | 前　言

德州是全国和山东省蔬菜集中产区之一，素有"山东北菜园，京津南菜园"的美称，是京津冀优质蔬菜供应基地，每年有1/4的蔬菜销往京津冀地区。经过多年的发展，蔬菜业对德州市农业增效、农民增收、增加就业和满足人民生活等方面发挥了重要的作用。德州市蔬菜播种面积常年稳定在160万亩，总产量700万吨，总产值139亿元。德州市以"德州味"区域公用品牌建设为抓手，强化投入品监管、标准化生产，打造出"德州西瓜""庆云芫荽""陵县西葫""杲牌黄瓜"等品牌。

国家特色蔬菜产业技术体系德州综合试验站、山东省现代农业产业技术体系遗传育种岗位、德州市现代农业产业技术体系蔬菜创新团队在总结多年科学研究和广泛调研基础上编写了《德州市蔬菜轻简化生产技术大全》。该书在充分吸收蔬菜栽培研究成果的基础上，瞄准德州市蔬菜轻简化生产过程中的突出问题，对各种蔬菜生产技术进行凝练，旨在不断提高蔬菜的标准化栽培技术水平，助力蔬菜增产提质增效和高质量发展，转变农业发展方式，为乡村振兴提供强有力的科技支撑。

本书在编写时注重技术的先进性和实用性，文字通俗简练，具有针对性强、重点突出、内容全面、技术系统等特点，可作为广大菜农和家庭农场、产业园区以及县乡农技人员的生产用书，也可作为农业院校师生及农业科研单位的参考书。在成书过程中，笔者引用了散见于国内外报刊上的部分文献资料，因体例所限，难以一一列举，在此谨对原作者表示谢意。我国地域辽阔，各地生产条件和种植习惯也不尽相同，对本书所介绍的相关技术，各地应因地制宜，借鉴创新，不断深化和提高。

由于作者水平所限，书中错误和疏漏在所难免，敬请专家和读者赐正。

编　者

2025年3月

CONTENTS 目　录

第一章　德州市蔬菜产业发展概况 …………………………………… 1

　　一、德州市蔬菜产业发展特点 ………………………………… 1
　　二、德州市名特优蔬菜 ………………………………………… 3
　　三、德州市蔬菜生产新设备推广应用 ………………………… 16
　　四、德州市蔬菜产业发展面临的问题 ………………………… 17
　　五、蔬菜产业下一步发展建议 ………………………………… 17

第二章　茄果类蔬菜栽培技术 ………………………………………… 19

　　一、番茄 ………………………………………………………… 19
　　二、茄子 ………………………………………………………… 27
　　三、辣椒 ………………………………………………………… 33

第三章　瓜类蔬菜栽培技术 …………………………………………… 66

　　一、黄瓜 ………………………………………………………… 66
　　二、西瓜 ………………………………………………………… 73
　　三、甜瓜 ………………………………………………………… 78

四、丝瓜 …………………………………………………… 84

　　五、西葫芦 ………………………………………………… 90

第四章　白菜及甘蓝类蔬菜栽培技术 ………………………… **96**

　　一、白菜 …………………………………………………… 96

　　二、甘蓝 …………………………………………………… 101

　　三、花椰菜 ………………………………………………… 107

第五章　葱蒜类蔬菜栽培技术 ………………………………… **113**

　　一、韭菜 …………………………………………………… 113

　　二、大葱 …………………………………………………… 123

　　三、大蒜 …………………………………………………… 127

　　四、洋葱 …………………………………………………… 130

第六章　根菜类蔬菜栽培技术 ………………………………… **136**

　　一、萝卜 …………………………………………………… 136

　　二、胡萝卜 ………………………………………………… 140

　　三、根芥菜 ………………………………………………… 147

第七章　绿叶菜类蔬菜栽培技术 ……………………………… **152**

　　一、芹菜 …………………………………………………… 152

　　二、菠菜 …………………………………………………… 160

　　三、芫荽 …………………………………………………… 165

四、叶用莴苣 …… 168

第八章　薯芋类蔬菜栽培技术 …… **176**

一、马铃薯 …… 176

二、甘薯 …… 177

三、姜 …… 180

四、山药 …… 182

第九章　水生蔬菜栽培技术 …… **185**

一、莲藕 …… 185

二、茭白 …… 191

第十章　多年生蔬菜栽培技术 …… **196**

一、香椿 …… 196

二、芦笋 …… 200

三、黄花菜 …… 205

四、草莓 …… 209

第十一章　豆类蔬菜栽培技术 …… **220**

一、豇豆 …… 220

二、菜豆 …… 229

三、扁豆 …… 236

第一章　德州市蔬菜产业发展概况

德州市位于山东省西北部，黄河下游北侧，东经115°45′～117°36′、北纬36°24′25″～38°0′32″。北以漳卫新河为界，与河北省沧州市为邻；西以卫运河为界，与河北省衡水市毗连；西南与聊城市接壤；南隔黄河与济南市相望；东临滨州市。距北京市320千米。境内东西宽200千米，南北长175千米，总面积10 356平方千米，占山东省总面积的7.55%。德州市为黄河冲积平原，历史上境内曾有两次黄河大迁徙，上千次决口，造就了西南高、东北低的地形。

德州市基本气候特点是季风影响显著，四季分明、冷热干湿界限明显，春季干旱多风回暖快，夏季炎热多雨，秋季凉爽多晴天，冬季寒冷少雪多干燥，具有显著的大陆性气候特征。光照资源丰富。日照时数长，光照强度大，且多集中在作物生长发育的前中期，有利于作物进行光合作用；年平均日照时数为2 592小时，日照率为60%，太阳总辐射量为124.8千卡/厘米^2。在时间分配上，尤以5月、6月最高，月光照时数为280小时，日均9小时，光辐射量可达15千卡/厘米^2。德州市年平均气温12.9℃。德州市平均无霜期长达208天，一般为3月29日到10月24日。

德州市年平均降水量为547.5毫米，东部多于西部，南部多于北部。降水量的时间分配以7月最多，平均降水量为190毫米；1月最少，只有3.5毫米。按季节分，春季占12.8%，夏季高达67.7%，秋季占16.9%，冬季只占2.6%。

德州是全国、全省蔬菜集中产区之一，素有"山东北菜园，京津南菜园"的美称，是京津冀优质蔬菜供应基地，每年有1/4的蔬菜销往京津冀地区。经过多年的发展，蔬菜业对德州市农业增效、农民增收、增加就业和满足人民生活等方面发挥了重要的作用。德州市种植的主要瓜菜种类是番茄、芹菜、茄子、西葫芦、甘蓝、辣椒、西瓜、甜瓜、黄瓜、韭菜、白菜、大葱、大蒜、芫荽等，是京津沪优质蔬菜重要供应区。德州市蔬菜播种面积常年稳定在160万亩（1亩约等于667米^2，下同），总产量700万吨，总产值139亿元。其中，设施蔬菜85万亩，露地蔬菜75万亩。

一、德州市蔬菜产业发展特点

（一）加快形成蔬菜区域化、规模化格局

制订《德州市蔬菜（食用菌）功能保护区创建工作方案（2021—2025）》，按照

"规模突出、彰显特色、三产互动、科技领先、品牌知名"的原则,将推进蔬菜(食用菌)功能保护区建设纳入全年工作重点,重点推进36个蔬菜(食用菌)功能保护区建设,促进土地向大户、龙头企业、专业合作社流转集中,推进专业乡镇、专业村和专业园区的建设,形成了31个以市场和龙头企业为轴心,成方连片的区域化种植的蔬菜功能保护区。

(二)显著提升蔬菜生产水平

德州市大力开展蔬菜新品种、新技术、新材料试验、示范、推广工作,共引进推广优质、抗病、高产、抗逆性强、具有区域特色的蔬菜优良新品种16个,在德州市蔬菜园区、基地推广PO膜、工厂化育苗、生物防治、补光灯、生物降解膜、熊蜂授粉、杀虫灯、蓝黄板,以及水肥一体化、无土栽培、物联网、手机App远程自动控制等一大批新技术新模式22个,蔬菜生产档次和水平得到明显提升。开展蔬菜业务培训,聘请有经验的蔬菜专家,举办技术培训、进行实地指导,提高技术指导的针对性和实用性。

(三)稳步推进蔬菜稳产保供工作

建立《德州市"菜篮子"产品应急保供机制》《重要蔬菜产品应急保供品种清单》《德州市"菜篮子"重点品种应急保供生产基地名录》,及时掌握当地蔬菜生产种类、面积、产量、价格、销售、贮存等情况,及时研判分析生产形势和沟通发布生产信息,积极组织重点蔬菜基地、生产园区、种植大户主动与商超等蔬菜营销主体对接,建立密切联系机制,及时沟通蔬菜产销信息,协调供需关系,减少中间环节,保障市场供应。与商务、交通、发改等相关部门密切配合,建立鲜活农产品运输通道机制,确保蔬菜产品快速有序流通,保持蔬菜价格总体稳定,保障人民群众基本生活需求。

(四)加快设施蔬菜提档升级

利用大数据、物联网技术,改造传统设施农业,提升新棚建设档次,连片改造提升蔬菜老棚区冬暖式大棚。2023年德州市新建扩建高标准蔬菜园区7个;新建大棚293个,改造旧棚2 922个。

(五)大力发展智慧农业大棚项目

近年来,德州市以创建国家现代农业示范区为总目标,以建设京津冀优质农产品供应基地为总抓手,深入推进农业供给侧结构性改革,通过招商引资、招才引智等措施,大力发展智慧农业,在大数据、云计算、人工智能等数字化技术与农业生产方面深度融合发展,增强农业新动能,先后建设了临邑智慧农业产业园、庆云县水发现代农业产业园和德州市天衢新区智慧农业产业园等智慧农业大棚项目,全部引进荷兰先进技术，采用物联网、云计算和大数据等信息化技术，实现了农业的数字化、智能化、低碳化、生态化、集约化。分别与盒马鲜生、快客利集团、千喜鹤集团等高端大型商超、连锁超市建立合作关系，蔬菜主要销往北京、上海、深圳等一线城市的高端客户。

（六）蔬菜品牌化水平明显提升

以"德州味"区域公用品牌建设为抓手，抓好投入品监管、标准化生产，打造出德州西瓜、庆云芫荽、陵县西葫、杲牌黄瓜等品牌。深入挖掘德州智慧农业温室番茄生产的典型经验，形成德州智慧温室实现"五分甜、一分酸"定制口味西红柿生产的先进经验，中央电视台《新闻联播》《朝闻天下》及新华网等国内顶尖媒体给予了高度评价，并进行了深度报道，德州智慧农业品牌在全国家喻户晓。总结德州市蔬菜功能保护区工作经验，被"德州改革"App在德州市推广。

二、德州市名特优蔬菜

（一）茄子

德城吃不够大红袍茄子，采用西瓜套种茄子技术、无公害种植技术、日光温室栽培技术，区域内有茄子种植基地4 500亩，年总产量1.5万吨。该产品由山东鑫昂农业科技有限公司种植。该公司位于德州市黄河涯镇，现有瓜菜种植面积万亩以上，瓜菜种植大户千户以上。生产基地及周边地区没有污染企业，大气质量优良，土壤、灌溉水无污染，具备特色高效农业发展所需要的各种环境条件。园区产品质量达到国家安全食品标准，辐射带动全区及周边1万亩蔬菜生产的发展。

2014年经山东鑫昂农业科技有限公司注册"吃不够"商标，推出吃不够茄子。2016年被认定为有机食品。2017年在第二届农产品博览会上，与中国蔬菜流通协会签约，成为其在山东重要的有机瓜菜生产基地，产品远销北京、天津、上海、深圳等地。

（二）韭菜

1. 禹城向阳坡韭菜

禹城向阳坡韭菜严格按照有机标准生产操作，同时，建立落实质检制度，从选种到采收严格把关，并建立食品追溯系统，确保产品有机品质。种植基地采用了生态、特色的现代农业发展理念，深入推进种植业"三品一标"提升行动，注重提高蔬菜的品质，提升土地产出效益，让"小韭菜"做出增收"大文章"。在韭菜的栽培和管理过程中，采用科学的种植技术，合理施肥、科学防治病虫害等，从而提高韭菜的品质和产量。禹城向阳坡的有机韭菜已经获得了"三品一标"产品认证，入选2015年度全国名特优新农产品。

2. 禹城清香园韭菜

清香园无公害韭菜品质好，耐贮运。储存期是一般韭菜的3～4倍，在0～5℃环境下可储存10～15天，具有叶片肥厚、质嫩味鲜、韭香浓郁、营养健康的特点。产地禹城市十里望回族镇位于黄河水灌溉区，生态环境优良，具备生产品质韭菜的条件。该镇种植韭菜历史悠久。2012年禹城市清香园蔬菜种植专业合作社成立，依托中国科学院和农业部门的技术指导，无公害韭菜种植面积达到200亩，被农业部认证为无公害蔬菜。

清香园无公害韭菜严格按照无公害种植标准进行生产，在生产过程中首先对土壤进行无害化处理，杀灭原生病菌和虫卵，使用防虫网，隔断害虫传播途径，使用有机肥和经过发酵的土杂肥，加强管理，建立病虫害的物理和生物防治技术体系。

3. 临邑久之最韭菜

久之最韭菜基地主要引进和推广了外观和内在品质优良的791、雪韭等抗病性强、优质高产品种，采用无公害技术生产，产品安全可靠。久之最韭菜经蔬菜大市场远销北京、天津等国内50多个大城市和俄罗斯、日本及东南亚等国家和地区。目前，久之最韭菜已获得国家有机转换韭菜认证。

久之最韭菜有机生产基地位于临南镇刘双庙村东、村北，夏王路两侧，总面积1 000多亩。属于基本农田保护区，光照充足，土壤有机质含量高，水质优良，基地生态环境良好，周围无工业区，无污染源，为有机蔬菜生产创造了有利条件。为了更好地保证韭菜质量，临南镇政府成立了蔬菜生产管理办公室和蔬菜产销合作社，投资20万元在基地打400米深水井一眼，安装PVC（聚氯乙烯）节水灌溉设施5 000米。基地聘请省、市、县农业技术专家全程技术指导，严格按照《有机韭菜生产技术规程》要求，推广标准化韭菜栽培技术，全面推广使用生物农药、覆盖防虫网等病虫害综合防治等先进实用技术，坚持科学配方施用有机肥，全面使用有机肥和生物肥，使韭菜生产达到有机食品生产标准。设置了蔬菜农残速测仪，对每批即将上市的韭菜都必须进行检测，检测合格后发放韭菜生产合格证，不合格产品就地销毁处理，并追究生产者的责任。

4. 平原恩城镇富硒韭菜

近年来，平原县恩城镇通过富硒种植业生产基地项目的建设，以点带面，大力宣传、鼓励和引导企业、合作社、家庭农场及社会力量参与富硒农产品生产基地建设，实现资源优势向品牌优势产业的转变。2023年恩城镇西刘村建成本镇第一个山东省富硒农产品基地，由山东农村专业技术协会果蔬委员会和山东农村专业技术协会富硒农产品专业委员会颁发落成。该基地现种植富硒韭菜30亩，其中包括秋棚18亩、冬棚12亩，每年的11月第一茬韭菜上市，亩年产量在5 000千克以上。在种植过程中施用由山东农村技术协会支持的富硒肥和碳氢核肥，均使用农业农村部定点生产的安全农药，达到国家规定的安全生产标准，无不达标的农药残留，均有市县级出具的农业质量检验报告和省检验第三方出具的硒元素检验报告。基地通过扩大富硒韭菜规模达到百亩以上，拓展富硒品种，引进富硒西瓜、富硒甘蓝等特色农产品，开拓市场，增加销路。通过一系列的计划带动本村及周围如东刘、芦管等村庄形成农产品生产开发市场，树立品牌效应。今后，该镇将认真做好富硒农产品开发规划，加大研究开发力度，着力建设一批富硒农产品示范基地，扶持培育一批开发龙头企业，对农产品进行加工、包装、销售，着力打造一批质量过硬、市场反响好、品牌竞争力强、消费者欢迎的富硒农产品，促进恩城农业特色优势产业发展，进一步提高农业综合效益和农民收入。

5. 平原打渔李韭菜

王打卦镇菜农多年来充分利用土壤地质好的优势，一直种植韭菜，种出的韭菜郁郁葱葱、气味芳香、令人食之难忘。为了不断提高韭菜种植质量，王打卦镇菜农熟练地掌握了韭菜种植和管理技术，运用新型种植技术和管理模式向无公害化种植模式发展，现已形成韭菜种植基地，并建立了韭菜批发市场，大大提高了菜农收入。

王打卦镇打渔李韭菜批发市场位于王打卦镇政府驻地南6千米处，镇一斗路西侧，二斗路东侧。市场交通、通讯条件十分便利。主要经营无公害韭菜，有791、平丰6号、棚宝等品种，以高产、优质、口感好的791越冬韭菜为主，于2017年5月7日注册"康熙探花花园"韭菜商标。市场占地1 200米^2，建有交易大棚1座，有专职管理人员3人，服务设施齐全。几年来，打渔李韭菜市场充分发挥龙头带动作用，产业迅速壮大，目前韭菜基地规模已达3 500余亩。韭菜基地以打渔李村为中心，辐射周围彭庄、张庄、夏家口三街等10多个村庄，建有小拱棚3 200余个，涉及600多户。现年产韭菜1.5万吨，年产值5 000万余元。在产业发展过程中，市场与协会组织密切结合，引导菜农发展无公害韭菜，严格遵循无公害农产品生产规程操作，推广应用了配方施肥、韭菜大棚防虫网等新技术，完善了基地管理制度，从而确保了产品质量，保证群众吃上放心菜。成功的市场运作，"康熙探花花园"韭菜的品牌效应日显突出，产品远销北京、河北、河南、江苏等10多个省份，户均增收5 000余元，有力地促进了当地农民增收。

（三）番茄

1. 禹城向阳坡番茄

向阳坡有机番茄种植严格按照有机标准生产操作，建立落实质检制度，从选种到采收严格把关，并建立食品追溯系统，安装有农残速检装置，定期对产品进行检测，确保产品有机品质。注册的"向阳坡"牌番茄通过中国有机产品认证，入选2015年度国家名特优新农产品目录，产品销往十几个省份。番茄种植管理上，采用高温闷棚、土壤消毒、大棚熏蒸、轮茬换作、有机育苗等措施，并采用粘虫板、防虫网、杀虫灯等物理方法防治病虫害并自主研发了变频式微滴灌灌溉技术、简易包装技术、以菌治菌技术等专利技术。同时，公司新建现代化气象监测站、沼渣沼液实验试用场地、视频监控追溯系统等，确保番茄品质合格。

2. 禹城前刘村番茄

前刘村番茄，表面圆滑，掰开后汁水饱满，黄色的籽粒在阳光下仿若透明，红色的沙瓤果肉咬一口酸酸甜甜的。前刘村依托党支部领办合作社紧盯市场所需，坚持"以销定产""订单收购"，依托村内番茄基地产销优势，借助帮扶资金等，改造提升8个智慧物联网大棚，种植高品质番茄。同时对接学校、企业等团体开展研学、团建等活动，举办蔬菜节、采摘节，开展蔬菜采摘体验、现场种植科普等活动推进农旅融合，扩大品牌效应。

3. 临邑齐欧番茄

临邑县临南镇是德州市蔬菜生产重点乡镇，设施蔬菜集中，种植面积大，基础条件好，标准化生产水平高，多年来一直是山东省、德州市的蔬菜集中产地。目前，临南镇建设了夏口、振兴、解家、富源4个面积超过2 000亩的现代农业示范园，发展高标准冬暖蔬菜大棚1万多个，蔬菜种植面积达3.5万亩，其中番茄种植面积2.3万亩，总产量达到40万吨。

临邑县解家蔬菜种植专业合作社被评为省级示范社，占地1 000多亩，解家蔬菜示范园生产的齐欧牌番茄取得国家无公害认证，并申报为省著名商标。示范园采用立体化的现代种植模式，园区推广水肥一体化、微滴灌、集约化育苗、秸秆反应堆、无土栽培、产品检测、采后商品化处理等先进生产技术10多项。采用了电动卷帘机、多功能复合膜、粘虫板、杀虫灯、防虫网等先进设施设备。先后引进了齐达利、瑞星5号等国内外名优稀特新品种20多个。该园区由蔬菜种植专业合作社实行"八统一"管理和服务。示范园已成为集种苗繁育、蔬菜种植、品种展示、旅游观光、采摘垂钓、休闲养生、实习培训于一体的现代农业示范基地，年实现产值4 000万元，辐射带动蔬菜生产基地4万亩以上，促进了周边地区农业种植结构调整和农民增产增收。

4. 庆云锐泽天天鲜圣女果

天天鲜圣女果产自东锐果蔬种植园。该园区是以果蔬种植、观光采摘、果蔬加工、果蔬购销为一体的现代化设施农业科技型企业，建有新型日光温室10座，每座温室占地面积2亩。园区按照"五统一"管理模式，实行标准化生产，推广应用穴盘育苗、水肥一体化、新型棚膜、绿色防控、熊蜂授粉等先进技术，种植品种主要有樱桃番茄、草莓、水果黄瓜、甜瓜、蓝莓等十几个果蔬品种，目前初步形成以观赏采摘为主的现代果蔬园区。

（四）西葫芦

1. 陵城陵县西葫

陵县西葫，品质优良、外形美观、食用安全，可生食凉拌、炒食、做馅等。出产自山东省德州市陵城区。该区是典型的汉唐文化传承区域，位于山东省西北部，属黄河下游冲积平原，为第四系地层中河流冲积而成，海拔为 19.03～21.08 米，总地势为西南高东北低，地处温暖带季风气候，常年降雨量 603.3 毫米，年平均气温 15.1℃，土壤主要为轻—中等的沙壤土构成，京沪高铁，京福高速，德陇烟铁路，104 国道，315、314、249 省道贯穿全境，交通便利。该区常年种植西葫面积 3 万亩以上，年产西葫 40 万吨以上，每年 12 月到翌年 6 月上市，主要分布在陵城镇、丁庄镇。这里空气清新、水质洁净、土壤肥沃，具有得天独厚的自然生产环境条件，生产过程中严格按照陵城区绿色食品西葫标准化生产技术规程进行种植，做到统一规划、统一管理、统一投入品使用、统一标准采收、统一产品化验、统一包装销售。

2011 年被评为德州市名优蔬菜，2012 年至今被中国绿色食品发展中心认证为绿色食品，2014 年被评为德州市知名品牌，产品远销北京、天津、上海等大中城市，深受消费者青睐。

2. 临邑理合玉琦牌西葫芦

近年来，理合务镇大力调整农业种植结构与种植模式，在蔬菜产业发展方面积极推广新理念、新技术、新品种，生产规模迅速扩大，重点扩大大棚西葫、番茄、大蒜、山药等特色产业，目前已建成沙于、理合街、小吴家、西宫等高标准品质蔬菜示范园区 5 个。蔬菜总面积 1.5 万亩，日光温室大棚 4 500 多个，年产蔬菜近 15 万吨，先后荣获"德州市十大蔬菜种植基地""德州市蔬菜十佳明星乡镇"等一系列荣誉称号。

理合玉琦牌西葫芦，产自理合务镇沙于村品质蔬菜示范园。该园占地 1 800 亩，建设标准蔬菜大棚 612 个，主要种植西葫、西红柿、豆角等品种，所有日光温室大棚全部设计卷帘机、PVC 节水灌溉、高标准管理用房等配套设施。生产的西葫芦、大蒜等农产品 2008 年成功通过国家级无公害食品认证，2010 年 12 月获绿色食品认证，成功注册了理合玉琦牌蔬菜商标。理合务镇玉美人蔬菜产销专业合作社生产基地被山东省农业厅列为 2012 年第一批无公害农产品产地。2014 年，注册的理合玉琦牌蔬菜被评为"德州市知名品牌蔬菜"，临邑县仅此一品牌获此殊荣。理合务镇着力打响"中国西葫之乡"品牌，目前正在积极建设特色西葫小镇。

园区严格按照无公害、绿色农产品操作要求，统一优良品种、统一种植模式、统一技术管理，大大提高了产品的市场竞争力，积极引进推广先进的物联网、水肥一体化、电商蔬菜销售等新技术，通过多方位的变革升级生产技术，提升蔬菜生产效益，极大地促进全镇大棚蔬菜规模化、标准化、品质化和产业化的发展进程。在蔬菜产业管理过程中，积极植入现代管理理念。每个蔬菜基地建立了病虫害防治 QQ 群，生产过程推广使用农家肥、生物肥；病虫害防治方面使用杀虫灯、粘虫板、防虫网等绿色防控技术。蔬菜营销方面，依托玉美人蔬菜产销合作社和理合玉琦蔬菜知名商标品牌，创新实现了"五对接"：即农超对接、农餐对接、农社对接、农校对接和农企对接，把菜直接配送到超市、饭店、合作社、学校和大型企业的餐饮部门，不仅方便了餐桌需求，也有效增加了菜农收入。

3. 平原坊子乡坊欣庄园西葫芦

坊欣庄园西葫芦由坊子乡生产。坊子乡有"西葫之乡"美称，其西葫芦种植依托合作社"五统一"服务，即统一购进大棚物料、统一引进优良品种、统一技术服务、统一绿色操作规程、统一组织销售。聘请台湾秀明科技有限公司博士作为技术顾问，注册了"坊欣庄园"蔬菜品牌，并进行了绿色认证，引进了投资 5 000 多万元，年产生物肥料 200 万吨的台湾宝岛大丰收有限公司作为专业肥料生产基地，聘请寿光技术员常驻合作社指导技术，邀请国内知名专家、教授讲课、实地技术指导，每年办班培训 200 多次，累计培训农民 8 000 多人次。产品直供京、津家乐福、沃尔玛等 800 多个连锁超市，单棚收入达到 5 万元以上，社员累计增收 4 亿多元。

（五）香椿

陵城神头香椿，不仅历史悠久，而且在色泽、口感上独具特色。在民间更有王侯将相喜食神头香椿的佳话流传。神头香椿颜色紫红、色泽鲜艳，且春天发芽一直到上市出售这一段时间颜色基本不变，香椿芽嫩而肥厚，气味芳香浓郁，别处的香椿颜色气味较淡。据槐里、西街、南街一带种植香椿的人观察，这里香椿结的籽比别处的小，这说明神头的香椿和别处的确实在品种、品质上有差异。

神头镇现有香椿树 20 多万棵，各村均有分布，集中连片种植的主要在槐里、西街、南街、高庄等村，最具地方特色的紫色香椿也主要产于这几个村，神头南街的一处比较大的香椿树林占地 8 亩，植树 700 余棵，神头西街的邱维银老人说在他的记忆中，小时候神头种植香椿树最多、品质最好的是在槐里"胡家畦子"一带，所以大家说到神头香椿就会说槐里香椿是最正宗的。高庄村的古木香椿，已有百余年的树龄，两个成年人合抱不过来，该村在世最年长的老人都不知道这些古木香椿的确切树龄，10 余株大树枝叶繁茂，生长旺盛。

（六）黄瓜

平原呆牌黄瓜

呆牌黄瓜的产地位于平原县王呆铺镇。该镇因土质肥沃、水质优良、空气清新，非常适宜优质黄瓜生长，是生产绿色食品的天然大车间。王呆铺镇有 20 年种植黄瓜的传统，技术非常成熟，种植的呆牌黄瓜凭借绿色优质的特点，早在 2003 年便被农业部认定为无公害农产品，紧接着又被中国绿色食品发展中心认定为绿色产品，并以口感好、皮薄肉嫩、瓜条直闻名全国大中城市，产品供不应求，深受消费者青睐，呈现出"农民足不出户，黄瓜收购一空"的场景。

呆牌黄瓜力求打造消费者放心品牌。采摘的新鲜黄瓜装箱后即被安上"身份证"，除贴有呆牌黄瓜商标外，上面还写有户名、电话、地址等信息。呆牌黄瓜就这样带着"身份证"销往北京、天津等大中城市，仅每年运往京津地区的就达 2 000 吨。另外，还为昊牌黄瓜量身打造了农产品质量追溯系统，安装这种系统后，消费者只需用手机扫一扫，就能了解黄瓜的种植过程了。

昊牌黄瓜在种植过程中严把三关：一是严把农资源头关。强化农资市场管理，联合工商、地税、农技等部门对镇农资市场进行不定期检查。二是严把生产投入关。实行统一品种、统一供肥、统一技术指导、统一销售的"四个统一"管理模式，以及五个农户之间互相承担连带责任的"五户联保制度"。三是严把产品准入关。制定了"绿色食品蔬菜生产基地管理制度"和"市场准入制度"，形成了"环境有监测、操作有规程、生产有记录、产品有检验、上市有标识"的全程质量控制模式，实现了农产品从田头到餐桌的绿色对接，保障了民众"舌尖上"的安全。

（七）西瓜

1. 德州西瓜

德州西瓜素以个大、皮薄、果肉细嫩、甘美爽口，成熟期较晚，储存期较长而闻名全国，是德州久负盛名的特产之一。

德州西瓜已有1 000年的种植历史，文字记载已有300年的历史。清康熙年间，清代著名诗人田雯在他的《古欢堂集》中即有"斑青更有西洋种，剖之如乳倾壶浆"赞美德州西瓜的诗句。历史上，德州西瓜的主要品种有喇嘛瓜（长密、西洋枕）、梨皮、白皮三异（三结义）、三白、手巾条、五月鲜等。其中喇嘛瓜长圆形，两端微锐，皮呈黄绿色，表面茴香叶纹，瓜皮微厚，瓜子鲜红，瓜瓤有深黄、浅黄两种，细致无丝，入口脆沙，为过去瓜中之珍。由于西瓜雌雄同株，易于退化，目前老品种除部分大梨皮和喇嘛瓜仍可种植外，其他品种大部分退化，已不存在。从20世纪70年代后期开始，先后从外地引进蜜宝、旭东、庆丰、中育六号、中汴一号、郑州三号及富久光等优良品种，均获得大面积丰收。

德州西瓜在多次部、省级评比会中均获好评。1985年、1986年两次在全省西瓜评优会上名列前茅；1990年在河南开封召开的全国首届西瓜评优会上，德州市选送的齐红、丰收二号、华夏新红宝被评为农业部优质产品。2009年成立了德州西瓜产业协会，协会主要包括德州市德城区、平原县、陵城区、武城县的99个西瓜主产行政村，西瓜常年种植面积1万多亩。同年，注册了德州西瓜地理标志商标，庆丰、吃不够、鑫茂西瓜示范园获得有机西瓜产品认证。近几年，在德州市西瓜瓜王大赛中，协会选送的西瓜品种分别获得首届西瓜瓜王奖和一等奖，第二届西瓜瓜王一等奖和二等奖。2015年，由德州西瓜产业协会申报的德州西瓜地标产品获得"2015全国互联网地标产品（果品）50强"荣誉奖项。

2. 德城吃不够有机西瓜

吃不够有机西瓜个大皮薄、果肉细嫩、甘美爽口，种植严格按照有机、绿色种植技术，肥料全部是有机肥和生物肥，人工物理方式除草，严格控制生产过程中的温度、湿度、光照、水分、土壤等环境因素，西瓜栽培采用"一主二副三蔓"整枝技术；创新采用新西兰奶粉发酵72小时灌溉技术，西瓜甘美多汁，回味清香。

"吃不够"有机西瓜由德城区鑫昂果蔬种植农民专业合作生产。该合作社现有社员300多户，带动周边15个村庄，把传统生产方式与现代技术结合起来，改造完成15个春秋大棚和4个冬暖大棚；实行"七统一"生产模式：统一品种、统一种苗、统一栽培技术、统一施肥、统一品牌包装、统一生产、统一销售，提高有机西瓜的品质和数量，带动农民增收。合作社2018年推行"吃不够"果蔬可追溯体系，实现从田间到餐桌的全程溯源，切实保障消费者对农产品信息的知情权，提升品牌建设。

2014年荣获首届德州市西瓜大赛"瓜王奖"；2016年荣获国家有机食品证书。2017年与中国蔬菜流通协会签约，成为中国蔬菜流通协会在山东重要的有机生产基地，主要供应京津冀和上海地区。

3. 禹城辛店镇沙河辛西瓜

沙河辛西瓜的产品品质特色及质量安全规定：①外在感官特征。个大皮薄，椭圆形，一般在8~11千克，瓜皮墨绿，间有细网纹或条带，果皮厚度≤1.0厘米，瓜肉大红沙瓤，甘甜多汁，籽小而少。②内在品质指标。营养丰富，可食率≥75%，总酸0.07%，可溶性固形物≥8.3%，钾≥1241毫克/千克，硒≥0.004毫克/千克，磷≥170毫克/千克。③质量安全规定。生产地环境条件符合"NY/T 5010—2016无公害农产品种植业产地环境条件"要求。

辛店镇属黄泛冲积平原，土壤成土母质为黄河冲积物，多为沙土或沙质壤土，沙土层深厚，有机质含量丰富，速效钾含量为111毫克/千克，pH值为7.0~7.5，年平均气温为12.1℃，昼夜温差大，有利于糖分积累，特别适合西瓜生长。境内水资源丰富，年降水量616毫米。排灌渠道通畅，旱能浇，涝能排。该镇属暖温带半湿润季风气候区，四季分明，冬季寒冷少雨雪，春季干旱多风，夏季炎热多雨，秋季天高气爽温差大，有利于作物的生长发育。

特定生产方式：①产地选择与特殊内容规定。沙河辛西瓜产地应选择地势适宜、能灌能排的疏松肥沃地块，产区内及附近要求无工业污染源，区内及周围无污水、固体废弃物等污染，环境条件符合"NY 5110—2002无公害食品 西瓜产地环境条件"要求。②品种选择与特定要求。选取适合本地区的、经过国家或省种子管理部门审定的、产量高、品质好、抗逆性强的中早熟品种，种子质量符合GB 16715.1—1996二级以上标准。早熟西瓜郑选育一号，5月5日前后上市，含糖13%，黑皮，无籽，果肉松软，沙瓤，平均单果重5~7.5千克。晚熟西瓜世纪丰王，从5月5日以后到7月，连续上市，红瓤，黑皮，果肉松软，沙瓤，平均单果重7.5~10千克。③生产过程管理，包括农业投入品方面的特殊使用规定。沙河辛西瓜的生产过程包括选种、育苗、整地施肥、田间管理、病虫害防治及采收等几个生长时期，生产过程严格按照"沙河辛西瓜无公害生产技术规程"进行控制。在产品上市前7天，对各种植户的西瓜进行质量抽检，产品达到统一质量标准后，统一包装对外销售。

4. 齐河西瓜

齐河西瓜种植已有上百年的历史，种植的西瓜不仅品种好，而且质量也好。2013年，由齐河县瓜菜协会和华店乡政府共同申请，通过农业部农产品质量安全中心审查和组织专家评审，实施国家农产品地理标志登记保护。齐河西瓜成为德州市第二个获批的农产品地理标志认证品牌。

地域范围：齐河西瓜产区位于齐河县的华店全部、刘桥乡、祝阿镇、焦庙镇各一部分，共辖107个行政村，地域范围东至倪伦河，西至赵牛河，南至焦庙镇国道309，北至京沪铁路。地理坐标为东经$116°39′\sim116°46′$，北纬$36°33′\sim36°48′$，区域总面积234.1公顷，地域保护种植面积为33.3千米^2，年总产量25万吨。

产品品质特性特征：①外部特征。齐河西瓜个大皮薄，椭圆形，一般在4~5.5千克，瓜皮墨绿，间有细网纹或条带，果皮厚度≤1.0厘米。②内在特征。瓜肉大红沙瓤，甘甜多汁，籽小而少，可食率≥75%，总酸≤0.2%；含有丰富的矿物盐和多种维生素，可溶性固形物≥10%，锌≥5毫克/千克，钙≥50毫克/千克，铁≥2毫克/千克。③质量安全规定。齐河西瓜生产地环境条件符合"NY/T 5010—2016无公害农产品种植业产地环境条件"要求。

5. 平原王打卦镇早春西瓜

王打卦镇早春西瓜生产于平原县王打卦镇。该镇耕地面积3.5万亩，农业人口2.4万人，是德州市著名的"瓜果之乡、旅游名镇、宜居宝地"。该镇地处黄河冲积平原，地势平坦，土壤肥沃细致，春季温暖少雨、夏季炎热多雨、光照时间长。古老秀美的马颊河傍境而过，17千米的绿色河道为西瓜生产提供了丰沛甘洌的地下水。

得天独厚的自然条件，滋养造就了该镇西瓜的风味独特、甘甜多汁，早在300年前就成为德州大西瓜主要生产地之一，与德州扒鸡、乐陵金丝小枣齐名为"德州三宝"。清朝康熙年间炎夏，花园村探花董讷回乡探亲，带瓜进贡皇上，康熙帝品尝后竟连吃数块，后意犹未尽、细细品味，大加赞赏，曰"朕消夏纳凉，唯此瓜尔"。自此，德州大西瓜美誉天下。

几百年来，王打卦镇人民以种瓜为生，种植技术不断更新。20世纪90年代，该镇组织种瓜大户外出学习先进种植模式，将露地西瓜全部改良为设施大棚西瓜，收获期从7月提前到"五一"前夕，经济效益倍增，并规划建成了该镇早春西瓜基地。该基地位于马颊河以西，三斗路以东，涵盖北侯村、潘邓村、王打卦村、铁匠村等20多个村庄，总面积10 000余亩。该基地采用拱棚生产模式，施用腐熟黄豆和农家肥为底肥，实行反季节种植，主要生产早春西瓜与秋延迟番茄。主要早春西瓜品种有丰冠、华欣863、京欣1号、京欣2号等。年总产量5 000万千克，年总产值7 000万元，主要销往京津冀、东北三省及江浙一带。

2015年以来，王打卦镇狠抓农业产业结构调整，帮助协调群众以调、换、租等方式流转土地3 200余亩。对外紧紧抓住德州市被列入京津冀协同发展区的历史机遇，立足自身优势，突出花园旅游和早春西瓜产业发展优势，全力对接打造京津冀南部生态功能区和优质西瓜供应基地。为此，成立王打卦镇西瓜产业发展领导小组，下设技术服务部、市场开拓部、品牌创建部、品质改良部，制定了早春西瓜产业发展五年规划。为加快科技新成果引进、推广，建设全镇早春西瓜标准化推广基地一处，并引进德国巴斯夫公司可降解农用地膜与生物有机肥实验项目，引导瓜农严格按照绿色食品标准进行绿色、有机瓜菜种植。2015年6月，德州市第二届瓜王大赛在王打卦镇举办，李孟楼种瓜大户任善华获"德州瓜王"殊荣，进一步打响了"康熙探花花园"瓜菜产品的知名度。2017年5月7日注册"康熙探花花园"西瓜商标。

目前，基地内80%以上的农户从事瓜菜生产，年人均收入超过2万元。瓜菜产业同时带动了劳动力市场、加工产业、服务行业的大发展，常年从事瓜菜的雇佣劳动力达600多人。该镇早春西瓜基地已成为鲁西北地区瓜菜的主要产区和批发地。

6. 平原腰站镇富硒袖珍西瓜

腰站镇富硒袖珍西瓜种植示范园是山东省吉胜红粮食蔬菜种植购销专业合作社与北京益嘉农农业科技有限责任公司合作，在腰站镇大尹村设置的种植基地。该基地在种植前期利用氧磁化水灌溉，先把土壤里的有害无机物分解掉，然后施用公司专利特种有机底肥，保证土壤养分。种植过程采用先进的多功能声波发生器，完全不施用化肥农药，做到了真正的有机无公害。北京益嘉农农业科技有限公司向种植户提供免费的营养液，还定期到种植大棚进行技术指导，使种植户最大限度地节省了成本，获得更高的收益。

腰站镇大尹村的新兴物理农业高新技术富硒西瓜种植示范园的种植户李建水定时给自己种植的袖珍西瓜播放一种特定频率的声波，以提高植物光合作用效率，促进植物生长发育，从而提高产量。富硒西瓜个头小巧，脆沙瓤、甜度高，皮薄，绿色无公害，深受大家喜爱，销往北京、天津、济南等大型超市，市场价5元左右，收益非常可观。近年来，腰站镇在推进农业发展的过程中，积极适应市场需求，以特色产业项目发展为重心，主打绿色、有机、无公害等一系列特色品牌，走出了一条以特色种养殖业为主的绿色生态可持续发展的乡镇发展新道路。

7. 武城西瓜

武城种植西瓜，历史悠久，有文字记载已有五百余年的历史。据明朝嘉靖武城县志记载，武年间田雯所著《长河志籍考》载"瓜隐园在城东二十五里徒骇河岸上，山姜村中园也"。他还诗曰："汶王青更有西洋种，剖之如乳倾壶浆"；"趁雨锄瓜二百亩，东陵野老较何如，绝奇觅得西洋种，皮色斑青蝌蚪书"。历史上，武城西瓜的主要品种有喇嘛瓜（长密、西洋枕）、梨皮、白皮三异（三结义）、三白、手巾条、五月鲜等。近几年，随着生产条件改善、新技术的推广和品种更新，武城西瓜得到进一步发展，西瓜品质、产量得到进一步提高。2010年武城西瓜取得了国家商标总局地理标志证明商标，产品畅销省内外20多个城市和地区。

武城西瓜素以个大、皮薄、果肉细嫩、甘甜爽口而闻名全国。其肉质细腻无丝，营养丰富，甜度高。其中传统品种三白西瓜不仅具有一般西瓜的品质，而且还有多汁、清爽、体大的特点，特别是耐贮藏，有"过了中秋再吃三白瓜"的传统，更为独特的是低糖，氨基酸极为丰富。武城西瓜传统品种单瓜重量在6千克左右，三白西瓜单瓜重量可达8千克以上。

武城西瓜之所以形成独特的品质特征，是与当地气候和土壤特点分不开的。武城县境内有两条黄河故道，一条运河穿境而过，两岸多为沙壤土，粒细层深，质地松散，易于排水。西瓜生长期间雨量较少，光照充足，温度适合，特别符合西瓜喜高温、富光、喜水、不喜雨的特点。在漫长的西瓜栽培历史过程中，当地农民形成了完整的西瓜栽培技术体系，尤其在施肥上多以有机肥为主，基本不用化肥，从而保证了西瓜品质。特别是近几年大棚西瓜的推广和新品种、新技术的引进，使得西瓜品质有了进一步提高。

8. 武城鲜伴怡生西瓜

鲜伴怡生西瓜由绿丰瓜菜合作社生产。该合作社成立于2010年，位于武城县老城镇陈庄村，距省道临武路1 000米左右，总投资500多万元，面积156亩。目前已建成冬暖式高温大棚7个、连栋日光温室2个、日光温室6个，基地以育苗、种植为一体，以种植西甜瓜为主，注册了"鲜伴怡生"商标，2011年2月申报有机西瓜生产基地，严格按照《有机蔬菜标准化生产技术规程》进行生产，引导西瓜生产向标准化、规范化、节约化方面发展。

合作社种植的西瓜严格按照绿色无公害生产操作规程进行生产，底肥全部是用有机肥，用生物杀虫法进行杀虫。2017年建设检测室，配备农药残留检测设备，上市的西瓜和其他产品都经检验上报加贴追溯码才可进入市民口中。所培育的绿丰西瓜堪称"瓜中之王"，味道甘甜多汁，清爽解渴，是盛夏佳果。

9. 乐陵九亮白沙蜜西瓜

九亮白沙蜜西瓜种植专业合作社位于乐陵市黄夹镇，入社76户，涉及300余人，土地500余亩。西瓜属于耐热植物，在整个生育过程中对温度的要求较高，不耐低温怕寒霜。黄夹镇年平均气温为12.4℃，春夏季平均气温25～30℃，气温最适宜西瓜生长。又因黄夹镇为沙壤土土地，通气性好、渗水快、早春升温快、夜间降温也快，昼夜温差大，西瓜生长好，糖分高品质好。西瓜属于喜光作物，生产中需要充足的光照时间和光照度，一般每天要有10～12小时的光照时间。黄夹镇日照充足，年均2 509.4小时，春夏季日照平均每天11小时，充分保证西瓜生长需要。因其皮薄质脆、糖分含量高、水分少，深受广大消费者喜爱，产品远销北京、天津、济南等十多个城市。

（八）辣椒

武城辣椒，山东省德州市武城县特产，全国农产品地理标志产品。中国十大名椒之一。辣椒是武城农业的特色产业,也是传统种植作物,在武城有着悠久的种植历史,是武城的支柱产业。武城县土壤质地特别适合辣椒种植,武城辣椒具有形优、味好、营养高的特征,又因其辣椒红色素含量高的特点,深受国际市场客户喜爱。武城辣椒据文字记载已有近200年的历史,在《武城县志》(始于明嘉靖己酉年经屡次修缮,今日善本为清道光末修订编制)蔬之属十一中便有记载,记有"番椒、色红、鲜、味辣"且清光绪戊申九月县志也有记载"辣椒"一词。经过世代的精心栽培,凭借武城县优良的土质和协调的水、肥、气、热以及光照条件,逐渐形成独特风味的武城辣椒。

武城辣椒品种植株直立,株高80厘米左右,开展度80厘米左右。生长势强,抗病性好,抗旱。果实羊角形,果长8~10厘米,横径3.5~4厘米,干椒单果重3.5克以上,单株结果20~30个。果实生理成熟后,内外果皮都呈紫红色,果皮厚,平整光滑。武城辣椒具有独特的羊角形,皮薄、肉厚、色泽紫红、辣度适中、口感清香无异味。武城县地处鲁西北,属典型的华北冲积平原,由于黄河及京杭大运河的冲积,形成了大面积的沙壤土,粒细层深,质地松散,透气性好,易于排水。武城县地区属暖温带半湿润季风气候,特点是冷热干湿区别显著,四季分明,光照资源丰富,日照时数长,光照强度大,日照率58%。无霜期平均为200天以上,在辣椒生长期雨量适中,光照充足,利于辣椒的生长。

武城辣椒以皮薄、肉厚、色鲜、味香、辣度适中,营养物质丰富而享誉国内外,产品畅销全国各地并出口韩国、日本、东南亚、墨西哥、印度、美国等20多个国家和地区,成为全县人民引以为豪的产业。2002年被中国特产之乡组委会命名为"中国辣椒之乡"和"中国辣椒第一城",2010年武城县辣椒制品研发检测服务中心申请注册"武城辣椒"地理标志证明商标;2020年和2021年被中国蔬菜流通协会评为"全国十大名椒"和"全国辣椒产业十强县"称号;2020年山东省辣椒协会在武城落地挂牌;2021年武城辣椒获批山东省特色农产品优势区。目前辣椒常年种植面积在15万亩左右,成为全县农民致富增收的重要产业之一。

品牌化经营快速发展,形成了"武城辣椒"区域公用品牌,2019被纳入山东省知名农产品区域公用品牌,2020年被中国蔬菜流通协会评为"全国十大名椒",2021年武城辣椒获批山东省特色农产品优势区,2021年在第六届贵州·遵义国际辣椒博览会暨首届中国辣椒产业品牌大会上,武城县荣获"全国辣椒产业十强县"荣誉称号。

武城县与山东省发改委联合编制辣椒价格指数。辣椒价格指数涵盖8个省12个辣椒专业市场19个品种,设立了100余个辣椒采价点。2018年8月武城辣椒价格指数被列入全省价格指数体系并在山东省价格指数平台上发布运行,成为全国唯一一支辣椒价格指数。2020年"中国·武城英潮辣椒价格指数"在国家发改委价格监测中心平台同步发布,增强了武城辣椒抵御市场价格风险的能力,提升了武城辣椒市场的影响力和武城辣椒的市场竞争力,武城辣椒市场已成为中国辣椒的晴雨表,武城辣椒价格已成为中国辣椒价格的风向标。

（九）芫荽

大叶芫荽，庆云特产，在庆云县有着悠久的栽培历史，并以栽培面积大、品种独特著称。据庆云县志记载，庆云县自明清两代就已经开始大叶芫荽的栽培，因品质甚佳，被定为皇宫贡品。因此，成为当地人民喜爱的特产蔬菜之一。全县种植面积突破12万米^2，年产鲜菜2 000万千克。产品大部分销往冀、京、津和东北三省等北方市场。

近年来，庆云东辛店镇大力发展蔬菜产业，全镇蔬菜种植面积近万亩，2 000年被农业部命名为"中国蔬菜之乡"，先后获得国家级A级绿色食品证书、省级无公害农产品等认证，荣获"全市首批品质蔬菜示范区""全市设施蔬菜生产明星乡镇"等荣誉称号。

2019年庆云东辛店镇云县春满田园蔬菜协会申报大叶芫荽农产品地理标志登记保护产品，顺利通过"农产品地理标志"评审。大叶芫荽通过地理标志登记保护，对全县推动蔬菜产业发展、增强蔬菜品牌竞争力起到重要作用。

（十）庆云棱丝瓜

棱丝瓜是丝瓜的一种，为葫芦科一年生攀缘植物，根系分布广，再生能力强，茎节处易生不定根，形成比较发达的根系。主茎长4～6米，个别长达10米以上。果实棒状、绿色、表面有皱纹，具8～10棱。棱丝瓜以食用嫩瓜为主，因其肉质比无棱丝瓜硬，可煮汤，适炒食，不仅营养丰富，还具有清热解毒、保健美容之功效，深受人们喜爱。

棱丝瓜是庆云县的特色蔬菜产品之一，在庆云县有着悠久的栽培历史。庆云县东辛店镇北赵村自1996年开始在大田种植棱丝瓜，到2010年已初具规模，基地面积发展到33万米^{2}以上。种植模式以改良小拱棚为主，品种为当地八棱丝瓜，每亩产量3 000千克左右，市场价格平均4元/千克，每亩效益1万元以上。2019年12月，庆云县东辛店镇付兴赵新村依托传统种植优势，发挥基层党支部集体经济发展"领头雁"作用，结合国家现代农业产业园优惠政策，成立党支部领办创办丝瓜种植股份合作社。为进一步放大丝瓜种植传统优势，使更多农户尽快参与到丝瓜种植中来，2021年村"两委"换届后，融合后的付兴赵新村党总支坚持党建引领，充分发挥"组织群众、宣传群众、凝聚群众、服务群众"的职能，研究确定了"三步走"策略，以采取"党总支＋合作社＋农户"的经营模式，变"单打独斗"为"集体作战"，把产业融合作为重中之重，通过扩大种植规模、引进先进技术、拓展产业链条，进一步加强丝瓜种植管理、提高产品质量、保障群众利益。实现了"一提两降三受益"，即种植效益得到提高，每亩可多产150千克，售价比普通丝瓜高1.0元/千克；种植成本和农业风险降低，肥料、农药等农资享受比同期市场价格低10%的优惠政策；集体、合作社和农户三方受益。除对接本地丝瓜经销商和蔬菜市场外，合作社积极向外对接销售，目前已成功对接济南、寿光等地专业蔬菜销售公司，并签订长期供货协议，积极注册"明涛农业"

蔬菜商标，将北赵丝瓜推向更高、更大的市场。2022年合作社入社农户已经超过90余户，付兴赵新村丝瓜种植也从原来的散户种植发展到成方连片，达到17.3万米^2，形成了丝瓜产业规模种植，小小的丝瓜架，架起了群众的"致富桥"。

三、德州市蔬菜生产新设备推广应用

（一）温室滑轮吊绳

在温室大棚内种植的蔬菜落秧操作在蔬菜种植中占据了大量的时间和劳动力，在温室大棚内使用滑轮吊绳省时、省工、操作方便灵活，它的推广应用极大地节省时间和降低劳动力成本，同时又减少了因原有的操作不当对蔬菜造成的损害，很值得在蔬菜大棚中大面积推广应用。

（二）中蔬微粉机

有效解决韭菜灰霉病等病虫害，大大降低农药残留，确保农产品安全。新设备轻便、快捷，更适合韭菜小拱棚种植管理。韭菜一分地小拱棚大约20秒完成喷粉工作，省时省力。药剂不用兑水，药剂通过弥粉机吹到空气中，利用空气布朗运动和粉尘剂的静电作用，能快速吸附到全棚的各个角落，实现全方位无死角防治。喷药不受天气限制，弥粉机精量控粉，避免药剂浓度高引起烧苗。起到促进生长、改良土壤等作用。

（三）动植物声波助长仪

利用音箱发声波，使声波的频率与植物本身固有的生理系统波频相一致，产生共振，从而提高植物活细胞内电子流的运动速度，促进各种营养元素的吸收、传输和转化，增强植物的光合作用和吸收能力，促进生长发育，达到增产、增收、优质、抗病的目的。

（四）空中轨道机器人系统

空中机器人系统实现自动授粉，根据植物的生长周期，以及光照和大棚湿度，进行授粉；自动臭氧喷雾，进行杀菌植物叶面施肥；均衡大棚空气流动，促进植物光合作用；与物联网控制系统相连实现视频动态传输，动态检测棚内各种参数：地上的温度、湿度、光照、二氧化碳浓度、土壤中pH值、EC值、氮磷钾含量及地下20厘米、10厘米、5厘米的温湿度。通过使用空中机器人系统可以大幅节省人力。基地还采用磁化水灌溉系统、富氢氧水肥一体机系统、全光谱纳米补光灯、物联网智能大数据监控分析系统等多项物理防控病虫害及现代化管理设施，实现了对蔬菜种植生产全程监控、质量可追溯，生产过程中不使用化学农药，保障了产品质量安全。

四、德州市蔬菜产业发展面临的问题

(一) 农业科技成果转化成本高，推广慢

目前，德州市推广的蔬菜新技术 PO 膜（聚烯烃薄膜，流滴消雾性好）、粘虫板、防虫网、生物菌肥等新技术，因价格不太高，种植户均可以接受。但是，像水肥一体化、物联网、补光灯等新技术新设备，因投资较大，种植户接受度较低，推广缓慢。

(二) 品牌蔬菜优势不明显，蔬菜销售"优质不优价"现象普遍

目前，德州市蔬菜销售仍以地头市场为主，价格随大众蔬菜产品市场波动，种植户为追求高收益，虽然也在不断地提升产品品质，但受投入产出比制约收效甚微，蔬菜种植仍以提高产量为最终目的，"高产才能高收益"的意识行为普遍存在；同时，"三品一标"蔬菜产品销售价格没有优势，大多数品牌产品仍走普通市场销售，"优质不优价"导致种植户有偏离优质蔬菜种植的趋势。

(三) 标准化规模化蔬菜片区发展迟缓

大多数园区提档升级、规模发展出现瓶颈；企业化管理园区盈利模式不明显、发展迟缓甚至停滞现象存在；非园区化管理的蔬菜基地数量多、分布广，但是管理松散粗放，严重制约了产业的持续健康发展。

(四) 产业链条短，附加值低

德州市蔬菜产品多数处于初始供给阶段，精深加工少，农业资源转化率不高，没有形成以农产品加工为引领、原料基地和加工基地资源高效配置的结构布局，农业产业链和价值链没有得到有效拓展，农产品初加工水平整体偏低。

五、蔬菜产业下一步发展建议

(一) 加大对蔬菜业发展的政策扶持力度，提高蔬菜产业发展水平

积极争取国家和省、市蔬菜园区现有政策，因地制宜出台支持蔬菜产业发展的扶持政策。重点支持蔬菜园区建设、质量提升、品牌创建等，全力提高蔬菜产业发展水平；加大招商引资和项目申报的力度，千方百计吸引财政资金、工商资金、民间资金和内外资企业投资蔬菜产业，争取更多的项目落户德州市；建立促进蔬菜产业发展的扶持激励机制。建立种菜补贴、项目补助、以奖代补等机制，对发展蔬菜产业的龙头企业、合作组织、种植大户和菜农给予扶持和奖励，提高农民种菜的积极性；建立设施农业风险补偿机制。针对德州市实际情况，设立农业设施和农产品灾害保险，探索建立设施农业风险补偿机制，为菜农提供稳定增收的保障。

（二）建立健全蔬菜产品质量监管体系，助推蔬菜产业高质量发展

按照抓源头、重过程、保质量的要求，产前搞好产地环境监测和禁用农药清理；产中抓好新技术的推广，严格执行标准化生产技术规程；产后搞好产品质量产地监测，确保有害物质残留不超标，逐步建立完善的蔬菜产品产地准出制度、市场准入制度，防止不合格的低劣产品进入市场。加快建设蔬菜产品检验检测机构，推动市场、超市、重点加工企业检测点建设，完善蔬菜质量安全追溯体系；积极引导、鼓励蔬菜龙头企业和专业合作组织进行"三品一标"认证，加快无公害、绿色认证，加大品牌创建力度，促进蔬菜规模化种植、标准化生产、品牌化发展。积极协调相关部门对开展"三品一标"、品牌化建设的基地（园区）给予相应的补助。鼓励农业企业打造自有蔬菜品牌，大力开展品牌推介、产品展销等促销活动，全力提高本地蔬菜知名度和市场竞争力。

（三）加快农业科技成果转化，建立多元化的农技服务机制

建立高素质的农业技术推广队伍，同时注重技术培训、继续教育，发挥好农业科技推广主力军的作用；大力发展农业科技中介机构、农业科技企业、农业龙头企业和农民技术协会，为农业科技成果转化培育多样化的合格主体。同时，加强对农业科技型企业和中介服务组织的培育和引导，制定优惠政策，使中介组织成为农业科技成果转化的重要力量；要加大对农民科技培训力度，使其主动接纳农业新技术、新成果；要积极探索以市场为导向的多元化的农村服务机制，形成遍布全国、覆盖农村各行各业的多元化农村科技服务网络体系。

（四）鼓励企业转变经营方式，延伸产业链条

加大招商引资力度，引进和创办蔬菜加工贮藏企业，开发冻干、酱菜、脱水蔬菜加工及净菜加工上市，平衡周年供应，充分发挥蔬菜产后效益，增加产品附加值，提高产业综合效益；引导大型零售流通企业和学校、酒店等终端用户与德州市蔬菜生产合作社、龙头企业等直接对接，减少流通环节，降低运营成本，建立稳定的产销关系；鼓励企业引导和鼓励相关企业转变经营方式，一二三产业融合发展，形成蔬菜冷藏保鲜、物流配送、深加工体系，延伸产业链条，提高蔬菜产品附加值；大力发展订单蔬菜，引导企业和农户建立稳定的购销关系，推进蔬菜产业化经营、规模化生产，实现蔬菜生产、加工、销售一体化，提高产业化水平。

第二章　茄果类蔬菜栽培技术

茄果类蔬菜是指以浆果作为食用部分的茄科作物，包括番茄、茄子、辣椒等。茄果类是我国蔬菜生产中最重要的果菜类之一，其果实营养丰富，适于加工，具有较高的食用价值。全国各地普遍栽培，具有较高的经济价值，同时在农业生产和人民生活中占有重要地位。德州市种植的主要茄果种类有番茄、茄子、辣椒等，是京津沪优质蔬菜重要供应区。

一、番茄

（一）早春大棚番茄栽培技术

1. 品种选择

早春大棚番茄在选择品种时，充分考虑在生长前期很容易受低温影响，生长后期又会受高温、干旱影响，所以要优先选择成熟早、前期产量高、品质好、耐低温的品种，同时，品种需具有耐弱光性、生长势强、坐果能力强、株型紧凑、抗病性强等特点。

2. 培育壮苗

壮苗标准：苗高适中（20~25厘米），节间较短，茎粗壮且上下一致，具有7~8片叶，主叶肥大，叶柄粗短，叶色浓绿，普遍现大蕾但未开花，子叶没有过早脱落或出现变黄的现象，幼苗大小比较整齐一致。苗期是40~45天。大棚番茄早春茬栽培适合培育适龄大苗，在定植后确保番茄提早开花和结果，从而提前上市，满足市场供应需求。

（1）育苗时间　2月上旬。

（2）用72~100孔穴盘育苗，基质配比为草炭∶蛭石∶珍珠岩＝2∶1∶10（体积比），基质在装穴盘前每立方米基质加入75%百菌清50克拌匀后使用，以防病菌害虫发生。

（3）播种　每穴播种1~2粒，均匀覆土，覆土厚度0.8~1厘米。用喷灌浇透穴盘。

（4）苗期管理　出苗前尽量保持温度高一点，白天22~28℃，夜晚13~18℃。出苗后白天温度保持在18~25℃，夜晚温度保持在13℃以上。见干见湿，不旱不浇水，旱时浇透水。定植前消毒杀菌，取80%代森锰锌可湿性粉剂10克加入0.3%磷酸二氢钾水溶剂5克进行喷雾。苗期主要虫害有白粉虱、蚜虫、斑潜蝇，用70%吡虫啉水分散粒剂5克加40%噁霉灵可湿性粉剂10克兑水15千克喷雾。主要病害为茎基腐，定植前2天用52.5%抑快净可分散粒剂9克+77%可杀得可湿性粉剂10克兑水15千克喷淋苗床预防。

3. 定植

（1）定植前及时清除销毁棚内及棚周围的杂草杂物。

（2）定植前准备　每亩施农家肥5 000千克、磷酸二铵25千克、过磷酸钙20千克，采用地面普施法。深翻20厘米，再整地、起垄。浇水采用膜下暗灌方式，作业行宽70厘米，种植垄宽60厘米（小垄宽20厘米，垄中心间距40厘米），垄高8~10厘米。插事先准备好的长80厘米的竹条（棍），插距50厘米，插整齐。最后覆盖银灰色地膜。番茄定植前1天喷80%代森锰锌可湿性粉剂15克兑水15千克，再大水浇灌苗床。

（3）定植　株距45厘米，亩栽培2 500株左右。选晴天栽苗，定植后大水浇灌1次，浇透水。

4. 田间管理

定植初期要做好保温促长工作，幼苗栽植后的4~7天内，温度在30℃时可进行放风，这样可以加快缓苗，缓苗后要保证白天温度在20~30℃，夜间温度在12~17℃，土壤的水分含量控制在60%~80%，塑料大棚内的空气湿度不能过高，控制在55%~60%为宜。在缓苗结束后，此时番茄苗已经基本适应了新的大棚环境，可以适当降低棚温。白天棚温维持在20~25℃，晚上12~15℃。肥水管理上，定植后3~4天时浇缓苗水，不旱不浇水，浇水过多易引起植株徒长，影响开花坐果。在施足底肥的基础上，前期不需要追肥。在番茄第一穗果坐住后，可以结合浇水冲施有机肥350千克左右。盛果期7~10天浇1次水，一般2次清水、1次冲肥水。大体上每采收2次追1次肥。

5. 植株调整

通过对番茄进行整枝打杈，能够有效避免番茄疯长或者徒劳生长，保证番茄养分能够集中向果实供应。在实际进行整枝打杈时，还需要考虑不同的番茄类型，并针对性选择相应整枝打杈措施。如果种植的番茄类型属于无限生长型，在整枝打杈过程中，适合单干整枝，除了顶芽以外，其他侧枝全部清除。在打顶时，留三四个穗果，在最上方的一个穗果，可留2片叶子，从而确保上方的番茄果实能够得到充足的养分供应，留下的叶子还能够起到遮阳的效果，避免顶部番茄果实出现日灼问题。番茄植株在3穗以后，根据长势适当打除底叶，提高番茄植株通风透光性。如果是自封顶类型的番茄，在整枝打杈时，应注意保留第1穗果下的第1个侧枝，每株番茄要留3~5个穗果，将其余的侧枝全部摘除，针对番茄上部侧枝，需要2~3片叶，并进行摘心处理，有利于促进番茄植株根系发展，避免番茄出现早衰现象。

6. 病虫害防治

（1）生理性病害　番茄常见的生理病是裂果，主要由肥水不当、温度过高、营养过剩等引起。防治方法：采取相应的控水控肥措施。喷施钙肥增加果皮厚度。

（2）侵染性病害

①病毒病。关键在预防，及早防治蚜虫，可预防番茄花叶病毒病的发生和传播，发病后用20%病毒A可湿性粉剂500~800倍液。②晚疫病。及时通风散湿，使相对湿度保持在60%~70%，发病后摘除病叶、病果，释放45%百菌清烟雾剂，每亩50克，分放几处，傍晚点燃闭棚过夜。或用72.2%霜霉威盐酸盐水剂600~800倍液或64%噁霜·锰锌400~600倍等喷雾防治。③灰霉病。大棚番茄常见疾病，可采用1 200倍液菌核净（40%）或者2 000倍液腐霉利可湿性粉剂（50%）进行喷雾防治。④青枯病。在青枯病初发期，可采用4 000倍液新植霉素进行灌根，能够起到良好的防治效果。⑤虫害。主要有蚜虫等。每亩挂黄板30~50块诱杀。或傍晚闭棚后，每亩用10%灭蚜烟剂500克密闭熏杀。

7. 适时采收

番茄果皮泛红开始采收，7月中旬拉秧。

（二）番茄夏秋茬栽培技术

1. 品种选择

夏秋茬栽培番茄品种需具备以下特点：前期耐热、后期耐寒；高抗TY病毒，抗灰叶斑病、叶霉病等主要病害；无限生长类型；硬度大、转色后不变软、耐运输、货架期长。大果型，高温下开花整齐、易坐果、不出现裂果现象，转色快、色泽靓丽，不出现青皮果（花皮果）。

2. 苗期管理

高温季节育苗难度较大，一般都是选择大型正规育苗场进行育苗，防护完好的苗场从播种到出苗一般是28~30天。一般6月5—15日开始育苗。阴凉环境下进行机播成盘，均匀整齐摆放到苗床上，喷透水分、遮阴发芽，一般3天齐苗，齐苗后整理合并苗盘，整个苗期进行2次。待子叶平展后喷施特色叶面肥防止徒长，每5~7天喷1次，整个苗期一般3次。出苗前5天炼苗，同时喷药剂防护，主要喷施20%盐酸吗啉胍可湿性粉剂600倍液加广谱性杀菌剂，75%百菌清可湿性粉剂600倍液加杀虫剂，30%噻虫嗪颗粒剂500倍液，使其逐步适应外部环境条件。出苗标准：子叶绿色、苗高15~18厘米、4~6片叶、茎粗0.4~0.6厘米、无病虫叶、白色根多、带坨不散。

3. 定植及定植后的管理

一般7月5—20日定植。番茄定植前大拱棚内土壤深翻40厘米，连翻2次。起垄宽60～80厘米、高15～30厘米，施足底肥，每亩用有机肥3吨。增施钙镁肥，每亩施用100千克，适当施用预防害虫和死棵的农药。

（1）定植　宜起垄大小行定植，株距40～45厘米，行距60～100厘米，每亩定植2 200株。为预防苗期病虫害，促进根系发育，移栽时配制蘸根药剂浸盘，药剂配方如下：每15千克水兑687.5克/升氟菌·霜霉威悬浮剂25毫升+70%吡虫啉水分散粒3克+氨基酸肥料水剂30毫升+2.5%咯菌腈悬浮种衣剂600倍液25毫升。蘸盘后将苗移入定植穴并覆土，定植深度以覆土刚好将苗坨原生基质盖住为宜。定植后浇足定植水，以滴透为宜，同时利用晴好天气提升地温，以利发根。

（2）肥水管理　定植后3～5天，滴灌2次缓苗水。番茄定植后根据光照度适时拉放遮阳网，严禁强光直射1小时以上。一般栽培过程中浇水掌握三看原则：看天、看地、看植株。施肥时一般掌握底肥施足、冲施肥补充的原则。第一穗果膨大到核桃大小时第一次重施平衡肥料，以后每坐住1穗果重施1次肥。前期施用平衡肥（20-20-20），每亩每次施用量为5千克，后期施用高钾肥（12-8-34），每次每亩冲施5千克。根据番茄长势情况喷施0.3%磷酸二氢钾等叶面肥，每隔7～10天1次，每亩每次50克兑水15千克喷施。

（3）植株调整

①吊蔓。待植株长到30～40厘米时，需要将茎蔓缠绕在吊绳上。此操作每隔一段时间进行1次，直到植株打顶，缠绕时注意避开花穗以免造成损伤。②抹杈。大红番茄为单蔓整枝，选择晴天、无露水时，将长到10厘米左右的多余侧枝抹去，切忌阴雨天多湿时节进行农事操作。③盘头打顶。当植株前端过长，生长端脱离吊绳20～30厘米时将植物生长端缠绕在吊绳上，使其沿吊绳生长。第6花穗形成后，在其上侧预留2叶打顶。

4. 病虫害防控

定植完毕悬挂黄蓝板，黄蓝板距植株顶部10厘米左右，每10～15 米^{2}挂1张（规格35厘米×20厘米），悬挂高度随植株生长及时调整。缓苗后喷施杀虫杀菌药70%吡虫啉水分散粒剂3000倍+75%百菌清可湿性粉剂600倍混合液1次，以后每7天左右喷施1次，预防病虫害。病虫害发生后，根据其特点进行药剂防治，白粉虱、蓟马等虫害用70%吡虫啉水分散粒剂3 000倍液喷雾防治；番茄叶霉病、灰叶斑病、早疫病、晚疫病等，每200 米^{2}用10%多抗霉素可湿性粉剂30克+75%百菌清可湿性粉剂30克兑水30千克、47%春雷·王铜可湿性粉剂50克兑水30千克等交替喷施防治。前期注意防治白粉虱、蓟马等刺吸式害虫，后期注意防治烟青虫，使用农业农村部规定的绿色农药防治；番茄生长前期用22.4%螺虫乙酯悬浮剂1 000倍液防治白粉虱、烟粉虱、蓟马等；番茄生长后期用20%甲氯菊酯乳油1 500倍液防治烟青虫，每7天1次，一般连喷3次。

5. 花果管理

（1）点花　配制20～35毫克/升的防落素（对氯苯氧乙酸）点花，点花浓度应根据温度进行调整，如温度25℃以上点花浓度调整为25毫克/升，25℃以下点花浓度调整为30毫克/升。一穗花中"三开两裂"时对开放的3朵花进行第1次点花，待"两裂"也开放时进行第2次点花，以此平衡同穗花中各果实的生长发育。点花时可适当多点，一般点5~6朵，以免后期出现畸形果、大小果及疏除后造成挂果数不足的问题。

（2）疏花疏果　控制第1穗果的数量，选择3~4个生长均衡的果实，摘除过大、开裂、不周正的果实。疏除畸形、弱小、多余的花蕾以及畸形、有病虫害、老化的僵果，使每穗果为4~5个，且尽量使各果大小一致。

6. 采收

从定植到采收需55~60天，夏秋季节高温高湿，大红番茄果实转色期及时采收，根据品种特性分批分次采收。一般9月初开始采收，11月下旬采收完毕。

（三）番茄秋冬茬栽培技术

1. 品种选择

选择耐低温弱光、抗病性和丰产性好的大粉果品种，该茬口是番茄黄化曲叶病毒病的高发期，因此在选择品种时需选用抗TY病毒的番茄优良品种，且为无限生长型，生长势强，连续坐果能力强，抗病能力强，早熟，果实硬度好，粉果，耐贮运。

2. 穴盘育苗

于定植前30~35天播种，种子处理方法、育苗方法与冬春茬育苗一致。夏季育苗要重点做好防病虫、防高温和防徒长工作。种子出土后中午高温时需采用遮阳网覆盖降温，有条件的温室可采用湿帘降温。遮阳网不能全天覆盖，否则易造成弱光环境而使幼苗徒长。育苗过程中若发现幼苗徒长严重，可用50%助壮素水剂750倍液或50%矮壮素水剂1 500倍液喷雾控制。

3. 定植

定植幼苗生理苗龄达到28~30天，以株高15~20厘米、4叶1心为宜。定植前15~20天，每亩撒施腐熟优质有机肥7~8米^3，或者撒施商品腐熟有机肥240~320千克、三元复合肥（15-15-15）50~60千克，施肥后深耕耙平。定植时大行距80~90厘米，小行距60~70厘米，株距33~35厘米，每亩定植2 500~3 000株。栽苗后，浇透水，地面干燥后划锄。7~10天后，向植株覆土形成小高畦，并覆盖地膜。

4. 田间管理

（1）温度管理　定植后，白天温室温度应控制在28℃左右，不宜超过33℃，夜间温度控制在20℃左右。7~10天缓苗后，要适当降低室内温度，白天温度在26℃左右，夜间温度在18℃左右。开花结果后，要适当提高白天室内温度，以30℃为宜，夜间温度保持在15℃左右。

（2）湿度及光照管理　定植后至缓苗前，应保持棚内具有较高湿度，以利于缓苗。缓苗后，通风降低棚内湿度，尤其是在开花结果期，应保持较低湿度，有利于减少病害的发生。随着秋冬茬番茄的生长，进入冬季低温寡照时节，采用光电调控技术进行湿度及光照管理，以满足番茄果实生长条件，且温室电除雾促生系统和LED补光灯使用的频次和时长比冬春茬番茄有所增加。

（3）水肥管理　采用水肥一体化技术进行水肥管理。定植后至缓苗前，不应再浇水，缓苗后至开花前要尽量少浇水，防止番茄植株徒长。坐果后，应加大水肥供应量，根据土壤湿度和天气情况，每隔15~20天浇水1次，且根据果实生长情况，每亩随水冲施促果水溶肥（15-5-30）+TE肥（含硼、铁、锌、铜、钼等微量元素）10~15千克。

（4）植株管理　因定植时期气温较高，番茄植株缓苗快，生长迅速，定植后10天左右要及时进行吊蔓。绑蔓的位置选择在番茄底部第2片真叶的上方，并随着植株的生长及时进行缠蔓或选用绑蔓夹进行植株和吊绳的固定。选择单干整枝，当第1侧枝长至5厘米时即可进行整枝打杈，打杈时要注意杈基部要保留1厘米左右高的桩，不能从杈基部将枝杈全部抹除，这样可以减少枝干创伤，防止病害侵染植株。授粉可采用熊蜂授粉、电动授粉器授粉，或每穗选留5~6朵正常健壮的花蕾，待显大蕾时用15毫克/升的对氯苯氧乙酸蘸花或涂抹花柄。待坐住5~6个果时，每穗留4~5个果实，将剩余花蕾疏除，以利于养分集中供应，植株留5~6穗果后进行摘心。待第1穗果进入白熟期，在晴天上午将植株底部的病叶、老叶摘除，以利于植株底部通风透光和果实转色。

（5）病虫害防治　秋冬茬番茄主要病害有病毒病、晚疫病、脐腐病等，虫害主要有白粉虱、烟粉虱、美洲斑潜蝇等。物理防治：采用色板诱杀、防虫网隔离等物理防治技术，可减少农药的使用。色板规格为25厘米×40厘米，每亩均匀悬挂30~50块，悬挂高度保持在植株顶部15厘米左右，并随着植株生长高度提高色板位置。棚室上通风口、下通风口均采用防虫网封闭，夏季应全天覆盖。生物防治：在秋冬茬番茄生长前期，温度高，易发生白粉虱和烟粉虱。当每百株作物平均每株0.5头粉虱时开始释放丽蚜小蜂，每亩释放1 000~2 000头，每7~10天释放1次，连续释放3~4次。化学防治：秋冬茬番茄应重点防治病毒病，可用20%盐酸吗啉胍·乙酸铜可湿性粉剂500倍液进行喷雾防治，晚疫病可用10%氰霜唑悬浮剂1 000倍液进行喷雾防治，2种病害均每隔7~10天喷施1次，连续喷施2~3次即可；脐腐病可用1%过磷酸钙或0.1%氯化钙进行叶面喷雾防治，且从初花期开始每隔15天喷施1次，或喷施0.2%磷酸二氢钾水溶液2~3次。白粉虱、烟粉虱、美洲斑潜蝇防治可选用25%噻虫嗪水分散粒剂3 000~4 000倍液、25%噻嗪酮可湿性粉剂1 000~1 500倍液或5%啶虫脒乳油1 000倍液，每隔7~10天喷施1次，连续防治2~3次，可兼治棉铃虫、甜菜夜蛾。

5. 采收

秋冬茬番茄上市时,外界温度较适合番茄贮运,因此根据装运情况进行果实熟度选择的同时,可根据市场价格适时采收,提高收益。

(四)番茄冬春茬栽培技术

1. 品种选择

选择早熟或中早熟、耐低温、抗番茄黄化曲叶病毒、丰产性好的大粉果品种,选择品种需植株生长势强,不黄叶,不早衰,产量高,萼片美观,果型好,颜色好,硬度高,个头大,高抗根结线虫病、叶霉病、枯黄萎病、条斑病毒病。

2. 穴盘育苗

于定植前45~50天播种,种子处理方法、育苗方法与冬春茬育苗一致。番茄苗期应加强温湿度和肥水管理。在出苗前,温度控制白天28℃左右、夜间24℃左右,以利于出苗。在出苗后的白天,应适当进行通风降温,防止幼苗徒长。在番茄育苗期间,夜间温度低于12℃时,应适当提高温度,还要注意控水,做到促控结合,始终保持育苗基质见干见湿的状态。重点要做好温度、湿度、光照等环境调控,才能确保培育无病壮苗。

3. 定植

定植前15天,每亩撒施腐熟优质有机肥7~8米^3,或撒施商品腐熟有机肥6~8袋(40千克/袋)、三元复合肥(15-15-15)50~60千克,施肥后深耕耙平。可在2月中下旬定植,此时番茄幼苗达到株高20厘米、4~5片真叶、茎粗为0.5厘米以上、节间短、无病害、无虫害情况。采用大小行平栽种植,大行距80厘米,小行距50厘米,株距33厘米。定植后要浇足缓苗水。

4. 田间管理

(1)温度管理 白天室内温度应控制在26~28℃,不得超过30℃,夜间室内温度应控制在15℃左右,不得低于8℃。番茄的不同生育阶段所需温度稍有差异,在开花期所需温度比理论温度略低1~2℃,在果实发育期所需温度要略高1~2℃。

(2)湿度及光照管理 定植后一段时间,外界温度低且不宜长时间通风排湿的情况下,棚室湿度较大,应利用温室电除雾促生系统,通过空间电场作用,在净化棚室内空气的同时有效去除雾气,可降低棚室空气湿度20%以上;LED补光灯选用红蓝光比5:5较适合于番茄温室补光,尤其在出现连续寡照极端天气时,可有效应对寡照问题。

(3)水肥管理 采用水肥一体化技术进行水肥管理。在番茄苗定植时注意要浇透水,缓苗后可根据番茄植株的长势、土壤的干湿情况再进行浇水,平均每15~20天每亩随水冲施水溶肥(20-20-20)10~15千克,膨果期宜选用高钾水溶肥。

（4）植株管理　定植后15天左右开始绑蔓，绑绳松紧要适度，防止过紧缢断茎秆或影响茎秆增粗生长，且绑蔓时避免把花序绑在绑绳内而形成夹扁果。采用直立单干整枝，其余侧枝全部摘除，且打杈宜在晴天10:00～15:00最佳，此时段的温度高，打杈时形成的伤口愈合得最快、伤流最少，有利于降低植株养分的损耗。日光温室番茄采用熊蜂授粉技术，在第1序花开花10%左右时放入熊蜂，每亩放置1箱熊蜂即可，熊蜂授粉最佳温度为26～28℃，在低温时要注意蜂箱保温通风换气，高温时要注意防热、通风遮阴。当果实长到绿豆大小时，采用番茄果柄防折夹加固番茄果穗柄，轻轻夹在靠近茎秆的花穗柄上即可，采收后收回并消毒，可反复使用。在疏果过程中保留大小均匀的果实4～5个，植株留5～6穗果后进行摘心，摘心时在上部保留2～3片叶，以保障顶层果正常需要，同时防止阳光灼伤果实。分次、适时摘除病叶、黄叶和老叶，以利于通风透光、果实着色和防止病害发生。第1次摘除叶片应选择在第1穗果实转色时进行，主要是摘除番茄植株基部的第1～2片叶。第2次摘除叶片应选择在第1穗果实长大后进行，在第1穗果实的下方留1片叶，剩余下部叶片全部摘除掉。打叶时，要注意每次摘除2片即可，不能摘除过多，因摘除叶片过多会加快根系衰老，导致果实水分、矿物质营养的供应不足，最终形成空洞果。

5. 病虫害防治

冬春茬番茄生长前期因低温、高湿环境，易感染叶霉病和疫病；生长后期温度升高，白粉虱和斑潜蝇的密度增加，易传染病毒病、煤污病等。物理防治：采用蓝黄板诱杀、防虫网隔离等物理防治技术，可减少农药的使用。蓝黄板规格为25厘米×40厘米，每亩均匀悬挂30～50块，悬挂高度保持在植株顶部15厘米左右，并随着植株生长高度提高蓝黄板位置。棚室上通风口、下通风口均采用防虫网封闭，夏季应全天覆盖。生物防治：随着外界温度的升高，棚室内可以释放丽蚜小蜂防治白粉虱和烟粉虱，当每棚百株作物平均每株0.5头粉虱时开始释放丽蚜小蜂。每亩释放1 000～2 000头，每7～10天释放1次，连续释放3～4次。最佳防治温度控制在白天20～35℃、夜间15℃以上。化学防治：叶霉病防治可在发病初期，将10%苯醚甲环唑水分散粒剂1 500～2 000倍液进行喷雾防治；疫病可用10%氰霜唑悬浮剂1 000倍液进行喷雾防治；每隔7～10天喷施1次，连续喷施2～3次，效果最佳；白粉虱、烟粉虱、美洲斑潜蝇的防治，可选用25%噻虫嗪水分散粒剂3 000～4 000倍液、25%噻嗪酮可湿性粉剂1 000～1 500倍液或5%啶虫脒乳油1 000倍液，每隔7～10天喷施1次，连续防治2～3次，可兼治棉铃虫、甜菜夜蛾。

6. 采收

冬春茬番茄要及时进行采收，同时要根据上市情况进行果实熟度选择，若商品果实需要长途运输，应选择采收成熟期果实，即1/3果实变红；若就地出售或采摘销售，应采收完熟期果实，即3/4以上果实变红。番茄采摘时要轻摘轻放，去除果蒂整齐摆放，可有效防止装运时果实相互扎伤或挤压，影响果实的商品性。

二、茄子

（一）露地春茬茄子栽培技术

1. 品种选择

露地春茬茄子应选择抗病能力强、产量高、生长旺盛的品种。德州地区推荐种植品种为大红袍。

2. 培育适龄壮苗

（1）种子处理　种子处理方式多为温汤浸种，水温调试到50～55℃进行浸种，浸种过程中按顺时针方向不断搅拌15分钟，之后加入凉水，使温度下降至30℃趋近于常温，进行常温浸种，时间控制在8～10小时。

（2）育苗基质的配制　茄子育苗基质需要草炭、蛭石、珍珠岩3种，并按照3∶1∶1的体积比进行混合，在育苗基质装盘前，需要向育苗基质中加水，基质湿润程度以手紧握育苗基质指缝间渗出水珠为宜。

（3）播种　在50孔育苗穴盘中装填基质并铺满穴孔，用压穴器均匀用力施压，使各穴中央形成深0.5厘米的播种穴。打孔后的育苗穴盘放置到平铺好的苗床上，等待播种。播种前需用水灌溉浸透穴盘，将种子播种在播种穴中，每穴播1～2粒，再覆盖一层轻薄的基质，与穴盘面相水平，覆土后紧密覆盖地膜，保证温度和湿度。

（4）苗期管理

①出苗期间注意事项。出苗期间最主要是温度的管理，茄苗在温度适宜的情况下5～6天便可出苗。播种后，要及时覆盖地膜，并搭建小拱架，将棚室封闭严实，实行多层覆盖，可有效提高气温和地表温度，从而达到出苗温度的要求。发现大量幼苗开始出土后应及时将地膜揭掉，以防将幼芽烤伤。

②苗期温度管理。播种后，应针对不同发育期，重点掌控"三高三低"这个中心环节。白天、出苗期、分苗缓苗期温度高；夜间、出苗后期、定植前期温度低。播种至出苗期要求温度高，密闭保温，促进出苗。棚室内温度过高时，可适当遮阴，以免因水分蒸腾量加大，幼苗根系尚未发育完全，导致幼苗水分流失过多而萎蔫。

③苗期肥水管理。主要采取"二促一控"浇水管理原则，播种和分苗时需浇水充分；幼苗生长期需控制水分，维持苗床湿润即可。每次浇水都要浇足浇透，尽量减少浇水次数，避免地面温度过低。幼苗生长所需营养主要由育苗基质提供，一般不施肥，如果幼苗出现缺肥症状，可追施0.2%～0.3%尿素和磷酸二氢钾液，每6～8天喷1次，共喷3～4次。

④苗期光照管理。出苗后，创造良好的光照条件。打扫清理棚膜，每天保证直射光照时间6小时以上。可使用反光膜增光，或在温室内补光。

⑤炼苗。定植前1周开始炼苗，提高幼苗抗逆性，培育壮苗。通过对温度的调节，逐渐降低温度。在幼苗不会受到冻伤的情况下，夜晚可降低温度，增大昼夜温差，通

过增加棚室通风量，使定植前后幼苗生长场所温度接近，提高秧苗适应外界环境的能力，提高成活率。

3. 定植

（1）定植前准备

①施肥整地。整地前，每亩施入完全腐熟的农家肥3 000千克，三元复合肥（15-15-15）50千克作基肥；施肥后，及时进行耕犁耙作业，保证犁地深度30厘米、耙深15厘米，要求耙深耙透、不留死角，确保整地质量达到"齐、平、墒、碎、净、透"作业标准；按垄底宽80厘米、沟底宽30厘米、垄高20厘米，打好垄沟，覆地膜。

②茄苗消毒。定植前，用50%的多菌灵溶液500倍液喷施茄苗，起到消毒灭菌的作用。

（2）定植　当日平均最低气温稳定通过15℃时，一般在4月中下旬，按（50厘米+70厘米）×45厘米种植模式，适时定植。定植前，先按膜上行距50厘米、穴距45厘米、穴深12厘米，打好定植穴，再将苗从营养钵中取出、放入穴中，边放苗边浇水，待水自然渗下后，覆土封洞；每垄定植两行、穴内定植单株。

（3）查苗补苗　定植后，要观察秧苗萎蔫和死苗现象；如果存在，及时更换。

（4）浇缓苗水　定植3天后，浇1次缓苗水，保持土壤湿润，避免干旱影响茄苗生长。

4. 田间管理

（1）中耕壮苗　缓苗期，及时中耕划锄2～3次，以促进茄子幼苗根系呼吸、健壮生长。

（2）立架防倒伏　植株长至30厘米时，在植株正南侧，离植株10厘米处把竹竿向北斜插，竹竿长度大约40厘米，让竹竿与地面呈60°角。这样竹竿就与植株交叉，然后把植株固定在竹竿上，固定时植株也要与地面呈60°角。让植株轻卧生长，这样既可避免植株倒伏，又可抑制顶端优势，预防植株徒长，使植株粗壮，增强植株抗病性。

（3）整枝打叶　茄子生长前期要控制营养生长，促进其早开花早结果。幼苗生长到50厘米将底层叶子陆续剪除，以改善田间通风透光效果；在形成门茄后，将两个向外的侧枝剪掉，只留向上的两个主秆；等待第7个果实形成后进行摘心，以促进果实早日成熟。

（4）生长期肥水管理　茄子的根系比较深，施肥应该以深施肥为主；保证植株健壮有利于根系向深度生长，提高抗旱能力、吸收深层次养分和水分。结果前期应以控水蹲苗为主；门茄开始膨大，果皮有光泽后结束蹲苗，适当灌溉施肥；茄子进入开花坐果期营养需求增大，由营养生长向着生殖生长转变，这个时期应该控制营养生长，控制氮肥施用，促进开花结果；果实膨大期到门茄采收，结合田间墒情，灌溉1～2次，同时每亩追施磷酸二铵10～15千克，灌溉后要及时进行中耕。

5. 病虫害防治

（1）虫害防治　茄子整个生育期间的主要虫害有红蜘蛛、蚜虫。预防红蜘蛛，应保持土壤湿润，避免出现过度干旱；及时清除枯枝落叶和杂草，减少虫源；药剂防治应以控制点片为重点，选择73%克螨特乳油2 000～3 000倍液喷雾防控，注意喷药时喷头朝上，将药液喷在叶背面，全株上下均匀着药。防治蚜虫，做好田间残株败叶的及时处理，铲除杂草；药剂防治，使用50%抗蚜威2 000倍液或溴氰菊酯1 500倍液等进行防治，每隔7天喷1次，连喷2次。

（2）病害防治　茄子整个生育期间的主要病害有枯萎病、黄萎病。茄子黄萎病主要以土壤传播为主，坐果期会有明显的症状，并从下到上向全株发展；发病初期可以选择50%的甲基硫菌灵可湿性粉剂500倍液进行灌根处理，每一株保持250克药液使用量，间隔7～10天进行1次，连续灌根2～3次即可。茄子枯萎病，发病初期可以选择使用50%多菌灵可湿性粉剂或36%甲基硫菌灵悬浮剂500倍液喷雾防治；也可用10%双效灵水剂或12.5%多菌灵可溶剂200倍液灌根，每株灌兑好的药液100毫升，隔7～10天1次，连续灌3～4次。

6. 适时收获

茄子从开花到采收的时间，由于品种不同，时间也不尽相同，早熟品种在定植后40～50天采收；中熟品种在定植后50～60天采收；晚熟品种在定植后60～70天采收。从开花到采收需20～25天，以采收嫩果为主，必须适时采收，才能提高品质，但大果型品种由于果实较大，可根据市场需要提前采摘。采收过早，果实发育不充分，会降低产量；采收过迟则种皮变硬老化，降低食用品质，影响商品性。判断茄子采收与否的标准是看茄眼的宽度，如果萼片与果实相连处的白色或淡绿色环带宽大，表示果实正在迅速生长，组织柔嫩，不宜采收；环带逐渐变得不明显，表明果实的生长转慢或果肉已停止生长，应及时采收。门茄宜稍提前采收。在生产上及时采收，增加采收次数，是提高产量的一个重要措施，尤其是对长茄类型品种增产效果更为明显。茄子采收以早晨最好，果实显得新鲜柔嫩，除了能提高商品性外，还有利于贮藏运输。采收时最好用剪刀剪下茄子，不要碰伤茄子，以利于贮藏运输。

（二）大棚茄子秋延迟栽培技术

1. 品种选择

秋延迟栽培茄子应选择耐热、耐湿和抗病的中晚熟品种，要求根系发达、坐果率高、抗逆性强，德州地区一般种植的是黑圆茄。

2. 育苗

（1）整地施肥　拱棚土地整平整细、清除地表杂草、拣出杂物、石块等，注意将植株及根系尽可能都清除。然后按每亩有机肥2.5吨、稻壳3吨均匀撒在地面上。肥料一定要撒均匀、厚度一致，防止肥料与土壤未充分混合，肥力不均，引起植株生长不平衡；或因肥料过厚成堆而导致烧苗情况的发生。后连续深翻土地2次，深度45～50厘米；并浅翻1次，将棚内土壤整平耙细，保证肥料均匀，防止大小苗或烧苗。

（2）育苗　一般选择大型正规育苗场育苗。出苗标准：子叶绿色、苗高15～18厘米、4～6片叶、茎粗0.4～0.6厘米、无病虫叶、白色根多、带坨不散。

3. 定植

秋延迟大拱棚茄子定植一般在7月中旬，宜采取起垄大小行定植，垄宽60～80厘米、高15～30厘米，株距40～45厘米，行距60～100厘米，每亩定植2 200～2 300株。为预防苗期病虫害，促进根系发育，移栽时配制蘸根药剂浸盘，每15千克水加687.5克/升氟菌·霜霉威悬浮剂25毫升+70%吡虫啉水分散粒剂3克+氨基酸肥料水剂30毫升+2.5%咯菌腈悬浮种衣剂600倍液25毫升。蘸盘后将苗移入定植穴覆土定植，定植深度以覆土刚好将苗坨原生基质盖住为宜。定植后浇足定植水，以滴透为宜，同时利用晴好天气提升地温以利发根。

4. 定植后管理

（1）肥水管理　定植后3～5天，连浇2次水，中耕蹲苗10天左右，再浇水中耕，浇水一般早晚进行。门茄坐住后追肥浇水，15天左右施1次肥。施肥时多施有机肥，减少速效氮肥的用量，避免结果前徒长。一般除施足有机肥外，还可根据茄子长势喷施磷酸二氢钾，每隔7～10天喷施1次，每亩用100克兑15千克喷施。

（2）光照管理　进入9月后，随着光照度逐渐变弱，要及时撤掉遮阳网，保持大棚内光照充足。

（3）植株调整　待植株长到30～40厘米时，需将茎蔓缠绕在吊绳上。此操作每隔一段时间进行1次，缠绕时注意避开花穗以免造成损伤。茄子茎能直立，一般不整枝，门茄坐住后可打去基部侧枝，门茄收获后摘除老叶，以利通风透光。为避免植株过度生长，除正常抹杈外，还应及时对过长的枝秆进行摘心，降低植株高度。

5. 病虫害防治

（1）虫害　大拱棚茄子虫害主要有白粉虱、蓟马等。定植完毕后悬挂黄、蓝板，黄、蓝板悬挂在植株顶部上方10厘米左右处，每10～15米^{2}挂1张（35厘米×20厘米），悬挂高度随植株生长及时调整。病虫害发生后，可用70%吡虫啉水分散粒剂3 000倍液喷雾。

（2）病害　茄子病害主要有灰霉病、疫病、叶斑病、叶霉病等。灰霉和疫病是最主要的病害，针对这类病害应提高温度、降低棚内湿度，可用10%多抗霉素可湿性粉剂800倍液+75%百菌清可湿性粉剂600倍液、47%春雷·王铜可湿性粉剂800倍液等交替喷雾防治。

6. 采收

茄子是异花授粉作物，一般不需要进行人工辅助授粉，非常适合轻简化栽培。这种大拱棚茄子轻简化栽培简单易行，好管理，采收方便快捷。根据季节变化天气转冷，一般夜间气温降至5℃时采收。德州地区一般11月上旬，选择晴天上午进行一次性采收拉秧，根据果型大小分级销售。

（三）越冬茬茄子栽培技术

1. 品种选择

选择优质、抗病、抗逆性强、商品性好、符合市场需求的品种。德州地区种植户一般直接购买商品苗。定植标准一般要达到3叶1心或4叶1心，生长势强，大小一致，无病虫害。

2. 定植前准备

（1）畜禽粪肥发酵处理　鲜鸡粪和稻壳按照碳氮比为25∶1的标准进行掺混，然后按照1‰的标准添加有机物料腐熟剂和生物配肥素，将水分调节至65%~70%（以手握成团，指缝见水但不滴水珠，松手即散为好），最后堆成条垛状进行有氧发酵处理，当发酵堆温度高于65℃时保持2~4天，然后及时进行翻堆、搅拌、曝气降温，整个发酵过程发酵堆温度达到55℃以上维持时间不低于15天。牛粪发酵，除了不掺混稻壳，其他发酵过程与鸡粪相同。将充分腐熟的优质畜禽粪肥按质量的2‰添加复合芽孢杆菌（有效活菌数≥200亿个/克，含枯草芽孢杆菌、纳豆芽孢杆菌、地衣芽孢杆菌、蜡状芽孢杆菌及生物酶、维生素、微量元素等），以备基施。

（2）整地施肥　一般每亩施牛粪1 500千克、鸡粪2 500千克、硫酸钾型复合肥（15-15-15）75千克、钙镁锌肥75~100千克、豆粕150~250千克作基肥。按行距1.5米做高畦，畦沟深30厘米，畦宽1米。

3. 科学定植

一般在8月中旬至9月上旬定植。为了预防立枯病、猝倒病、根腐病等土传病害的发生，定植前用30%甲霜·噁霉灵水剂500倍液或72.2%霜霉威盐酸盐水剂250倍液等和生根剂（氨基酸含量≥100克/升的水溶肥）水剂15倍液进行蘸根。单畦双行栽培，株距、行距均为50厘米，每亩定植1 700株左右。按照"深栽浅埋"的原则进行定植，注意覆盖土壤不要碰到嫁接口。

4. 定植后水肥管理

（1）苗期水肥管理　定植水要确保无缝隙浇透，因为大水可以加速茄子幼苗根系与土壤的结合、降低地温，利于缓苗，每亩用水量为10米^3。定植之后7天内促进幼苗尽快恢复直立生长是缓苗期最主要的管理内容。对于保墒性差的土壤类型，根据天气情况每隔1~2天浇1次小水，以降低幼苗周围的土壤温度，促进缓苗扎根。7~10天后根据墒情适当进行控水控旺，控制标准以不影响茄子生长为宜。对于保墒性好的土壤类型（例如潮褐土类），在定植水浇匀浇透的情况下，一般在定植后6天左右浇缓苗水。为了减小水温与地温的温差对根系的伤害，尽量在早晨浇水，水量要比定植水小。在浇缓苗水后15天左右浇促棵水，浇水量同缓苗水。结合缓苗水和促棵水，每亩配施1亿个/克枯草芽孢杆菌60克、含氨基酸（≥100克/升）水溶肥350克，以促进茄子根系生长与花芽分化。

（2）开花坐果期水肥管理　根据植株生长势选择不同养分含量的水溶肥。若植株长势相对较弱，浇1次含微量元素水溶肥（20-20-20），利于植株健壮、促进坐果。若植株长势相对比较健壮，则浇施1次含微量元素水溶肥（16-6-36或16-8-34），一般每亩肥料用量为2.5~5.0千克，可以提高茄子的坐果能力。第1次追肥时间一般是在门茄、对茄采摘结束或者将要采摘结束时进行。该时期每亩用水量为6米^3。

（3）采收期水肥管理　根据采摘的茄子数量及时补充水肥。交替使用含微量元素的三元复合肥（20-20-20）和含微量元素水溶肥（16-6-36或16-8-34），一般每亩肥料用量为5~10千克。同时为延缓根系衰老，可以配合浇灌或者喷施甲壳素、海藻菌肥、鱼蛋白或者腐殖酸等有机营养肥料。其中甲壳素每亩用量为2.5~5.0千克，每隔10天喷1次，连续喷施2~3次；海藻菌肥可以在茄子生长的关键时期加水稀释200倍后随水冲施，每亩用量为0.5千克，整个生长季节可以根据植株生长势和根部生长状况冲施2~3次；鱼蛋白和腐殖酸作为增强抗逆性的新型功能性肥料，可以在温度剧烈变化前浇灌，一般每亩用量为5~10千克。同时，适当补充一些含有益微生物的有机养分，以此诱发新根，抑制根部有害病菌的繁殖。该时期共灌溉12次，每次每亩用水量为5米^3。

5. 温湿度调控

茄子结果期白天适宜生长温度为30℃，夜间最低温度尽量不低于13℃，以14~15℃为宜。茄子结果盛期正处于深冬季节（12月下旬至翌年2月中旬）温度最低的时期，该时期管理的关键技术是在及时排出室内湿气的情况下，最大可能提高室内温度，以保证茄子在越冬期间可以正常生长。晴天尽量早揭晚盖，以延长温室内的光照时间。即使天气不好，只要温室内温度不下降，就可以揭开保温被。早晨揭开保温被，待温室内温度慢慢上升，约40分钟之后打开5~8厘米的风口进行排湿，约15分钟之后再关上。中午温室内温度上升至31~32℃时再次打开放风口，以降温为目的翌年春夏季，当夜间气温不低于15℃时，可撤掉草苫或保温被。

6. 田间管理

（1）划锄　一般在定植9天后进行第1次划锄，深度5厘米左右，主要是除草和促进根系下扎，但要注意尽量浅划，以免碰到嫁接口感染病害。第2次划锄在覆膜前进行，主要是除草，可根据杂草的生长情况灵活掌握。

（2）覆盖地膜　越冬茬茄子一般在定植后15天左右（门茄刚现蕾或者开花之前）覆膜，可以选择银灰色地膜，既利于保温，又利于驱避蚜虫。覆盖地膜后要根据温度及时小水微喷，创造微湿环境以降低膜内高温对植株的伤害。注意不宜大水浇灌，以免因温度太高水汽蒸发太强造成高温高湿小环境。

（3）稻壳控湿　稻壳是目前菜农使用最为广泛的覆盖物，在操作行覆盖稻壳既可以减少水分蒸发，还能起到吸湿作用，降低病害的发生。铺设稻壳后土壤透气性好，不会导致土壤板结。5月初在茄子采摘结束之前30天，重点防治虫害，同时换茬翻地时将稻壳翻到土壤中，能够改良土壤、提高地力。

（4）整枝打杈 采用双干整枝，从对茄下面的两个侧枝开始，将向里生长的侧枝去掉，留下向外生长的侧枝，然后吊绳绑蔓，之后依次重复以上整枝操作，最终实现两条主干无限生长。宜在晴天的上午进行打杈，下午或阴天打杈容易造成侧枝的伤口不易愈合引发病害。注意打杈时保留1厘米左右的短杈，使伤口远离主干，避免主干发病。及早打掉老叶、病叶，注意将叶柄清理干净，以免伤口感染病害。

（5）人工辅助授粉 采用人工辅助授粉，室内温度保持在17~28℃时授粉效果最佳，一般成果率可以达到95%以上。

7. 病虫害综合防治

茄子的主要病害有黄萎病、枯萎病、病毒病、灰霉病、叶霉病、疫病等，主要虫害有白粉虱、蚜虫、蓟马等，应加强病虫害防治。

（1）物理防治 选择20厘米×25厘米规格的黄板，每亩悬挂30张，在茄子刚定植时黄板悬挂在距离地面约0.6米的位置，随着植株的生长，黄板最后调节到距离地面1.5~1.8米的位置。根据虫害发生情况及时更换黄板。

（2）农业防治 可采取合理密植、降低田间湿度、及时摘除病叶病果等措施；病虫害严重的田块可与非茄科作物进行3~4年轮作。

（3）化学防治 为减轻越冬期间病虫害危害，实行喷雾与烟剂相结合的方式，药剂的选择要遵循交替使用、合理混用的原则，同时注意用药方法多样化，采用生物菌剂提早预防病害，保障茄子生产绿色安全。

8. 采收

茄子长25~35厘米、直径6~8厘米、单果质量300~450克时达到商品果成熟标准，适时采收，采收时将果柄从基部剪下，及时去除僵果、虫果、烂果。一般在10月底至11月上旬开始采收，一直持续到翌年5月，单株留果35个左右。

三、辣椒

（一）露地辣椒栽培技术

1. 辣椒工厂化育苗技术

工厂化育苗又叫穴盘育苗或快速育苗。是运用一定的设施及设备条件，人为控制催芽出苗、幼苗绿化等育苗中各阶段的环境条件，在较短的时间内培育出大批量、高质量的适龄壮苗的一种育苗方法，与传统的育苗方式相比，具有占地面积小、便于管理、用种量少、苗龄短、病虫害发生轻、成本低、可以周年生产等优点。对于规模较大的辣椒产业园区和生产基地，一般采用工厂化育苗方式。

（1）工厂化育苗的设施及关键设备　根据育苗流程的要求和作业性质，可将育苗设施分为基质处理车间，填盘装钵及播种车间，发芽、绿化及幼苗培育设施和嫁接车间等。工厂化育苗必需的关键设备主要有基质消毒机、基质搅拌机、育苗穴盘、自动精量播种系统、恒温催芽设备、育苗设施内肥水供给系统、二氧化碳增施机等。

（2）播前准备工作

①温室准备　在辣椒育苗前2～3周，对育苗床架进行清理，并对温室进行全面消毒，以降低辣椒幼苗在生长过程中的发病概率。具体做法是可用杀虫剂喷洒温室地面、墙壁、育苗床架，尤其是温室入口处及温室角落进行全面消毒，再采用不同种的广谱型杀菌剂分次进行喷洒消毒，尽量将育苗棚发生病虫害的可能性降低。

②育苗基质的选择　基质总体理化指标要求为：容重0.5～0.8克/厘米，总孔隙度60%～90%，pH值6.0～7.0，无毒无害。主要采用轻型基质，辣椒穴盘育苗主要采用草炭、蛭石、珍珠岩、炉渣、河沙等。基质材料可单独使用，但最好是按比例将2～3种基质混合使用，配成的复合基质通气性、保水性好，营养均衡。最常用的复合基质配方是草炭、蛭石按1∶1或2∶1的体积比混合。

③基质的配制　将草炭、蛭石、珍珠岩按照6∶3∶1（夏季）或者6∶2∶2（冬季）的体积比混合，每1 000千克基质中加入腐熟鸡粪36.5千克、硫酸铵4千克、硫酸钾3千克、硫酸镁1千克、硫酸锌0.5千克等，使基质混合均匀。因草炭大多为酸性基质（pH值为3.0～6.5），而辣椒生产需要微酸性环境（pH值为5.5～7.0），基质酸度过大，会导致辣椒幼苗生长不良。因此，在采用草炭作基质进行育苗时，需要对基质的酸碱度进行调配，一般每立方米基质可加白云石灰石3～6千克，可有效调配基质酸碱度。配制好基质后，进行消毒处理，可有效杀死基质中携带的病菌。可采用99%噁霉灵原粉进行处理，方法：按照99%噁霉灵1克兑水3～4千克的比例，配制药液并均匀喷洒到基质上。

④配制营养液　蔬菜工厂化育苗多是采用混合基质，营养液是作为补充营养，一般不要用过高的浓度。喷洒的营养液浓度过高，蒸发量过大时，幼苗叶缘容易受害，穴盘基质中也容易积累过多的盐分，影响幼苗正常生长发育。常用的营养液配方如下。

日本山崎甜椒营养液配方：四水硝酸钙354毫克/升，硫酸钾607毫克/升，磷酸二氢铵96毫克/升，七水硫酸镁185毫克/升，乙二胺四乙酸铁钠盐20～40毫克/升，七水硫酸亚铁15毫克/升，硼酸2.86毫克/升，硼砂4.5毫克/升，四水硫酸锰2.13毫克/升，五水硫酸铜0.05毫克/升，七水硫酸锌0.22毫克/升，钼酸铵0.02毫克/升。

山东农业大学辣椒营养液配方：四水硝酸钙910毫克/升，硫酸钾238毫克/升，磷酸二氢钾185毫克/升，七水硫酸镁500毫克/升，硼酸2.86毫克/升，四水硫酸锰2.13毫克/升，五水硫酸铜0.08毫克/升，七水硫酸锌0.22毫克/升，钼酸铵0.02毫克/升。

以上配方为蔬菜无土栽培植株用的配方，工厂化育苗所用浓度为成株栽培浓度的1/2时，对幼苗生长无影响。

（3）基质装盘及播种　辣椒工厂化育苗一般采用72孔塑料穴盘。播种前先将调配好的基质喷湿，至手捏成团即可装入穴盘，表面用木板刮平。而后，将装好基质的穴盘叠放在一起，用双手摁住最上面的育苗盘向下压，这样上边穴盘的底部会在其下面穴盘基质表面的相应位置压出深约0.5厘米的凹穴。在育苗盘中播种多采用单粒点播，即每个播种穴播1粒有芽的种子。播种后覆上一层0.5厘米左右干基质并轻轻压紧。大型育苗企业工厂化穴盘育苗多采用气吸式精量播种机播种，可大幅度降低劳动强度。籽粒分布均匀、深度一致、出苗整齐。

（4）苗期管理　出苗后及时除去覆盖物，防止幼苗徒长。及时间苗，如果采用单株定植方式，每穴只留1株幼苗，多余的幼苗用剪刀从茎基部剪断；如果采用双株定植方式，每穴留2株健壮幼苗。

①温度管理　工厂化育苗采用温度自动控制系统，辣椒育苗不同生育阶段掌握不同的温度，具体指标为：播后出苗前：白天气温25~28℃，地温20℃左右，6~7天即可出苗。温度低时必须充分利用各种增温、保温措施，务求苗齐苗全，出苗后到子叶展平：白天23~25℃，夜间10~15℃。子叶展开至2叶1心，温度控制在白天25℃上，夜温20℃左右，夜温可降至15℃，但不能低于12℃，有条件的可在3叶1心前进行补光，有利培育壮苗。定植前两周左右，逐步降低温度，白天15~20℃，夜间8~10℃，以便幼苗移栽时能较好适应露地环境。

②水分管理　采用自走式悬臂喷灌系统可机械设定喷洒量与喷洒时间，洒水无死角、无重叠区，并可加装稀释定比器配合施肥作业，解决人工施肥难的问题。种子萌发期，基质相对湿度维持在95%~100%，供水以喷雾粒径在15~18微米为佳；子叶及展根期，水分供给应稍减，基质相对湿度降至80%左右，增加介质通气量，以利于根部生长；至真叶生长期，供水应随苗株生长而增加；炼苗期，应限制给水以健壮植株。此外，在实际操作中还应注意：阴雨天日照不足且湿度较高时不浇水；15:00以后不浇水；穴盘边缘植株易失水，应及时补水。

③施肥管理　萌芽期施肥浓度要低，多喷施25~75毫克/千克的硝酸钾；在子叶及展根期可施用浓度为50毫克/千克的复合肥（20-20-20）；真叶生长期（3~4叶期）如发现叶面呈黄绿色，出现脱肥现象，可增至125~350毫克/千克；为培育壮苗，成苗期应减少施肥。

④矮化技术　培育矮化健壮的幼苗是穴盘育苗的目标，一般采用温、光、水、肥等因子加以调控。

光照：植株在强光下节间较短缩，在弱光下节间易伸长而导致徒长。因此，在穴盘育苗生产上，虽考虑成本不提倡补光，但温室覆盖物应选择透光率高的材料。

温度：在适宜的温度范围内，育苗阶段应尽可能降低夜间温度，加大昼夜温差。

水分：适当限制供水可有效矮化植株并使植物组织紧密，轻微缺水可缩短节间长度，增加根部养分含量，利于穴盘苗移栽后恢复生长。

肥料：降低氮肥用量，尤其是铵态氮肥的用量，可酌量追施硝态氮肥。钾、钙、硅肥则能有效增加幼苗的硬度，增强抗病能力。

生长调节剂：常用的生长调节剂有矮壮素、多效唑、烯效唑等。适量施用抑制剂可有效矮化植株，培育壮苗，防止徒长。一般情况下，烯效唑使用浓度为多效唑的一半。上述生长调节剂如果超量使用，会造成幼苗生长矮小，发育期推迟，影响产量。

（5）炼苗　穴盘苗移出温室定植前适当控水，以增强幼苗对缺水的适应能力。夏季育苗，移栽前增加光照，尽可能创造与田间一致的环境条件。早春育苗，移栽前将幼苗置于较低的温度环境下炼苗3~5天。在确定移栽前15天左右对辣椒幼苗进行低温、通风、适度控水锻炼。多数育苗基地建有炼苗大棚，将穴盘移入炼苗大棚中，温度锻炼可将夜间温度降低到9℃左右，从而增强幼苗的抗冷性；加强水分、湿度管理，要及时进行通风降湿，以达到培育壮苗的目的。辣椒壮苗标准：株高15~20厘米，茎粗0.5~0.8厘米，六叶一心，叶色浓绿，并略显紫色，根系发达，无病虫害。

（6）病虫害防治　辣椒工厂化育苗主要病虫害是猝倒病、立枯病和蚜虫。防治上主要以预防为主，通过培育壮苗、挂防虫网、诱虫板等手段杜绝各种传染途径。防治猝倒病和立枯病的一般措施是：播种前基质消毒，控制浇水，浇水后放风以降低空气湿度。发病初期喷施多菌灵或代森锰锌800倍液。蚜虫的防治一般在育苗车间张挂黄色诱虫板或用10%烟碱乳油500~1 000倍液喷洒1次，低毒、低残留、无污染，成本较低。

2. 苗情诊断

培育适龄健壮的幼苗是育苗的目的。壮苗的育成与育苗过程中每项措施都紧密相连。因此，熟悉并掌握壮苗的标准，了解幼苗生长异常表现及其发生原因，并采取相应的措施加以管理和调整，是育苗者不可缺少的知识。

（1）壮苗标准

①壮苗标准　加工型辣椒种子实生苗的壮苗标准：品种纯度≥98%，幼苗子叶完整、六叶一心，茎秆粗壮，节间短，叶片深绿、厚实、舒展，叶片颜色深绿，根系发达，侧根白，无病虫。一般株高15~20厘米，茎粗0.5~0.8厘米，苗龄60天左右。

②壮苗指数　壮苗指数是衡量幼苗素质的数量指标。它与辣椒的优质、丰产有密切关系。壮苗指数的计算方法有多种，但以"壮苗指数＝（茎粗／株高＋根干重／地上物干重）×全株干重"应用较多。

（2）幼苗的异常表现、原因及解决办法

辣椒的苗期性状多为数量性状，辣椒不同环境条件下的幼苗形态不同。如果幼苗生长环境相对较差，容易发生病害、生理性病害和其他问题，影响幼苗质量。

①种子不出苗　播种10天后不出苗，应及时检查苗床种子状况，如种胚呈白色且有生气，则可能是由于苗床条件不适，如床温太低、床土过干等，造成不出苗。对温度低的要设法提高床温，对床土过干的要适当浇水。如果种胚已变色腐烂，在湿度、温度过高的情况下是"沤种"表现，如苗床温度和湿度正常，说明是种子本身不发芽，为陈种子，应及时补播。

应对措施：浸种催芽。育苗前浸种催芽是保证种子出苗整齐的关键技术，避免了种子发芽率低的损失。可先温水浸种7~8小时，浸种后在25~30℃温度条件下催芽，70%左右种子露白即可播种。保湿。播种前先在整平的床面上浇足底水，标准为8~12厘米内土层湿润，播种后均匀覆土0.5~1.0厘米，在苗床上覆盖地膜。保湿增温，出苗温度以25~30℃为宜，地温不应低于15℃。如果气温和地温达不到要求，应通过增加覆盖物等措施解决。

②种子出苗不整齐　种子出苗不齐是辣椒育苗常见的问题之一，常见的有整栋育苗棚或育苗棚内不同育苗床或同一育苗床不同位置出苗不齐等3种现象。整栋大棚全部苗床出苗不齐，可能是种子质量问题；大棚内不同育苗床出苗有差异，可能是温度、湿度不均匀的问题；同一苗床出苗不齐，可能是湿度和覆盖土不匀的问题。

应对措施：播种前浸种催芽，将不同发芽势和发芽率高的种子分开播种，分别对待，加强管理；大棚内不同部位温度不同，两边和中央育苗床温度有差异，特别是夜间温度差异更大，气温较低时，靠大棚外侧的育苗床加盖一层草帘或其他覆盖物保温，电热线铺设时，计算好长度和功率，两边苗床铺线密度比中间稍密；保持棚膜完整，平整苗床，浇足底水、均匀覆土，使苗床各部位温度、湿度、透气性一致。

③幼苗"戴帽"　辣椒育苗时，会出现辣椒幼苗出土后，种皮不脱落，夹住子叶的现象，称为"顶壳"或"戴帽"。"顶壳"由于子叶不能展开，妨碍光合作用，使幼苗生长不良，发育迟缓而形成弱苗，部分幼苗由于长时间不能将种皮顶开而死亡。主要原因：覆土太薄，种皮受压太轻；覆土后未用薄膜覆盖，底墒不足，种皮干燥发硬不易脱壳；种子质量差、生活力弱等引起发生"戴帽"现象。

应对措施：苗床浇透底水，覆土均匀，厚度适当；及时覆盖薄膜，保持土壤湿润；表土过干，可适当喷洒清水，使土表湿润和增加压力，帮助子叶脱壳；当有80%左右种子出苗时，揭开地膜，并适量喷水保湿；少量"戴帽"苗可在适当喷水湿润后人工去帽。

④僵苗　早春辣椒育苗期间，由于管理不到位，造成床土过干、苗床温度过低，营养不足，苗龄过长等；经常出现"僵苗"现象。幼苗表现为生长缓慢或停滞、根系老化生锈、茎矮化、节间短、叶片小厚、颜色深暗无光，老化苗定植后生长缓慢，开花结果迟，结果期短，容易衰老。原因：床土过干，床温过低，用育苗钵育苗时，因与地下水隔断，浇水不及时而造成土壤严重缺水，加速秧苗老化。

应对措施：加强温度管理，如果地温低于10℃超过5天，则容易出现"僵苗"，可通过加温保证育苗期间适宜温度；加强水分管理，前期由于温度较低，空气湿度大，可加强苗床水分控制，当幼苗正常生长所需的水分要求不能满足时，可选择时机和方法补充土壤水分；推广以温度为支点、控温不控水的育苗技术；蹲苗要适度，低温炼苗时间不能过长，水分供应适宜，浇水后及时通风降湿；发现"僵苗"后，除注意温湿度正常管理外，可以在"僵苗"上喷洒10~30毫克/千克的赤霉素或喷施叶面宝等，也可用0.2%活力素液+0.5%磷酸二氢钾液+0.2%尿素混合液叶面喷洒，或用保得土壤接种剂叶面喷洒等。

⑤幼苗徒长　徒长苗即"高脚苗"，具体表现为茎秆细长、节稀、叶薄、色淡、组织柔嫩、侧根少等。徒长苗定植后缓苗慢，生长慢，容易落花落果，抗逆和抗病性均较差，比壮苗开花结果要晚，不易获得早熟高产。原因：光照不足，夜温过高，氮肥和水分过多；播种密度过大，苗相互拥挤而徒长；苗出齐前后，温度管理不善，床温过高。

应对措施：选择背风向阳、地势较高、棚外无建筑物或大树的地方建棚，一般采用新膜或旧膜清洗干净，提高透光率，增强光照；播种量适宜，出苗较多时要及时间苗；及时通风，严格控制温度；加强肥水控制，合理追肥和浇水，避免氮肥和水分过量；如有徒长现象可用生长抑制剂叶面喷雾。可用200毫克/千克矮壮素苗期喷施2次，控制徒长、增加茎粗，促进根系生长。矮壮素喷雾宜在上午10点前进行，处理后可适当通风，禁止喷后1～2天内向苗床浇水。

⑥沤根　具体表现为根部生锈，严重时根系表皮腐烂，不长新根，幼苗易枯萎。原因：床土温度过低，湿度过大。

应对措施：合理配制营养土，保证育苗期幼苗生长所需要的营养和通气要求；根据天气状况适量浇水，连续阴天选择时机少量浇水；连续低温多雨天气，选择时机通风换气，降低空气湿度；出现沤根，加强通风排湿，增加蒸发量；勤中耕松土，增加通透性，撒草木灰加3%的熟石灰或1：500倍的百菌清干细土等。

⑦烧根　具体表现为幼苗根尖发黄，不长新根，但不烂根，地上部分生长缓慢，矮小脆硬，不发苗，叶片小而皱，易形成小老苗。造成烧根的主要原因有以下几种：化肥浓度过大；有机肥未经充分腐熟；追施促苗肥过量或方法不当；土壤干燥，土温过高。

应对措施：选用充分腐熟的有机肥配制营养土，追肥少用化肥，控制施肥浓度，严格按规定使用；适当浇水，保持土壤湿润；温度过高时，及时通风降温；发现烧根苗，适当多浇水，降低土壤溶液浓度，并视苗情增加浇水次数。

⑧闪苗和闷苗　幼苗生长后期温度变化幅度大，内外温差大，如果通风口过大，幼苗不能适应温、湿度的剧烈变化，很容易失水，造成叶缘干枯、叶色变白，甚至叶片干裂，发生闪苗。通风不及时，由于长时间在低温高湿、弱光下生长，幼苗营养消耗过多、抗逆性差，幼苗不适应大棚内温、湿度变化，容易出现凋萎，发生闷苗。原因：前者是猛然通风，苗床内外空气交换剧烈引起床内湿度骤然下降。后者是低温高湿、弱光下营养消耗过多，抗逆性差，久阴雨骤晴，升温过快，通风不及时而不适应。

应对措施：及时通风，从背风面开口，通风口由小到大，时间由短到长；阴雨天气，尤其是连续阴天，应适时揭帘揭膜，增加光照；用磷酸二氢钾等对叶面和根系追肥，促进幼苗生长。穴盘育出苗后温度过高时，应及时遮阳通风降温，也可在中午日照太足时用报纸等遮在穴盘上，防止灼伤幼苗。

⑨冷害和冻害　冷害和冻害一般在极端低温情况下发生，容易被忽视。育苗过程

中遇到轻微低温，出苗时间过长，幼苗会产生黄色花斑，生长缓慢；若遇到0℃以上温度可发生冷害，叶尖、叶缘出现水渍状斑块，叶组织变成褐色或深褐色，后呈现青枯状；遇到0℃以下温度发生冻害，幼苗的生长点或上部真叶受冻，叶片萎垂或枯死。

应对措施：改进育苗方法，利用人工控温育苗方法，如电热温床和工厂化育苗等是解决秧苗受冻问题的根本措施；增强秧苗抗寒力，低温寒流来临之前，应尽量揭去覆盖物，让苗多见阳光和接受锻炼。在连续低温阴雨期间，若床内湿度大，秧苗易受冻害，因此要控制苗床湿度。床内过湿的可撒一层干草木灰。天气转晴时，应使气温缓慢回升，使秧苗解冻，恢复生命力；如果升温太快，秧苗的细胞组织易脱水干枯，造成死苗；增施磷钾肥，苗期喷施0.5%～1%的红糖水或葡萄糖水，可增强秧苗抗寒力，3～4叶期喷施0.5%的氯化钙溶液2次（每次间隔7天），也可增强秧苗抗寒性；寒潮期间要严密覆盖苗床，只在中午气温较高时进行短时间通风换气，要防止冷风直接吹入床内伤苗。

（3）主要苗期病害

①猝倒病的识别与防治　猝倒病是辣椒苗期的主要病害之一，其症状有烂种、死苗和猝倒。表现在幼茎基部出现水渍状暗斑，湿度大时病苗附近地面常密生白色棉絮状菌丝，发病较重时，幼苗茎部腐烂，迅速匍匐倒地，即为"猝倒"。营养土未消毒或消毒不彻底，苗床过湿，幼苗过密，间苗不及时，有利病原菌的发生和蔓延；施用未腐熟的有机肥，连续阴雨，光照不足，长时间低温，通风不良等也容易引发猝倒病。

防治措施：加强苗床管理，根据苗情适时通风，避免低温高湿；苗期喷施磷酸二氢钾500～1 000倍液，提高抗病力；药剂防治可用75%百菌清粉剂800倍液、或64%噁霜·锰锌可湿性粉剂500倍液、或甲基硫菌灵1 000倍液等喷雾，7～10天喷1次，连续用药2～3次。

②立枯病的识别与防治　立枯病是辣椒苗期的主要病害之一。小苗和大苗均能发病，刚出土的幼苗易感染。病苗基部变褐，病部缢缩，病斑绕茎1周后幼苗多站立凋枯死亡；病部初为椭圆形暗褐色斑，有同心轮纹，可见淡褐色蛛丝状霉。

防治措施：加强苗床管理，提高地温，根据苗情适时通风，避免苗床高温高湿；喷施辣椒植宝素75～90倍液或0.1%～0.2%磷酸二氢钾，提高幼苗抗病能力；药剂防治采用50%腐霉利可湿性粉剂1 500倍液、或20%甲基立枯磷乳油1 200倍液、或36%甲硫菌灵水剂500倍液等喷雾，7～10天喷1次，连续用药2～3次。

③灰霉病的识别与防治　灰霉病是辣椒苗期的主要病害之一。在辣椒幼苗后期发生，幼苗染病多在叶尖开始腐烂，由叶缘向内呈"V"形向四周蔓延，叶片病部腐烂后长出灰色霉层；茎上染病后可见水渍状不规则斑，绕茎1周，其上部茎叶萎蔫而死，病部表面有灰白色霉状物。

防治措施：控制温湿度，严防低温高湿，加强通风透光，降低苗床湿度，避免浇水后遭遇阴雨天，防止叶面结露；减少氮肥施用量；药剂防治采用50%多菌灵可湿性粉剂500倍液、或50%腐霉利可湿性粉剂2 000～2 500倍液、或50%异菌脲可湿性粉剂 800 倍液等喷雾，7~10 天喷 1 次，连续用药 2~3 次。

④辣椒疫病的识别与防治　辣椒疫病在苗期发生，茎基部出现暗绿色水渍状缢缩，病斑近似圆形，环境湿热时扩展很快，几天后发病处出现软腐，是一种发病周期短、流行速度快的毁灭病害。

防治措施：种子消毒、床土消毒；加强育苗期管理，通过加温和通风等措施调节大棚内温度和湿度，幼苗密度过大时及时清除弱苗；发现病情，立即拔除中心病株，并用 800~1 000 倍的 75%百菌清、50%多菌灵或 65%代森锰锌喷施，7~10 天喷 1 次，连喷 2~3 次。

3. 加工辣椒栽培技术

加工型辣椒是我国出口创汇的主要蔬菜作物之一，在我国的陕西、四川、贵州、湖南、湖北、新疆、内蒙古、山东、辽宁、吉林、河南等地均有大面积种植。加工型辣椒多为露地栽培种植，生产成本低、技术较易掌握，产品易贮藏运输，种植加工型辣椒已成为广大农民的重要致富途径。据调查，加工型辣椒每亩可产鲜红椒 2 000~3 000 千克，可产干椒 250~400 千克。高产田块鲜椒、干椒单产分别达到 4 000 千克和 500 千克，效益十分可观。

（1）栽培季节与栽培制度

①栽培季节。加工型辣椒生育期较长，一般为 150~200 天，在国内各主要产区均为一年栽培一季，而且生产上以采收鲜红辣椒和晒制干椒为目的，绝大部分产品为"订单辣椒"，主要供应辣椒加工企业，常年销售价格波动不大，保持相对稳定，因此，加工型辣椒主要是露地栽培，一般不需要进行春提早或秋延迟设施栽培。

各地辣椒栽培季节的确定，主要根据辣椒生长发育对环境条件的要求如温度、光照等，以及当地的土壤、气候和农业生产条件等而定。一般掌握的原则是，尽量将辣椒的生育期，尤其是产品器官形成期（结果期）安排在当地最适宜或比较适宜的季节或月份进行栽培，以获得优质和高产。

辣椒属于喜温类蔬菜，其生长发育的最适温度为 20~30℃，最低温度为 5℃，发芽出苗的最适温度为 25~30℃，最低温度为 10℃。辣椒果实发育成熟期要求光照充足，降水较少，昼夜温差大。综合上述要求，南方地区干红椒多在夏秋季节栽培，而北方地区均在春夏季栽培。

以黄淮海地区辣椒栽培为例，一般春季当地 10 厘米地温稳定在 12℃以上，且安全渡过当地终霜期后，辣椒等喜温类蔬菜可以播种或定植。山东、河北等地 4 月中下旬为辣椒适宜的播种或定植期。生产上为了充分利用最适宜的栽培季节，提早收获，延长结果期，提高产量，各地广泛应用各种育苗设施进行早春育苗，适时进行定植。辣椒从播种到长至 5~6 片真叶需 50~60 天，因此，辣椒育苗移栽适宜的播种期为 2 月中下旬至 3 月上旬。

②栽培制度。栽培制度是指蔬菜的茬口安排及轮作和间套作等制度设计。加工型辣椒在全国各地种植均为一年一大茬，南方多为夏秋茬栽培，8 月上中旬播种或定植，

10月上旬开始收获，12月上旬拔秧；北方多为春秋茬栽培，4月中下旬播种或定植，8月下旬开始收获鲜红辣椒，10月上旬拔秧，集中晾晒干红辣椒。

辣椒不耐连作，长期连作会破坏土壤养分的平衡，使土壤肥力下降、某些矿质元素缺乏、恶化土壤理化性状，其根系分泌物影响土壤酸碱度，且连作对土壤结构也有不良影响，导致根腐病、黄萎病等土传病害严重发生。辣椒连作2年以上，往往就会植株生长不良、病害加重，产量明显下降，果实（椒型）变小，品质变劣。

辣椒的轮作年限主要根据当地栽培面积大小和其他主栽作物种类多少而定，同时还与养地作物后效长短、人均土地多少及当地的自然环境条件等因素有关。辣椒的轮作年限一般是需间隔2~3年。如果当地倒茬轮作确有困难，辣椒连作也不能超过2年。

实践证明，不同生态型的作物间换茬效果较好，而同科作物由于易感染相同的病虫害，换茬效果较差。生产上一般辣椒多与小麦、玉米、水稻等粮食作物及葱蒜类作物轮作，效果较好，有条件的地区最好采取水旱轮作。

辣椒生育期较长，根系较浅，喜温耐阴，特别是辣椒田播种或定植前以及收获后，田间有5个多月的休闲时间，因此，辣椒是非常适合间作套种的作物。为了充分利用地力和光能，各地不断探索、实践辣椒与其他蔬菜和粮食作物的间作套种模式，各种立体种植模式不断涌现，已成为"椒—菜""椒—粮"双扩双增，增加种植指数，提高单位面积产量，促进农民增收的一条重要途径。

根据各地研究及生产实践表明，辣椒合理的间作套种，可以建立田间合理的群体结构，使田间群体的受光面积由平面变为波浪式受光面，构建合理的作物复合群体，满足不同作物对光照度的不同要求，提高光能利用率；充分利用土壤地力，提高土壤中各种营养元素的利用率，还便于维持土壤溶液中的离子平衡，保证作物的正常生长发育；改善田间小气候，改善群体叶层内的温度、湿度及二氧化碳的分布状况，有利于群体光合生产率的提高和作物抗逆性的增强，从而减轻某些病害的发生。据调查，辣椒与玉米间作时，由于玉米的遮阴及诱集作用，辣椒果实的日烧病及田间棉铃虫、蚜虫等害虫危害明显减轻。

辣椒间作套种组合方式的原则和经验是："植株高矮搭配、根系深浅搭配、生长期长短搭配、喜光和耐阴搭配。"山东省德州市农业科学研究院多年开展包括辣椒在内的立体种植的研究与开发工作，目前在辣椒上推广应用的主要模式有"小麦—辣椒—玉米""大蒜—辣椒—玉米""洋葱—辣椒—玉米"等。

（2）品种选择　加工型辣椒栽培为越夏露地栽培，应选择耐热性强、抗病性突出、产量高、品质好的中晚熟品种；同时考虑品种的加工特性，要求果实颜色鲜红、加工晒干后不褪色，有较浓的辛辣味，果实色价高，果肉含水量小、后期自然脱水速度快，干物质含量高等特点。目前生产上普遍选用的普通椒品种有德红1号、英潮红4号、世纪红、金椒、干椒3号、干椒6号、益都红、北京红、鲁红系列、金塔系列辣椒品种等，朝天椒品种有日本三樱椒、天宇系列、红太阳系列辣椒品种等。

（3）整地施肥　辣椒栽培要求土壤疏松通气，因此最好在年前秋冬季前茬作物收获后，及时清洁田园，深翻土地（深30~40厘米），冻垡风化，通过深耕冻化提高土壤的通透性。辣椒定植前30天左右进行第二次深翻（20厘米）。在进行第二次深翻整地时，底土不宜整得过小过细，一般底层土块要求大如手掌，可增大底层土壤的孔隙度，以利于辣椒根系的呼吸；而表层土壤要整细整平，以利于定植后辣椒根系与土壤的结合，促进幼苗的成活和根系的生长发育，同时也有利于农事操作，中耕除草。

加工型辣椒生长期比较长，因此必须施足基肥，保证生育期间辣椒植株能够获得足够而均衡的养分，减少因追肥不及时而造成的落花落果现象。结合第二次深翻整地时，每亩施腐熟有机肥5~6米^3，同时每亩施三元复合肥（15-15-15）50千克。

北方地区一般采用平畦栽培，后期培土的种植方式。如想提早定植，可采用地膜覆盖栽培方式，即整平垄面后覆盖地膜，按照平均行距60厘米计算，两行扣一幅宽1.2米的地膜，地膜要拉紧压实，紧贴地面，1周后即可定植。南方夏季雨水较多，为方便农事操作、排水和沟灌，一般采用窄畦或高垄，按1.5~2米开沟起垄，垄面宽1~1.5米。整好地后按中熟品种（0.4~0.5）米×0.5米，晚熟品种0.6米×（0.6~0.8）米的参考株行距挖定植穴。

（4）辣椒育苗　参见"辣椒工厂化育苗技术"部分。

（5）辣椒定植　加工型辣椒的定植时期主要取决于露地的温度情况，各地宜在晚霜期过后，当10厘米深处土壤温度稳定在15℃左右即可定植，一般来说，露地栽培定植期应比地膜覆盖栽培晚5~7天。应根据当地气候条件，适时及早定植，可使辣椒植株在高温季节（7—8月）到来之前，充分生长发育而有足够大的营养体，为开花坐果打下基础。如果定植过晚，在高温到来之前植株营养体不够大，还未封垄，裸露的土壤经太阳直射，致使土温过高，影响根系生长，吸收能力减弱，进而影响地上部生长，致使生理失调，诱发病毒病，严重影响产量。

辣椒定植宜选在晴天进行，晴天土壤温度高，有利于辣椒根系的生长，促进缓苗发棵，虽然晴天定植辣椒幼苗容易出现萎蔫，但这只是植物的一种保护性的适应现象，只要辣椒幼苗健壮，定植后出现某种程度的暂时萎蔫现象，是正常的。阴雨天定植，植株虽然不发生萎蔫，但土壤温度低，不利于辣椒幼苗发根，成活率低，缓苗慢。辣椒种植密度与品种、土质及肥力水平有着密切的关系。一般早熟品种和朝天椒类型品种密度较大，而尖椒、线椒类型的中晚熟品种密度较小；土壤肥力较好的地块密度宜小，土质较为瘠薄的地块密度宜大一些。有些地区菜农在辣椒种植上有贪多图密的现象，造成单株结果少，病害偏重发生，影响辣椒产量和品质。据研究，在中等肥力条件下，尖椒、线椒类型辣椒每亩种植4 000~5 000株，朝天椒每亩种植6 500~7 000株。移栽时按既定密度，在地膜上按照28~30厘米株距扎定植穴，尖椒、线椒类型辣椒单株定植，朝天椒类型品种双株定植。辣椒茎部不定根发生能力弱，不宜深栽，栽植深度以不埋没子叶为宜。栽苗时大小苗要分级，剔除病弱苗、老化苗。定植后要立即浇定植水，促进根系复活，随栽随浇。干旱地区可用暗水稳苗定植，即先开一条定植沟，在沟内灌水，待水尚未渗下时将幼苗按预定的株距轻轻放入沟内，当水渗下后及时进行掩埋，覆平畦面。

近几年，随着农业机械化及其自动化程度的不断提高，移栽机在辣椒定植过程中逐步得到推广应用，其功能也越来越完善。移栽机可将垄体深松、成穴、施肥、栽苗、注水等作业环节一条龙完成，辣椒移栽效率提高了10倍以上，每亩可降低人工成本200元以上。

（6）辣椒直播　在辣椒集中产区、辣椒规模种植园区以及种植大户，因采用育苗移栽用工较多，或持续时间较长，生产上多采用直播的方式。直播前土壤要深翻细耙，使土壤细碎平整，以便于播种和出苗。常见的有人工点播和机械条播两种方式。

①人工点播。整地施肥后，按带宽120厘米作畦，垄面宽90厘米，垄沟宽30~40厘米，垄沟深15~20厘米，在垄面播2行辣椒。4月上旬进行播种。采用挖穴直播方式，在垄面上按行距60~70厘米、株距25~30厘米挖穴，为防止辣椒出苗后遇到低温天气使幼苗受到冷害，采用深开穴浅覆土播种法。穴深5~6厘米，每穴播种4~5粒，覆土1.0厘米左右。如果播种时土壤墒情不好，要采取坐水播种法。覆土后将多余的土向穴的四周摊均匀，整平垄面，此时注意防止土溜进穴窝内，盖上薄膜后，在膜上每隔2米压一土堆，以防大风揭膜。

当辣椒出苗后即将顶住地膜时，选晴天下午或阴天及时放苗，放出苗后要将膜口向下按，使其贴紧穴底，用土封严膜口。放苗时一并疏苗，每穴留3株。当苗高达到15厘米时，按照辣椒品种特性进行定苗。

②机械条播。辣椒播种机械一般选择小麦播种机。辣椒要求行距较大，因此在辣椒播种作业前，要对稻麦条播机做适当调整，可以通过间隔封堵排种箱内的排种口，在行距调节板上移动播种部件的位置，把行距调整为60厘米；由于辣椒种子籽粒较小，顶土力较弱，调节播深时调至播深0.5~1.0厘米为宜。

由于辣椒的颗粒小且播量少，播种量难以控制，因此不能将辣椒种单独加入种箱，种子需根据品种的不同按1：（5~10）的比例配比炒熟的废旧辣椒种子，以控制播量。每亩需种量400~500克，随播随覆盖地膜。

辣椒出苗后，要及时进行间苗。间苗时要按照"四去四留"的原则，即：子叶期去密留稀，棵棵放单；2~3叶期去小留大，叶不搭叶，留苗数约为定苗数的1.5倍左右；5叶期去弱留强，去病留健。

直播的辣椒常因为播种不匀造成断垄缺苗现象，在4~5叶期应及时进行补苗。补栽苗可利用定苗时拔出的健壮没伤根的幼苗。将苗打穴栽好后浇水，再用土盖住湿土以保墒。为提高成活率，在高温天气补苗时，可拔取田间杂草盖苗遮阴，避免叶片失水萎蔫干枯。

③机械精量播种。由于辣椒杂交种价格昂贵，为降低种子成本，要进行精量播种。根据不同辣椒品种的株距及每穴种子量的要求，用精量营养条带种子加工机制定相应的辣椒种子带。在多功能棉花覆膜播种机基础上，改装辣椒种子带以及打药机具，实现播种、除草、施肥、覆膜一体化机械播种。机具要保证辣椒种子带覆土厚度

在1~1.5厘米，种子带顺直，辣椒种子带中间的滚动轴要提前检查好，保证良好运转。调整施肥机具，使种肥深度在种子带下10厘米左右。幼芽出土后，待苗与地膜接触时，及时破膜引出幼苗，防止膜内高温烤苗。

（7）田间管理

①水分管理。刚定植的幼苗根系弱，外界气温低，地温也低，浇定植水量不宜过大，以免降低地温，影响缓苗。浇水后，要及时中耕松土，增加地温，保持土壤水分，促进根系生长。缓苗后至开花坐果期，应适当控制水分，促使根系向土壤深处生长，达到根深叶茂。土壤水分过多，既不利于深扎根，又容易引起植株徒长，坐果率降低。当土壤含水量下降到20%时，要及时浇水，然后中耕。

辣椒坐果后长时间不灌水，就会造成土壤干旱，植株生长矮小，甚至会引起落花、落果，导致减产，因此露地辣椒灌水期一般在门椒长到最大体积时进行，早熟品种的灌水期可适当提前。进入盛果期，辣椒已枝繁叶茂，叶面积大，此时外界气温高，地面水分蒸发和叶面蒸腾多，要求有较高的土壤湿度，理想的土壤相对含水量为80%左右，每隔10~15天浇水1次，以底土不见干、土表不龟裂为准。辣椒进入红果期应控制浇水，一般进入8月中下旬后不再浇水，以免辣椒"贪青"，影响辣椒果实上色及品质的形成。

辣椒浇水前要除草、追肥，避免浇水后辣椒田发生草荒和缺肥。浇水前要多关注天气预报，看准天气，以免浇水后降雨，产生涝害，造成根系窒息，引起沤根和诱发病害。在发生辣椒病害的地块，不宜进行大水漫灌，以免引起辣椒病害传染流行发生。

②追肥。应根据辣椒不同生长发育阶段的需肥特点进行追肥。遵循"轻施苗肥、稳施花肥、重视果肥、早施秋肥"的原则进行。

轻施苗肥：辣椒苗定植大田后到辣椒开花前这一阶段，施肥的作用主要在于促进植株生长健壮，为开花结果打好基础。一般在辣椒定植后7~10天，幼苗恢复生长，即可追施人粪尿等粪肥稳苗，肥液浓度要低。这一时期忌单施氮肥，防止植株徒长，延迟开花时间。如果大田底肥施入量充足，苗期可不用追肥。

稳施花肥：辣椒开花后至辣椒第一次采收前，施肥的主要作用是促进植株分枝、开花、坐果。一般每亩可施入氮磷钾复合肥（15-15-15）15~20千克，不宜追肥太多，以免导致辣椒植株徒长，引起落花。如此时土壤缺肥，将严重影响辣椒植株的分枝、开花和坐果。

重施果肥：从第一次采收至立秋之前，植株进入结果盛期，是整个生育期中需肥量最大的时期，因此要多施，一般每亩追施氮磷钾复合肥（15-15-15）25~30千克，必要时加尿素10千克。追肥要与浇水灌溉相结合，一般是开沟施肥后结合浇水或顺垄沟撒施肥料后马上浇水，要控制好浓度，以免土壤溶液浓度过高，引起落花、落果、落叶或全株死亡。

早施秋肥：秋肥可以提高加工型辣椒后期产量，增加秋椒单果重。可在立秋或处暑前后每亩追氮磷钾复合肥（15-15-15）20千克，促进辣椒发新枝，增加开花坐果数。秋肥追施过晚，气温下降，不利于辣椒开花坐果，肥效难以发挥作用，还会造成辣椒贪青晚熟现象。

③中耕培土。由于浇水施肥及降雨等因素，造成土壤板结，定植后的辣椒幼苗茎基部接近土表处容易发生腐烂现象，应及时进行中耕。中耕一般结合田间除草进行。辣椒生长前期进行中耕能提高地温，增加土壤的透气性，促进辣椒幼苗长出新根，促进辣椒根系的吸水吸肥能力。中耕的深度和范围随辣椒植株的生长而逐渐加深和扩大，以不伤根系和疏松土壤为准，一般进行3～4次。辣椒植株封垄前进行一次大中耕，土坨宜大，便于透气爽水，以后只进行除草不再中耕。露地加工型辣椒一般植株高大，结果较多，要进行培土以防辣椒倒伏，在封垄之前，结合中耕逐步进行培土，一般中耕1次，培土1次，田间形成垄沟，辣椒植株生长在垄上，使根系随之下移，不仅可以防止植株倒伏，还可增强辣椒植株的抗旱能力。

④植株调整。整枝可以促进辣椒果实生长发育，提高其产量和品质。门椒现蕾时应及时去除，同时，把门椒以下的侧枝要及时打掉。整枝应遵循"抓早抓小，芽不过指，枝不过寸"的原则，发现不结果的无效枝要及时打掉。

朝天椒的产量主要集中在侧枝上，主茎上产量仅占10%～20%，而侧枝上的产量却占80%～90%。朝天椒的主茎长到14～16片叶时顶端就要开花，这时侧枝还没有发足，只有中下层3～5条侧枝伸张，主枝顶端开花坐果后，营养供应中心就集中在顶端，并过早转入生殖生长，使中下部侧枝发育不良，侧枝数少，侧枝上果小、果少总产量就会降低，同时导致果成熟不一，因此主茎长到14～16片叶未开花即主茎现蕾（大约在5月底6月初）时必须进行人工摘心，摘除主茎花蕾，限制主茎生长促进侧枝发育，提高产量。注意打顶后结合浇水每亩追施尿素5～10千克，促进侧枝发育。

（8）辣椒"三落"的发生与防治　辣椒的落花、落果与落叶现象对产量影响很大。落花率一般可达20%～40%，落果率达5%～10%，温度过高或过低，辣椒授粉、受精不良是引起落花的主要原因。春季早期落花的主要原因是低温阴雨、光照不足，影响了授粉、受精的正常进行。另一方面，栽培管理不善，如施肥过多、植株徒长、栽植过密、通风透光不良，或氮、磷缺乏等，都会引起落花、落果。土壤水分失调，过湿、过干或涝渍，妨碍根系生长，易引起落果、落叶。此外，一些病害、虫害，也会引起辣椒的"三落"。预防辣椒"三落"，要培育壮苗，增施有机肥、平衡施肥，加强辣椒植株调整，积极预防辣椒旱涝灾害，同时科学预防病虫危害，选择安全高效的农药品种及正确的施药方法。

（9）辣椒主要病虫害防治　辣椒病虫防治应"预防为主，综合防治"，以农业防治为基础，积极应用物理、生物防治方法，化学防治要掌握正确施药方法，减少化学农药用量，执行农药安全使用标准，使辣椒果实中农药残留不超标，确保符合无公害生产技术标准。对于出口加工产品有明确技术要求的，应严格按照相关技术规程进行。

（10）采收晾晒　辣椒果实作为鲜椒出售的，在8月底至9月初，成熟果达到1/4以上时开始采摘，以后视红果数量陆续采摘。采收时要摘取整个果实全部变红的辣椒，去除病斑、虫蛀、霉烂和畸形果后出售。出售干椒的，可在霜前7～10天连根拔下在田间摆放。摆放时根朝一个方向，每隔7～10天上下翻动1次。在田间晾晒15～20天后，拉回码垛。椒垛要选地势高燥、通风向阳的地方。垛底用木杆或作物秸秆垫好，码南北向单排垛，垛高1.5米左右，垛间留0.5米以上间隙，每隔10天左右翻动1次。雨天用塑料膜或防雨布遮盖，雨停后撤去遮盖物，保证通风。晾晒翻动时不要挤压、践踏，不能用钢叉类利器翻动，以免损伤辣椒果实，造成霉烂。当辣椒逐渐干燥，椒柄可折断、摇动时有种子响动声、对折辣椒有裂纹、果实含水量17%左右时，即可进行采摘，分级销售。在采摘、包装、运输、销售过程中应注意减少破碎、污染，以保证辣椒品质。

4. 大蒜—辣椒—玉米高效栽培模式

采取辣椒、大蒜套种的形式，大蒜根系分泌的二硫基丙烯气体能够有效抑制辣椒病害发生，辣椒产量高、品质好，辣味纯。而且大蒜、辣椒产量不受影响，加上玉米，"双辣一粮"效益十分可观。

（1）种植茬口安排　大蒜：10月5—10日播种，次年5月下旬收获；辣椒：2月下旬至3月上旬小拱棚育苗，4月中下旬定植，8月底至9月初收获鲜椒出售，9月底收获干椒；玉米：玉米于6月中旬播种，9月底收获。

（2）栽培管理技术

①大蒜

a. 品种选择。选择当地适宜种植品种，金乡蒜和苍山蒜均可。

b. 播期及播量。山东省大蒜适宜播期为10月5—10日，晚熟品种、小蒜瓣、肥力差的地块可适当早播；早熟品种、大蒜瓣、肥沃的土壤可适当晚播。另外，还应注意播种与施肥的间隔时间，以防烧苗，一般间隔时间不要少于5天。大蒜种植的最佳密度为每亩22 000～26 000株，重茬严重地块、早熟品种、小蒜瓣、沙壤土可适当密植，晚熟品种、大蒜瓣、重壤土可适当稀植。每亩用种量约150千克。

c. 播种方式。为便于下茬作物辣椒的套种应预留套种行，一般播种行18厘米、套种行25厘米，每种3行大蒜留一套种行。开沟播种，用特制的开沟器或耙开沟，深3～4厘米。株距根据播种密度和行距来定。种子摆放上齐下不齐，腹背连线与行向平行，蒜瓣一定要尖部向上，不可倒置，覆土1～1.5厘米。

栽培畦整平后，每亩用37%蒜清二号EC兑水喷洒。喷后及时覆盖透明地膜。建议使用降解膜，降解膜能够降温散湿，改善根际环境，防治重茬病害，提升大蒜质量，具有增产效果。

d. 田间管理。出苗期：一般出苗率达到50%时开始放苗，以后天天放苗，放完为止。破膜放苗宜早不宜迟，迟了苗大，不仅放苗速度慢，而且容易把苗弄伤，同时也易造成地膜的破损，降低地膜保温保湿的效果。

幼苗期：及时清除地膜上的遮盖物，如树叶、完全枯死的大蒜叶、尘土等杂物，增加地膜透光率，对损坏地膜及时修补，使地膜发挥其最大功用。用特制的铁钩在膜下将杂草根钩断，杂草不必带出，以免增大地膜破损。

花芽、鳞芽分化期：在翌春天气转暖，越冬蒜苗开始返青时（3月20日左右），浇1次返青水，结合浇水每亩追施氮肥5~8千克、钾肥5~6千克。

蒜薹伸长期：4月20日左右浇好催薹水。蒜薹采收前3~4天停止浇水。结合浇水每亩追施氮肥3~4千克、钾肥4千克左右。4月20日前后的"抽薹水"，既能满足大蒜的水分需求，又利于4月下旬辣椒的定植，提高成活率，促苗早发；也可以先定植辣椒再浇水，既是"催薹水"，也是"缓苗水"，做到"一水两用"。玉米播种后，根据辣椒、玉米的生长需要及降雨情况进行浇水，也是"一水两用"。

蒜头膨大期：蒜薹采收后，每5~6天浇1次水，蒜头采收前5~7天停止浇水。蒜头膨大初期，结合浇水每亩追施氮肥3~5千克、钾肥3~5千克。4月上旬的大蒜"催薹肥"及4月20日前后的大蒜"催头肥"，也为辣椒、玉米的苗期生长提供了足够的营养元素，为辣椒、玉米高产稳产打下坚实基础，达到"一肥三用"的效果。

e. 收获。蒜薹顶部开始弯曲，薹苞开始变白时应于晴天下午及时采收。植株叶片开始枯黄，顶部有2~3片绿叶，假茎松软时应及时采收。大蒜收获时，尽量减少地膜破损，以免造成水分蒸发、地温降低，影响辣椒的正常生长，也为玉米播种创造良好的土壤墒情。

f. 病虫防治。大蒜叶枯病：发病初期喷洒50%丁戊己二元酸铜可湿性粉剂500倍液或50%异菌脲800倍或50%溶菌灵、70%甲基硫菌灵500倍液，7~10天喷1次，连喷2~3次。均匀喷雾，应交替轮换使用。

大蒜灰霉病：发病初期喷洒50%啶酰菌胺腐霉利可湿性粉剂1 000~1 500倍液，或50%多菌灵可湿性粉剂400~500倍液，或50%异菌脲800倍液，7~10天喷1次，连喷2~3次。均匀喷雾，应交替轮换使用。

大蒜病毒病：发病初期喷洒20%病毒A可湿性粉剂500倍液或1.5%植病灵乳剂1 000倍液，7~10天喷1次，连喷2~3次。均匀喷雾，应交替轮换使用。

大蒜紫斑病：发病初期喷洒70%代森锰锌可湿性粉剂500倍液或30%氧氯化铜悬浮剂600~800倍液，7~10天喷1次，连喷2~3次。均匀喷雾，应交替轮换使用。

大蒜疫病：发病初期喷洒40%三乙膦酸铝可湿性粉剂250倍液，或59%烯酰·霜霉威悬浮剂67~80毫升/亩，或40%噁酮·吡唑酯悬浮剂20~45毫升/亩，或64%噁霜灵可湿性粉剂500倍液，7~10天喷1次，连喷2~3次。均匀喷雾，应交替轮换使用。

大蒜锈病：发病初期喷洒30%氟菌唑可湿性粉剂3 000倍液或20%三唑酮可湿性粉剂2 000倍液，7~10天喷1次，连喷2~3次。

葱蝇：成虫产卵时，采用30%毒·辛乳油1 000倍液或2.5%溴氰菊酯3 000倍液，喷雾或灌根。

葱蓟马：5%啶虫脒乳油2 000倍液、2.5%多杀霉素悬浮剂1 000~1 500倍液、10%吡虫啉乳油1 000~1 500倍液、0.3%苦参碱水剂1000倍液、2.5%高效氯氟氰菊酯乳油 2 000 倍液、10% 氯氰菊酯乳油 2 000 倍液，喷雾防治。

②辣椒

a. 品种选择。加工型辣椒应选择耐热性强、抗病性突出、产量高、品质好的中晚熟品种；同时考虑品种的加工特性，要求果实颜色鲜红、加工晒干后不褪色，有较浓的辛辣味，果肉含水量小、干物质含量高等特点。目前，生产上普遍选用的普通椒品种有德红 1 号、英潮红 4 号、世纪红、金椒、干椒 3 号、干椒 6 号、鲁红系列、金塔系列辣椒品种等，朝天椒品种有日本三樱椒、天宇系列、红太阳系列等辣椒品种。

b. 育苗。辣椒的苗龄一般为 50～60 天，华北地区最佳育苗期为 2 月下旬至 3 月上旬。可在麦田就近采用阳畦育苗。育苗地点选择在地势开阔、背风向阳、干燥、无积水和浸水、靠近水源的地方，苗床土要求肥沃、疏松、富含有机质、保水保肥力强的沙壤土。准备育苗土：土壤和腐熟有机肥比例为 6:4，每平方米育苗土加入草木灰 15 千克、过磷酸钙 1 千克，经过堆沤腐熟后均匀撒在苗床上，厚度 1～2 厘米，然后整细整平。播种前，将种子用 55℃ 的温水浸泡 15 分钟，并不断搅动，水温下降后继续浸泡 8 小时，捞出漂浮的种子。将浸种完的种子，用湿布包好，放在 25～30℃ 条件下，催芽 3～5 天。当 80% 的种子"露白"时，即可播种。播种时浇 1 遍水，播种要求至少 3 遍，以保证落种均匀。覆土要用细土，厚度为 5～10 毫米。为便于掌握，可在床面上均匀放几根筷子，然后覆土，至筷子似露非露时即可。覆完土后盖地膜，接着覆盖棚膜，膜上加盖草苫。

10 天左右后，出苗达 50% 时及时揭掉棚膜。育苗期，每天太阳出来后及时揭苫，日落前盖苫。选择无风、温暖的晴天，利用中午时间拔除杂草。定植前 10 天左右逐步降温炼苗，白天 15～20℃，夜间 5～10℃，在保证幼苗不受冻害的限度下尽量降低夜温。苗床干时需浇小水，幼苗叶色浅黄时，可酌情施用磷酸二氢钾等叶面肥，育苗后期需放风降温和揭膜炼苗，定植前两天浇透苗床，以利移苗。育苗期间注意防治猝倒病、立枯病，可用 72.2% 霜霉威盐酸盐水剂 400～600 倍液，72% 霜脲·锰锌可湿性粉剂 500～800 倍液防治，也可在苗床喷洒安克。

c. 定植。定植应于 10 厘米地温稳定在 15℃ 左右时及早进行，一般在 4 月中下旬。在预留的套种行内定植（隔 3 行大蒜种 1 行辣椒），朝天椒每穴两株，穴距 25 厘米，密度每亩 7 500 株左右；普通加工型辣椒每穴 1 株，株距 25 厘米，密度每亩 4 000 株左右。

定植时选用辣椒壮苗，辣椒壮苗的标准是苗高 20～25 厘米，茎秆粗壮、节间短，具有 6～8 片真叶、叶片厚、叶色浓绿，幼苗根系发达、白色侧根多，大部分幼苗顶端呈现花蕾，无病虫害。辣椒茎部不定根发生能力弱，不宜深栽，栽植深度以不埋没子叶为宜。栽苗时大小苗要分级，剔除病弱苗、老化苗。定植后要立即浇定植水，随栽随浇。

d. 田间管理。定植后管理：定植后浇缓苗水。浇水后，要及时中耕松土，增加地温，保持土壤水分，促进根系生长。缓苗后，适当控制水分，促使根系深扎，达到根深叶茂。蹲苗的时间长短，要视当地气候条件而定。

定植后到结果期前的管理：此时管理的重点是发根。生产上，除增施有机肥、经常保持适宜的土壤含水量外，灌水及降水后，应及时中耕破除土壤板结。

结果初期管理：当大部分植株已坐果，开始浇水。此时植株的茎叶和花果同时生长，要保持土壤湿润状态。一般不追肥。选用朝天椒类型的品种应在盛花期过后，追施高N、高K、低P水溶性复合肥20~30千克，随水冲施。

盛果期管理：为防止植株早衰，要及时采收下层果实，并要勤浇小水，保持土壤湿润，每10~15天追施1次水溶性复合肥10~20千克，以利于植株继续生长和开花坐果。

徒长椒田管理：盛花后用矮丰灵、矮壮素等药喷洒，深中耕，控徒长。

植株调整：门椒现蕾时应及时去除，同时，把门椒以下的侧枝及时打掉。发现不结果的无效枝也要及时去掉。当朝天椒植株长有12~14片叶时，摘除朝天椒的顶芽。也可在椒苗主茎叶片达到12~13片时，摘去顶心，促使辣椒早结果、多结果、结果一致、成熟一致。

培土成垄：在雨季到来、植株封垄以前，应对辣椒植株进行培土。培土时要防止伤根。培土后及时浇水，促进发秧，争取在高温到来之前使植株封垄。

高温雨季管理：重点是要保持土壤湿润，浇水要勤浇、少浇。浇水宜在早晨或傍晚进行。在雨季来临之前，要疏通排水沟，使雨水及时排出。进入雨季，浇水要注意天气预报，不可在雨前2~3天浇水，防止浇水后遇大雨。暴晴天骤然降雨，或久雨后暴晴，都容易引起植株萎蔫。因此，雨后要及时排水，增加土壤通透性，防止根系衰弱。

后期管理：9月以后，进入辣椒果实成熟期，可适当喷施叶面肥。喷施叶面肥的时间应选在上午田间露水已干或下午16时之后，以延长溶液在叶面的持续时间。喷洒叶面肥时从下向上喷，喷在叶背面，以利于其吸收，提高施肥效果。

e.收获。辣椒果实作为鲜椒出售的，在8月底至9月初，成熟果达到1/4以上时开始采摘，以后视红果数量陆续采摘。采收时要采取整个果实全部变红的辣椒，去除病斑、虫蛀、霉烂和畸形果后出售。出售干椒的，可在霜前7~10天连根拔下在田间摆放。摆放时将辣椒根部朝一个方向，每隔7~10天上下翻动1次。在田间晾晒15~20天后，拉回码垛。椒垛要选地势高燥、通风向阳的地方。垛底用木杆或作物秸秆垫好，码南北向单排垛，垛高1.5米左右，垛间留0.5米以上间隙，每隔10天左右翻动1次。雨天用塑料膜或防雨布遮盖，雨停后撤去遮盖物，保证通风。晾晒翻动时不要挤压、践踏，不能用钢叉类利器翻动，以免损伤辣椒果实，造成霉烂。当辣椒逐渐干燥，椒柄可折断、摇动时有种子响动声、对折辣椒有裂纹、果实含水量17%左右时，即可进行采摘、分级销售。在采摘、包装、运输、销售过程中应注意减少破碎、污染，以保证辣椒品质。

③玉米

a. 品种选择。玉米品种选择边行效应明显、喜肥水、抗病性强的高产品种，如登海605、登海618、郑单958等。为提高综合经济效益，玉米品种也可选用鲜食的优良糯玉米品种。

b. 播期。6月中旬播种。

c. 播种方式。播种于畦埂两侧，株距15厘米，双行玉米间距30厘米，辣椒行与玉米行间距50厘米。

d. 田间管理。拔除弱株，中耕除草。个别地块密度过大，有弱株，既占据一定空间，影响通风透光，消耗肥水，又不能形成经济产量，因此，应及早拔除弱株，确保田间密度适宜，以提高群体质量。

穗期一般中耕1~2次。小喇叭口期应深中耕，以促进根系发育，扩大根系吸收范围。小喇叭口期以后，中耕宜浅，以保根蓄墒，一般可结合辣椒除草进行。

重施穗肥。玉米穗期是果穗分化期，也是追肥最重要的时期。穗期追肥应以速效氮肥为主。追肥时间为大喇叭口期（12~13片展开叶），每亩追尿素20千克左右。中低产田穗肥占氮肥总追施量的40%左右。追肥应距玉米植株一侧8~10厘米，条施或穴施，深施10厘米左右。覆土盖严，减少养分损失。

及时排涝或灌溉。玉米穗期阶段要确保大喇叭口前后和抽雄前后土壤墒情充足。抽雄前后，地面应见湿不见干，墒情不足，应进行灌溉。宜涝地块还应在穗期结合培土挖好地内排水沟，积水时应及时排涝。

追施粒肥，科学浇水。粒肥是防治后期玉米早衰的重要措施，对玉米前期施肥量少或表现有脱肥迹象的田块，应在吐丝期追施速效氮肥，每亩用尿素5~8千克。玉米抽雄开花期需水强度最大，对干旱的反应最敏感，是玉米需水"临界期"。此期如果缺水将会导致玉米花期不遇，不能正常授粉结实，极易造成秃尖、缺粒甚至空秆现象；灌浆至成熟期也是玉米需水的重要时期，这个时期干旱对产量的影响仅次于抽雄期，此期缺水会直接导致玉米千粒重下降。生产上有"开花不灌、减产一半""前旱不算旱、后旱减一半"等说法。在玉米生长后期要根据天气、墒情灵活掌握，使农民做到遇旱浇水。

e. 收获。玉米成熟的标志是玉米苞叶干枯松散，籽粒变硬发亮，乳线消失，黑层出现，即达到完熟期，此时收获千粒重最高。实践证明，玉米每早收1天，千粒重就会减少3~4克。因此在不影响适时种麦的前提下，应尽量推迟玉米收获期，确保玉米在完熟期收获。

糯玉米可根据成熟度适时收获。

f. 病虫防治。夏玉米主要虫害有玉米螟、蓟马、黏虫等。玉米螟可用5%的氯虫苯甲酰胺悬浮剂20毫升/亩进行防治。在蓟马发生初期，可选用10%吡虫啉可湿性粉剂或50%氟啶虫胺腈水分散粒剂，对叶片和心叶进行定向喷雾防治。防治二代黏虫应密切注意其发生动态，在幼虫三龄前，可亩用2.5%高效氯氟氰菊酯水乳剂16~20克，兑水30～40千克喷雾防治，或20%氯虫苯甲酰胺悬浮剂4 000倍液，每隔4～5天喷药1次，可兼治棉铃虫等害虫。

5. 小麦—辣椒—玉米高效栽培模式

小麦行间套种辣椒，能充分发挥土地、光热、劳力、生产资料和资源利用率，小麦套种辣椒的田块改变了原来的光、热、水、气等气候环境条件，前期以小麦植株作屏障对辣椒有很好的挡风防寒作用，有利于辣椒提早上市。辣椒与玉米间作使作物高矮成层、相间成行，有利于改善作物的通风透光条件，提高光能利用率，充分发挥边行优势的增产效应。辣椒与玉米间作可以适当遮阴，有利于植株生长，抑制辣椒果实日灼现象，有效防止蚜虫传播病毒，从而达到减少"三落"、增加产量的目的。特别是在辣椒集中产区，连作病害严重，采用辣椒玉米间作，利用相互间的抑制和促进作用，可有效减轻辣椒的病虫危害。

（1）种植茬口安排　小麦：10月10～20日播种，次年6月上旬收获；辣椒：2月下旬至3月上旬小拱棚育苗，4月中下旬定植，8月底至9月初收获鲜椒出售，9月底收获干椒；玉米：玉米于6月中旬播种，9月底收获。

（2）栽培管理技术

①小麦

a. 品种选择。小麦选用经过国家和各地品种审定委员会审定，经试验、示范，适应当地生产条件、单株生产力高、抗倒伏、抗病、抗逆性强的冬性或半冬性品种。中产水平条件下，宜选用分蘖成穗率高、稳产丰产的品种；在华北地区高产水平条件下，宜选用耐肥水、增产潜力大的品种，如济麦44、济麦22、济麦20（强筋）、鲁原502、烟农19（强筋）、烟农24等为主。

b. 播期及播量。小麦播种时间为10月10～20日，每亩播种量10千克左右。

c. 播种方式。"小麦+辣椒"套种方式为4∶2，即133厘米的套种带幅内播4行小麦，栽植2行辣椒，该套种的特点是利用小麦与辣椒2个月左右的共生期，相互间无不利影响。小麦种植时留有辣椒套种行，辣椒移栽在套种行内，而且是宽窄行种植，可充分利用边行效应，通风透光良好，植株生长健壮，所以辣椒产量不受影响，还增加一季小麦的收入。

播种前每亩施优质农家肥4～5米^3，或者鸡粪1 000千克以上，或者饼肥200～300千克，在此基础上，每亩施磷酸二铵20千克、尿素20千克、硫酸钾25千克，或三元复合肥（15-15-15）、小麦专用肥50千克。

用小麦精播机或半精播机播种，行距21～23厘米，播种深度3～5厘米。用带镇压装置的小麦播种机械，在小麦播种时随种随压；没有浇水造墒的秸秆还田地块，播种后再用镇压器镇压1～2遍，保证小麦出苗后根系正常生长，提高抗寒抗旱能力。

d. 田间管理

查苗补种：小麦出苗后及时查苗补种，对有缺苗断垄的地块，选择与该地块相同品种的种子，开沟撒种，墒情差的开沟浇水补种。

防除杂草：于11月上中旬，小麦3～4叶期，日平均温度在10℃以上时及时防除麦田杂草。阔叶杂草每亩用75%苯磺隆1克或15%噻磺隆10克，抗性双子叶杂草每亩用5.8%双氟磺草胺（麦喜）悬浮剂10毫升或20%氯氟吡氧乙酸（使它隆）乳油50～60毫升，兑水30千克喷雾防治。单子叶杂草每亩用3%甲基二磺隆（世玛）乳油30毫升，兑水30千克喷雾防治。野燕麦、看麦娘等禾本科杂草每亩用6.9%精噁唑禾草灵水乳剂60～70毫升或10%精噁唑禾草灵乳油30～40毫升，兑水30千克喷雾防治。

浇越冬水：在11月下旬，日平均气温降至3～5℃时开始浇越冬水，夜冻昼消时结束，每亩浇水40米^3。浇过越冬水，墒情适宜时要及时划锄。对造墒播种、越冬前降雨、墒情适宜、土壤基础肥力较高、群体适宜或偏大的麦田，也可不浇越冬水。

划锄镇压：小麦返青期及早进行划锄镇压，增温保墒。

化控防倒：旺长麦田或株高偏高的品种，应于起身期每亩喷施矮壮素30～40毫升，兑水30千克喷雾，抑制小麦基部第一节间伸长，使节间短、粗、壮，提高抗倒伏能力。

追肥浇水：高产条件下，分蘖成穗率低的大穗型品种，在拔节初期（基部第一节间伸出地面1.5～2厘米）追肥浇水；分蘖成穗率高的中穗型品种，在拔节初期至中期追肥浇水。中产条件下，中穗型和大穗型品种均在起身期至拔节初期追肥浇水。浇水量每亩地40米^3。

e. 收获。为了缩短小麦和辣椒的共生期，小麦要在蜡熟末期至完熟初期用联合收割机收获，麦秸还田。优质专用小麦单收、单打、单贮。

f. 病虫防治。小麦条锈病：每亩用15%三唑酮可湿性粉剂80～100克或20%戊唑醇可湿性粉剂60克，兑水50～75千克喷雾防治。

小麦赤霉病：每亩用50%多菌灵可湿性粉剂或50%甲基硫菌灵可湿性粉剂75～100克，兑水稀释1000倍，于开花后对穗喷雾防治。

小麦白粉病：每亩用40%戊唑双可湿性粉剂30克或20%三唑酮乳油30毫升，兑水50千克喷雾防治。

麦蚜：每亩用10%吡虫啉10～15克或50%抗蚜威可湿性粉剂10～15克，兑水50千克喷雾防治。

小麦红蜘蛛：每亩用20%甲氰菊酯乳油30毫升或40%马拉硫磷乳油30毫升或1.8%阿维菌素乳油8～10毫升，兑水30千克喷雾防治。

小麦吸浆虫：在抽穗至开花盛期，每亩用4.5%高效氯氰菊酯乳油15～20毫升或2.5%溴氰菊酯乳油15～20毫升，兑水50千克喷雾防治。

叶面喷肥：灌浆期叶面喷施0.2%～0.3%磷酸二氢钾+1%～2%尿素，延长小麦功能叶片光合高值持续期，提高小麦抗干热风的能力，防止早衰。

一喷三防：为提高工效，减少田间作业次数，在孕穗期至灌浆期将杀虫剂、杀菌剂与磷酸二氢钾（或其他的预防干热风的植物生长调节剂、微肥）混配，叶面喷施，一次施药可达到防虫、防病、防干热风的目的。山东省小麦生育后期常发生的病虫害有白粉病、锈病、蚜虫，一喷三防的药剂为：每亩用15%三唑酮可湿性粉剂80~100克、10%吡虫啉可湿性粉剂10~15克、0.2%~0.3%磷酸二氢钾100~150克兑水50千克，叶面喷施。

②辣椒栽培技术。同大蒜—辣椒—玉米栽培模式中辣椒栽培技术。

③玉米的品种选择、播期、田间管理及病虫害防治。同大蒜—辣椒—玉米栽培模式。

"玉米+辣椒"的套种方式4：1，即每四行辣椒间作1行玉米，玉米株距30厘米，一穴双株，密度为1 850株，这样既改变了田间小气候又防治了辣椒的日烧病，为辣椒的高产奠定了基础，同时在收获辣椒前可以先行收获玉米，增加了种植收入。

6. 西瓜—辣椒—水果玉米高效栽培模式

（1）种植茬口安排　西瓜：2月中下旬至3月上旬小拱棚育苗，4月中下旬定植，7月中下旬成熟；辣椒：2月下旬至3月初育苗，5月中上旬定植，8月底至9月初收获鲜椒出售，9月底收获干椒；水果玉米：水果玉米于7月中下旬播种，10月初收获。

（2）栽培管理技术

①西瓜

a. 品种选择。选择当地适宜种植中早熟品种，着重选择抗病性强、瓤质脆嫩、不空心，含糖量高，不易裂果，耐贮藏、耐运输的品种，如西农8号、中科1号、郑抗8号、京欣2号等品种。

b. 嫁接育苗。一般是采用简易大棚嫁接育苗，根据定植日期和苗龄确定育苗时间，不宜过早或过晚。一般都购买专用西瓜育苗肥或采用无菌土和腐熟厩肥按10：1比例配制营养土，加入适量的百菌清消毒，充分拌匀过筛即可。选择抗逆性强，与接穗嫁接亲和力好的砧木品种。目前可用的砧木品种主要有：南瓜砧京欣砧2号和京欣砧4号，葫芦砧强砧和京欣砧1号。

砧木一般采用穴盘育苗，先播种砧木，等砧木子叶展开，真叶如米粒大小时，大约7天后，在苗床上播种西瓜接穗。在砧木第1片真叶展开，接穗西瓜2片子叶展平时为嫁接适宜时期。嫁接方法一般为顶插接法。具体做法为：先用刀片去除砧木的真叶及生长点，然后用竹签从砧木一侧子叶的主脉向另一侧子叶方向朝下斜插深约1厘米，然后用刀片在接穗子叶节下1~1.5厘米处削成斜面长约1厘米的楔形面，随即将削好的接穗插入孔中，接穗子叶与砧木子叶呈十字状，用嫁接夹固定后放入穴盘。

嫁接后将嫁接好的穴盘放入畦内，摆放整齐，用竹片在畦内搭建一个拱棚，上覆塑料膜和遮阳网密闭保湿，以保证小拱棚内空气湿度不低于95%，3~5天内不放风，温度保持白天25~28℃、夜间20℃。嫁接后4~7天后逐渐揭开小拱棚两侧塑料薄膜通风，开始通风要小，逐渐加大。温度控制在20~28℃，晚上不能低于18℃。嫁接后1~3天内，晴天可全天遮光，以后逐渐增加早晚见光时间，缩短中午遮光时间；第4~6天早晚正常光照，以后逐渐增加光照，第9天后可完全见光。温度控制在白天22~30℃，14天后西瓜长出真叶白天正常管理，晚上温度不能低于16℃，直至定植。

c. 定植。整地越冬前深翻土壤,改善其透气性。早春解冻后及时耙地保墒,因辣椒、西瓜都是需肥量大的作物,故基肥一定要施足,需要比单独种植西瓜增施有机肥30%。西瓜对基肥种类的要求比较严格,以肥效时间较长的有机肥为主,再加入适量的速效肥。原则上底肥中氮肥施用量是整个生育期总量的40%~60%,全生育期磷肥全部用作底肥施入,钾肥施用量占整个生育期钾肥用量的60%。适施氮肥,重施钾肥,补施微肥。基肥用量按照有机肥为主,化肥为辅的原则:一般每亩施6~8米^{3}有机肥,并根据化肥在基肥中的比例,每亩施入尿素16千克、过磷酸钙70千克、硫酸钾32千克。

选择壮苗。选用生长健壮、根系发达的无菌嫁接幼苗,一般幼苗3叶1心移栽为佳。

适时定植。在4月中下旬定植为宜。定植前起垄,垄宽60厘米,垄上面铺黑色地膜。一般西瓜栽种行距为2米,株距50~60厘米,每亩栽植556~668株。每行西瓜套种两行辣椒(西瓜移栽在垄中间,离开西瓜定植行中线两侧30厘米处定植辣椒)。

d. 田间管理。水分管理总原则是,苗期要控制浇水,以防止秧苗徒长,结瓜期水量加大,但一定要保持相对稳定,不能忽旱忽涝,防止产生裂瓜和大头瓜、葫芦瓜。定植后7天浇缓苗水,从缓苗水到团棵期,原则上不浇水,以防止水分过大引起植株徒长,造成植株生长过旺落花花瓜。幼瓜坐住后长到鸡蛋大小时,开始浇水,水量要充足,以浇透为宜。此次浇水也可以先定植辣椒再浇水,既促进西瓜生长,也是辣椒"缓苗水",做到"一水两用"。进入膨瓜期后,根据西瓜、辣椒的生长需要及降雨情况进行统筹管理浇水,西瓜一般足量浇水1~2次即可,采收前7天停止浇水。

西瓜幼苗期苗生长健壮可以不追肥,伸蔓期可以追施1次伸蔓肥,施用量一般为每亩尿素10千克、硫酸钾10千克。需要注意的是伸蔓肥要早施,伸蔓中后期一般不再追肥。西瓜膨瓜期是追肥关键时期,此时追肥以磷、钾肥为主,适当控制氮肥,分两次追施。果实鸡蛋大小,亩施硫酸钾25千克、磷酸二铵15千克、尿素5千克;果实碗口大小,追第二次膨瓜肥,每亩施磷酸二铵10~15千克、硫酸钾10~12千克。

一般采用双蔓整枝,保留主蔓,在主蔓基部选1条生长健壮侧蔓,主蔓和侧蔓上着生的孙蔓全摘除。进行人工辅助授粉,西瓜主蔓第1雌花一般结瓜个小、品质差,应及时摘除,选择主蔓第2、第3雌花进行人工辅助授粉,宜选择晴天上午8:00—10:00雌花开放时进行。当幼瓜长至鸡蛋大小时及时摘除发育不良的果实,每株至少保留1个果型端正、发育良好的幼瓜。当幼瓜直径7厘米以上时,采用专用塑料网袋套瓜,防鸟。

e. 收获。西瓜需进行适时采收,一般7月中上旬开始陆续收获。成熟果花纹清晰,果柄基部稍有收缩;用手拍打果实,发出混音为熟瓜,一般9成熟采收为宜。西瓜采收后及时拉秧,及时播种水果玉米。

f. 病虫害防治。防治病虫害应贯彻"预防为主、综合防治"的方针,掌握以农业防治和物理防治为主、药物防治为辅的无害化控制原则。张挂黄色诱虫板,每亩

30~40片。防治蚜虫选用25%噻嗪酮粉剂1 500~2 000倍液,病毒病可在发病初期喷施20%病毒A可湿性粉剂500倍液,或1.5%植病灵乳剂1 200~1 500倍液防治。细菌性角斑病可在发病前喷施50%多抗·喹啉铜可湿性粉剂600~800倍液预防,发病初期喷施20%噻菌铜悬浮剂500倍液防治。西瓜蔓枯病主要以预防为主,可在发病前喷施16%多抗霉素B可溶粒剂800~1 000倍液预防。

②辣椒。栽培技术同大蒜—辣椒—玉米栽培模式中辣椒栽培技术。

③水果玉米

a. 品种选择。玉米品种选择边行效应明显、喜肥水、抗病性强的鲜食水果玉米品种,如小布丁、绿色超人、超甜2008、尼可香及高品乐等。

b. 播期。7月中下旬播种。

c. 播种方式。西瓜拉秧后播种于两垄之间空档,即两行辣椒两行玉米,株距15厘米,双行玉米间距30厘米,辣椒行与玉米行间距40厘米。

d. 田间管理及病虫害防治同大蒜—辣椒—玉米栽培模式中玉米栽培技术。

7. 大蒜—辣椒—棉花高效栽培模式

(1)种植茬口安排　大蒜:10月5—10日播种,次年5月下旬收获。辣椒:3月上旬育苗,5月初定植,8月底至9月初收获鲜椒出售,9月底收获干椒。棉花:4月上旬育苗,4月下旬至5月初定植,9月下旬收获籽棉。

(2)栽培管理技术

①大蒜品种选择、播期及播量、播种方式。同大蒜—辣椒—玉米栽培模式。

9月下旬耕地,基肥施三元复合肥(15-15-15)150千克。播种后浇水,第2天喷除草剂,覆盖地膜。播种约3天后,大蒜芽开始露出地面,然后开始人工辅助大蒜破膜,方法是:把麻袋或包裹好厚塑料布的铁链放在地膜上面,左右两个人向前拉,一般需要3~4天,80%~90%大蒜能够破膜,顺利出苗,剩余的需要人工逐个勾出来。第2年清明节前后,开始浇第1水,并冲施海藻肥15~20千克。抽薹后,鳞茎进入生长盛期,应视天气情况7天左右浇一水,以保持土壤湿润,蒜头膨大期要小水勤浇,保持土壤湿润,降低地温,促进蒜头肥大。蒜头收获前5天要停止浇水,防止田内土壤太湿造成蒜皮腐烂,蒜头松散,不耐贮藏。蒜头在5月20日左右收获。

收获。蒜薹顶部开始弯曲,薹苞开始变白时应于晴天下午及时采收。植株叶片开始枯黄,顶部有2~3片绿叶,假茎松软时应及时采收。

②棉花

a. 品种选择。应选择中熟偏早的抗虫优质棉种,叶片中等大小,管理省工。如银兴棉14号、瑞杂816、鲁棉研54号等。

b. 播种(育苗移栽)。4月上旬育苗,4月下旬至5月初定植。棉花定植在预留行,行距2.2米,株距25厘米,密度1 200株/亩。

c. 田间管理。轻施苗肥。前茬大蒜收获时,尽量注意保护棉苗,减轻对棉苗伤害,并注意保护地膜,继续为棉苗保墒、增温。大蒜收获后,对于棉苗生长较弱小的棉田,每亩可施尿素5~7千克。

稳施蕾肥。6月中下旬，每亩追施尿素5~10千克。

重施花铃肥。7月上中旬棉田封垄前，进行中耕扶垄，结合扶垄追施花铃肥，每亩追施三元复合肥（15-15-15）30千克。

补施盖顶肥。7月底至8月初，每亩追施10千克尿素作盖顶肥，防早衰。

浇水、抗旱、排涝。7月以后进入雨季，视降雨情况灵活掌握，若连续半个月不降雨，应及时浇水；如遇长期阴雨天气，应在宽行开沟及时排除积水。

中耕、扶垄。6月下旬，棉花处于初花期，开始中耕，中耕深度6~8厘米，并清除地膜。7月上中旬棉田封垄前，进行中耕扶垄，中耕深度8~10厘米，扶垄高15~20厘米。

加强病虫害防治。及时防治棉花猝倒病、枯萎病、黄萎病、蜗牛、地老虎、棉铃虫、棉蚜、盲蝽、烟粉虱、红蜘蛛等。

整枝。保留2~3个叶枝。7月20日打顶，一般保留17~18个果枝，及时抹去赘芽。

全程化控。盛蕾期，每亩用缩节胺0.5~1克，兑水20千克；盛花期，用缩节胺1.5~2克，兑水50千克。打顶后5~7天，用缩节胺3~4克，兑水50千克。应根据天气和棉花长势，适时增减化控次数、增减缩节胺用量。

适时拔柴。在不影响大蒜产量和品质的前提下，应适当推迟棉花拔柴时间，适宜拔棉柴时间在10月1~5日。

③辣椒

a.品种选择。辣椒选用簇生型一次性采收的三英系列品种。

b.育苗。选择在地势开阔、背风向阳、干燥、无积水和浸水、靠近水源的地方进行育苗。苗床土要求肥沃、疏松、富含有机质、保水保肥力强的沙壤土。准备育苗土：土壤和腐熟有机肥比例为6∶4，每立方米育苗土加入草木灰15千克、过磷酸钙1千克，经过堆沤腐熟后均匀撒在苗床上，厚度为1~2厘米，然后整平，让床土与育苗土充分混合。播种前，将种子用55℃的温水浸泡15分钟，并不断搅动，水温下降后继续浸泡8小时，捞出漂浮的种子。将浸种完的种子，用湿布包好，放在25~30℃条件下，催芽3~5天。当80%的种子"露白"时，即可播种。播种时浇1遍水，播种要求至少3遍，以保证落种均匀。覆土要用细土，厚度为4~5毫米。为便于掌握，可在床面上均匀放几根筷子，然后覆土，至筷子似露非露时即可。覆完土后盖地膜，接着覆盖棚膜，膜上盖草苫。

20天左右后，出苗达50%时及时揭掉地膜。育苗期，每天太阳出来后及时揭苫，日落前盖苫。选择无风、温暖的晴天，利用中午时间拔除杂草。定植前10天左右逐步降低到白天15~20℃、夜间5~10℃，在幼苗保证不受冻害的限度下尽量降低夜温。苗床干时需浇小水，必要时可施用磷酸二氢钾等叶面肥，育苗后期需放风降温和揭膜炼苗，定植前两天浇透苗床，以利移苗。育苗期间注意防治猝倒病、立枯病，可用井冈霉素A、异菌脲和噁霉灵等药剂兑水喷施,对苗床土壤进行处理,施药时保证药液均匀,以浇透为宜。

c. 定植。定植应于10厘米地温稳定在15℃左右时及早进行,一般在4月20日前后。选择壮苗定植,壮苗的标准:苗高不超过20~25厘米,茎秆粗壮、节间短,具有8~12片真叶、叶片厚、叶色浓绿,幼苗根系发达、白色侧根多,大部分幼苗顶端呈现花蕾,无病虫害。辣椒茎部不定根发生能力弱,不宜深栽,栽植深度以不埋没子叶为宜。栽苗时大小苗要分级,剔除病弱苗、老化苗。定植后要立即浇定植水,随栽随浇。实行大小行移栽,大行距1.1米,小行距辣椒54厘米,辣椒穴距25厘米,每穴2~3株,每亩3 000穴、7 500株左右。

d. 田间管理。定植后管理。刚定植的幼苗根系弱,外界气温低,地温也低,浇定植水量不宜过大,以免降低地温,影响缓苗。浇水后,要及时中耕松土,增加地温,保持土壤水分,促进根系生长。适当控制水分,促使根系向土壤深处生长,达到根深叶茂。土壤水分过多,既不利于深扎根,又容易引起植株徒长,坐果率降低。蹲苗的时间长短,要视当地气候条件而定。当土壤含水量下降到13%~14%时,要及时浇水,然后中耕。

定植后到结果期前的管理。此时管理的重点是发根。辣椒根系的生长发育速度在幼苗期最快,以后随着地上部生长速度的加快,根系生长逐渐变慢,至开花结果期根系的生长基本停滞。辣椒根系的早衰都是在作物生长的中后期,根系的培育必须在开花结果期完成,而苗期又是最重要的时期。生产上,除增施有机肥促进土壤团粒结构形成、经常保持适宜的土壤含水量外,灌水及降水后,应及时中耕破除土壤板结,对改善土壤的透气性很有效。

结果初期管理。当大部分植株已坐果,开始浇水。此时植株的茎叶和花果同时生长,要保持土壤湿润状态。如果底肥充足,肥效又好,植株生长旺盛,果实发育正常,可以不追肥。因朝天椒的花果期是其一生中需肥量最大的时期,而且朝天椒主要收获红辣椒,追肥晚会延迟辣椒红熟,因此在盛花期过后,追施高N高K低P水溶性复合肥20~30千克,随水冲施。

盛果期管理。盛果期,植株生长高大,营养生长和生殖生长同时进行。为防止植株早衰,要及时采收下层果实,并要加强浇水,追施水溶性复合肥10~20千克,保持土壤湿润,以利于植株继续生长和开花坐果。

徒长椒田管理:盛花后深中耕,控徒长。在椒苗主茎叶片达到12~13片时,摘去顶心,可促进侧枝生长发育,提早侧枝的结果时间,增加侧枝的结果数,结果一致,成熟一致,有利于提高产量。

结果后期管理。在雨季到来、植株封垄以前,应对辣椒植株进行培土,既可防雨季植株倒伏,也能降低根系周围的地温,利于根系的生长发育。培土时要防止伤根。培土后及时浇水,促进发秧,争取在高温到来之前使植株封垄。

高温雨季管理。高温雨季的光照强度高,地表温度常超过38℃,辣椒根系的生长受到抑制。重点是要保持土壤湿润，浇水要勤浇、少浇，起到补充土壤水分的作用即可，而不是浇足、浇透。浇水宜在早晨或傍晚进行。雨季高温，杂草丛生，要及时清除田间杂草，防止病害传播。辣椒根系怕涝，忌积水。雨季中如土壤积水，轻者根系吸收能力降低，导致水分失调，叶片黄化脱落，引起落叶、落花和落果，重者根系就会窒息，植株萎蔫，造成沤根死秧。在雨季来临之前，要疏通排水沟，使雨水及时排出。进入雨季，浇水要注意天气预报，不可在雨前2~3天浇水，防止浇水后遇大雨。暴晴天骤然降雨，或久雨后暴晴，都容易造成土壤中空气减少，引起植株萎蔫。因此，雨后要及时排水，增加土壤通透性，防止根系衰弱。及时防治辣椒病虫害。

后期管理。9月以后，进入辣椒果实成熟期，根系吸收能力下降，可适当喷施叶面肥，及时弥补根系吸收养料的不足。喷施叶面肥的时间应选在上午田间露水已干或下午16:00或17:00之后，以延长溶液在叶面的持续时间。喷洒叶面肥时从下向上喷，喷在叶背面，以利于其吸收，提高施肥效果。

f. 收获。色泽深红，果皮皱缩。一般开花到成熟50~65天。辣椒转红之后并未完全成熟，需再等7天左右，果皮发软发皱才完全成熟。当红椒占全株总数90%时，拔下整株遮阴晾晒，至80%干时摘下辣椒，分级、晾晒、待售。

8. 大蒜—辣椒—芝麻高效栽培模式

（1）种植茬口安排　大蒜：10月5~10日播种，次年5月下旬收获。

辣椒：2月下旬至3月上旬小拱棚育苗，4月中下旬定植，8月底至9月初收获鲜椒出售，9月底收获干椒；芝麻：芝麻于6月上旬播种，9月上中旬收获。

（2）栽培管理技术

①大蒜

a. 品种选择。选择当地适宜种植品种，金乡蒜和苍山蒜均可。

b. 播期及播量。山东省大蒜适宜播期为10月5~10日，晚熟品种、小蒜瓣、肥力差的地块可适当早播；早熟品种、大蒜瓣、肥沃的土壤可适当晚播。另外，还应注意播种与施肥的间隔时间，以防烧苗，一般间隔时间不要少于5天。大蒜种植的最佳密度为每亩种植22 000~26 000株，重茬严重地块、早熟品种、小蒜瓣、沙壤土可适当密植，晚熟品种、大蒜瓣、重壤土可适当稀植。每亩用种量约150千克。

c. 播种方式。为便于下茬作物辣椒的套种应预留套种行，一般播种行18厘米、套种行25厘米，每种3行大蒜留一套种行。开沟播种，用特制的开沟器或耙开沟，深3~4厘米。株距根据播种密度和行距来定。种子摆放上齐下不齐，腹背连线与行向平行，蒜瓣一定要尖部向上，不可倒置，覆土1~1.5厘米。

栽培畦整平后，每亩37%蒜清二号EC兑水喷洒。喷后及时覆盖厚0.008毫米的透明地膜。降解膜能够降温散湿，改善根际环境，防治重茬病害，提升大蒜质量，具有增产效果。建议使用降解膜。

d. 田间管理。出苗期：一般出苗率达到50%时，开始放苗，以后天天放苗，放完为止。破膜放苗宜早不宜迟，迟了苗大，不仅放苗速度慢，而且容易把苗弄伤，同时也易造成地膜的破损，降低地膜保温保湿的效果。

幼苗期：及时清除地膜上的遮盖物，如树叶、完全枯死的大蒜叶、尘土等杂物，增加地膜透光率，对损坏地膜及时修补，使地膜发挥出其最大功用。用特制的铁钩在膜下将杂草根钩断，杂草不必带出，以免增大地膜破损。

花芽、鳞芽分化期：在第二年春天气转暖，越冬蒜苗开始返青时（3月20日左右），浇1次返青水，结合浇水每亩追施氮肥5~8千克、钾肥5~6千克。

蒜薹伸长期：4月20日左右浇好催薹水。蒜薹采收前3~4天停止浇水。结合浇水每亩追施氮肥3~4千克、钾肥4千克左右。4月20日前后的"抽薹水"，既能满足大蒜的水分需求，又利于辣椒的定植，提高成活率，促苗早发；也可以先定植辣椒再浇水，既是"催薹水"，也是"缓苗水"，做到"一水两用"。芝麻播种后，根据辣椒、芝麻的生长需要及降雨情况进行浇水，也是"一水两用"。

蒜头膨大期：蒜薹采收后，每5~6天浇水1次，蒜头采收前5~7天停止浇水。蒜头膨大初期，结合浇水每亩追施氮肥3~5千克、钾肥3~5千克。4月上旬的大蒜"催薹肥"及4月20日前后的大蒜"催头肥"，也为辣椒、芝麻的苗期生长提供了足够的营养元素，为辣椒、芝麻高产稳产打下坚实基础，达到"一肥三用"的效果。

e.收获。蒜薹顶部开始弯曲，薹苞开始变白时应于晴天下午及时采收。植株叶片开始枯黄，顶部有2~3片绿叶，假茎松软时应及时采收。大蒜收获时，尽量减少地膜破损，以免造成水分蒸发、地温降低，影响辣椒的正常生长，也为芝麻播种创造良好的土壤墒情。

f.病虫害防治。同大蒜—辣椒—玉米高效栽培模式中大蒜防治方式。

②辣椒。同西瓜—辣椒—水果玉米栽培模式中辣椒育苗、收获、病虫害防治。

③芝麻

a.品种选择。芝麻品种宜选用漯芝15号、漯芝19号、漯芝21号等单秆型、茎秆粗壮、抗倒、产量潜力大的品种。

b.芝麻播种。在大蒜收获后形成的空行内播种芝麻，每行辣椒种植3行芝麻。芝麻播种应做到大蒜收获后抢时播种，最迟不能超过6月10日。播种过晚，芝麻幼苗时辣椒已经封垄，容易受到辣椒的荫蔽，影响生长。每亩芝麻播种量为500克左右，可采用开沟点播。播种后根据墒情进行浇水，确保芝麻一播全苗。

c.辣椒间作芝麻共生期管理。芝麻和辣椒的共生期为3个月左右，其间应加强肥水管理、病虫害的防治，做好芝麻间苗、定苗、辣椒中耕培土、芝麻打顶等工作，确保芝麻、辣椒双丰收。芝麻及时间苗、定苗：出现第1对真叶时，即"十字架"时期，进行第1次间苗，拔除过密苗，以叶不搭叶为度；间苗时，发现缺苗，要及时带土移苗补栽。出现3~4片真叶时进行定苗，株距16.7~20厘米，每亩留苗1 500株左右。肥水管理：大蒜收获以后，辣椒重施肥，施尿素10千克/亩，三元复合肥（15-15-15）20千克/亩；7月上旬施三元复合肥（15-15-15）30千克/亩，此时芝麻不用施肥。7月中旬以后辣椒不再追肥，然而芝麻此时正值开花结蒴期，是生长最旺盛时期，也是需肥高峰期，追施尿素10千克/亩。8月底到9月初，芝麻和辣椒处于生长后期，一般选用0.4%磷酸二氢钾进行叶面喷肥2~3次，可以减轻叶部病害，增加产量。结合施肥进行浇水，除此之外，需根据辣椒是否缺水灵活把握浇水。如遇干旱，小水勤浇，不可中午浇水；如遇大雨，要及时排水，避免田间积水；其余时间一般不浇水。辣椒中耕培土：辣椒门椒出现时进行中耕，中耕宜浅。结合中耕进行培土，将土壤培于植株的根部。

d. 收获。9月上中旬，当芝麻下部叶片全部脱落，仅剩上部极少叶片；下部5~6个蒴果开裂时收获。芝麻收割后捆成小捆，摆架晾晒，充分晒干后脱粒2次即可。

e. 病虫防治

细菌性角斑病：在病害尚未出现时喷药预防1~2次，发病初期连续喷药封锁发病中心。药剂可选用1∶1∶100石灰等量式波尔多液，或12%松脂酸铜乳油600倍液，或30%氧氯化铜悬浮剂600倍液，或77%可杀得悬浮剂800倍液，或20%喹菌酮可湿粉1 000~1 500倍液，或47%加瑞农可湿粉800倍液，隔7~15天喷施1次，喷2~3次，前密后疏，交替施用，喷匀喷足。

苗期重点防治小地老虎和蟋蟀。于傍晚前用70%甲基硫菌灵500倍、20%井冈霉素1 500倍，混合喷洒芝麻幼苗及周边土壤，兼治苗期病虫害。辣椒、芝麻生长期主要害虫为棉铃虫、甜菜叶蛾等，可选用20%氯虫苯甲酰胺5 000倍液、10.5%甲维·氟铃脲1 500倍液、150克/升茚虫威2 000倍液喷洒防治。蚜虫发生时，可喷洒10%吡虫啉1 500倍液，或10%烯啶虫胺2 500倍液进行防治。

杂草：芝麻播种覆土后每亩可用72%异丙甲草胺100~2 000毫升或50%乙草胺乳油100~150毫升，兑水750升，均匀喷雾土表，进行土壤封闭处理。芝麻出苗后，每亩可使用10.8%高效氟吡甲禾灵50毫升兑水40千克喷施，进行杂草防除。

芝麻打顶保叶：8月10—15日打顶，保证单株蒴数120~150个为宜。打顶时，除去芝麻顶端1~3厘米为宜。整个生育期严禁摘叶。

9. 麦套辣椒丸粒化机械精播技术

麦套辣椒机械化精播高效栽培技术将辣椒种子进行丸粒化处理，集成地膜覆盖、精量机械播种和膜下滴灌等技术，实现机械起垄、铺设滴灌带、覆盖地膜、丸粒化种子播种一次完成，省工、节水、减肥，提高麦套辣椒机械化、规模化、生态化种植水平。

（1）播前准备

①品种选择　根据当地生产和消费需求，选择适合当地种植条件，早熟、抗病、高产、优质的品种，如英潮红4号、德红1号、世纪红、金椒、干椒3号、干椒6号、日本三樱椒、天宇系列、红太阳系列等辣椒品种。

②地块选择　应选择肥沃、平整、排灌良好、适宜机械化作业的沙壤、壤土、轻黏土地块。在10月小麦种植时，预留好辣椒种植行，一般种植2~3行小麦，留80~100厘米套种行。

③精耕整地　播种前1周进行精细整地，以利于提高播种质量，保证灌水均匀和

全苗。结合小麦生育后期的需肥规律，重视底肥施用，一般每亩施生物有机肥100千克、三元复合肥（15-15-15）40千克。

（2）机械播种

①种子丸粒化　辣椒种子质量轻、体积小、不规则，不适合机械精密播种，经过丸粒化包衣后，可使体积和重量增加，形状和大小由不规则、微小，转为大小均一、规则的小球体，有效提高播种性能，实现机械化精量播种。

②适时播种　辣椒适宜播期在3月下旬至4月中旬，干播湿出，播种后1~2天，根据天气情况，进行少量滴灌，以土壤湿润为宜，一般亩灌水量为15~20米^3。

③机械直播　选用双列式多功能辣椒播种机，将起垄、铺设滴灌带、覆膜、播种、覆土一次完成，每垄2行辣椒，滴灌带平整铺设在地膜下2行辣椒中间。先铺设滴灌带，然后覆膜，在地膜上进行精量播种，每穴播3~5粒种子。播种深度1~2厘米，按照品种种植要求调整株行距。地膜选用较厚和韧性好的黑银双色地膜。

（3）田间管理

①定苗　播种后10~15天即可出苗，及时检查出苗情况，由于每穴的播种量有3~5粒，一般不会出现缺苗现象。当幼苗长到8~10厘米时定苗，根据辣椒品种特性每穴留1~2株苗。朝天椒品种要适时摘心，注意摘除时尽量保留茎生叶，以增加有效侧枝数，取得高产。

②水肥一体化管理　根据辣椒需肥规律通过可控管道将水、肥混合液定时、定量滴入辣椒根系发育区域，可提高肥料利用率，减少肥料投入。播种出苗后至9月上旬，根据墒情和天气变化，一般每隔15天左右滴1次水，亩滴灌20~25米^3，全生育期灌水4~7次。在辣椒开花期，结合浇水，追施高氮中磷低钾复合肥10~15千克，同时叶面喷施富含腐殖酸、氨基酸及硼、锌等微量元素叶面肥。每采收1次辣椒后，每亩随水冲施高氮高钾复合肥20千克、中量元素水溶液10升（600~800倍稀释）、磷酸二氢钾100克。

（4）病虫草害防治　为保证辣椒优质、丰产必须做好病虫害的预测预报，以防为主，统防统治。

①主要病害防治。主要病害为病毒病、炭疽病、软腐病等。

病毒病，辣椒叶、果实均可感病，喷施20%吗啉胍·乙酮可湿性粉剂、0.01%芸苔素内酯水剂1 000~2 000倍液，隔10天喷1次，连喷2~3次。

炭疽病危害叶片和果实，发病初期，可喷25%咪鲜胺乳油800倍液+43%戊唑醇悬浮液剂1 000倍液，发病严重时可用50%咪鲜胺锰盐1 000倍液、25%嘧菌酯悬浮剂1 000倍液，隔7天喷1次，连喷3次。

软腐病危害叶片、茎和果实，选用72.2%霜霉威盐酸水剂600~800倍液或58%甲霜·锰锌可湿性粉剂600倍液，植株连同地面一起喷洒。

②主要虫害防治。辣椒虫害主要为蚜虫、蓟马、茶黄螨、烟青虫等。

蚜虫可用3%啶虫脒乳油3 000倍液，或10%吡虫啉可湿性粉剂2 000倍液，或

10%蚜虱净可湿性粉剂1 500倍液喷雾。

蓟马可用2.5%溴氰菊酯2 000倍液、5%啶虫脒可湿性粉剂1 500倍、2.5%多杀霉素悬浮剂1 000倍于早晚喷施。

茶黄螨可选用15%哒螨灵乳油2 000～3 000倍液、螺螨酯4 000～5 000倍液等，每隔7～10天喷洒1次，连续防治2～3次。

烟青虫用0.8%甲氨基阿维菌素乳油2 000倍液，或5%氟啶脲乳油2 000倍液喷雾。

（二）日光温室辣椒栽培技术

1. 品种选择

结合温室的内部环境特点，在温室内种植辣椒时，需要选择低温耐受力强、光照要求比较低、耐贮运、抗逆性强的品种，这些品种具有更强的生命力，更容易适应温室的栽培环境。种植人员在选择辣椒种子时，需要选择质量好的种子，确保辣椒种子的质量，选择耐热、耐弱光、抗病能力强的品种。越冬茬辣椒8月上旬育苗，9月上旬定植，11月下旬至翌年6月下旬收获。

2. 育苗

（1）穴盘育苗基质　在选择穴盘育苗基质时，要选择成本低、透气性好、固根牢、保水性强的材料，使用的材料要科学、合理地设置配比，比如蛭石、草炭土、珍珠岩的配比为1∶3∶1（体积比）。把50%多菌灵80克和50%福美双各80克加入1米^{3}的基质中，可以防治立枯病和辣椒苗期猝倒病，同时把基质中的含水量调至60%，为辣椒提供适宜的生长环境。

（2）苗床准备　选择保温性、通透性良好，并且设施齐全的日光温室进行育苗工作，在播种辣椒前，把基质装入穴盘中，然后使用木板刮去多余基质，把9～13层穴盘摆放为一摞按压，并把其逐个平铺在苗床上。

（3）催芽播种　用布包好辣椒种子放入清水中浸泡3～4小时，之后把种子放到50～55℃的水中浸泡大约15分钟，可以消灭种子表面的病菌。浸泡结束后，把种子放在0.1%高锰酸钾溶液中浸泡10分钟，或使用1%硫酸铜溶液浸泡5分钟左右。把种子捞出后使用清水冲洗4～5次，把多余的水沥干，放在潮湿、干净的毛巾里，室温保持在25～30℃，进行避光催芽处理。每天用清水清洗1次种子，持续3～5天，种子露白就可以播种。

（4）苗期管理　白天温度控制在25～30℃，夜间温度控制在20～22℃，当温度超过30℃时要进行通风处理。播种7～10天就能出苗。等到子叶出土后，要结合土壤墒情和苗情喷水，确保基质含水量保持在59%～74%。辣椒幼苗生长到1叶1心时，可以用0.2%尿素和0.2%磷酸二氢钾混合液喷施叶面，每隔10天喷洒1次，持续1～2次。

（5）选择温室　德州地区容易出现雨雪、大风天气，要及时架设钢架棚，使用覆膜工艺提升覆膜张力，抵御恶劣天气，提高棚膜抵抗恶劣天气的能力。另外，在建设温室大棚时，选择灌溉方便、土壤肥沃的区域为施工点。尽量使用透光率良好的温室薄膜，为温室辣椒完成光合作用提供良好的条件。

（6）整地施肥　在栽培过程中，要结合辣椒的生长特性，选择合适的栽培地块。在整地时把土壤打碎，提升土壤细腻性。整地后做好施肥工作，可以有效提升辣椒的质量和产量。在施肥时，选择有机肥3 500千克/公顷，搭配施用硫酸钾300千克/公顷、磷酸二铵450千克/公顷。完成施肥后进行起垄操作，脊面高15厘米、宽60厘米。在定植辣椒幼苗7天前，需要做好温室的消毒工作，选择硫黄熏蒸的方法消毒，把配料和硫黄混合均匀，按合适的比例放置在温室中起火操作。在熏蒸过程中，让温室处于密闭状态，可以取得理想的消杀效果。

3. 田间管理

（1）浇水和施肥管理　在浇水的过程中，要缓慢均匀地浇水，让水分缓缓融入土壤中。在辣椒苗期，土壤表层会呈现白色，土壤内部表现出潮湿特征。当土壤表面有大量水分时，要合理控制灌溉量，避免由于浇水量过大致使土壤湿度增加。种植人员可以使用滴管技术，具有节水、节能的特点，能够有效节约水源，确保灌溉水量。当土壤含水量过高、环境较潮湿时，容易出现病虫害，使用滴灌技术能够有效预防。种植人员在种植辣椒时，要及时处理大棚积水的问题，确保土地干燥，避免大棚积水严重，导致辣椒质量和产量受损。

（2）温度和湿度管理　在进行辣椒田间管理的过程中，要做好反季节栽培工作，尤其是要做好冬季栽培管理工作。由于温室环境中的光照条件较弱，需要适当提高温室中的光照度，确保辣椒能够充分进行光合作用，拥有充足的光照条件是辣椒生长的前提之一，可以确保辣椒取得较高产量。在栽培反季节辣椒时，通过选用合适的薄膜，可以提升温室中的光照量，增加辣椒产量，比较常用的薄膜有聚氯乙烯薄膜。可以把反光材料设置到温室的几个侧面中，能够有效提升温室光照温度和强度。在温室栽培辣椒时，需要充分结合辣椒的生长特性，科学调整温室中的温度和湿度。辣椒忌土壤水分高、强光照及温度高，所以在温室中种植辣椒时，要结合辣椒的生长特点做出相应调整，确保辣椒种植前期的温度和湿度都处于合理范围。

（3）落花和落果管理　在进行日光温室辣椒栽培管理过程中，要预防辣椒落花、落果问题，避免由于管理不当致使产量降低。在日光温室辣椒种植的过程中，可以科学喷洒激素，防止辣椒落果、落花。

（4）整枝修剪管理　当辣椒坐果、开花时，对通风和光照的需求会大量增加，要做好植株修剪工作，为辣椒提供更多的生长空间。坐果后，植株的生长速度会加快，不断萌发出新枝条，枝条数量会快速增加，会给通风和光照带来负面影响，影响辣椒生长。通常情况下，辣椒侧枝长度为15厘米时，需要把坐果枝条以下的侧枝全部去掉，可以促使辣椒拥有更多的生长空间。当辣椒的长度为5~8厘米时要尽快摘除，避免影响后续果实生长。辣椒的背枝中要保留3~4个主枝，主枝中留下2个较强壮、坐果数量较多的枝条。

4. 日光温室辣椒病虫害防治措施

（1）病虫害防治

①蚜虫。在防治蚜虫过程中，不仅要切断蚜虫传播渠道，控制蚜虫蔓延，还要用药物或生物防治方法，可施用50%抗蚜威溶液500倍液喷洒植株，或者使用银灰色薄膜或黄色诱捕板等消灭蚜虫。

②烟草花叶病毒病。在防治烟草花叶病毒时，可以施0.05%～0.18%硫酸锌稀释剂喷洒辣椒叶片，喷洒2～3次完成预防治疗。在烟草花叶病毒出现初期，可以交替施用1.5%植病灵乳剂1 000倍液或10%病毒王可湿性粉剂600倍液，防治效果较好。但是在施用这些试剂时，要注意使用频率、质量浓度和用量，保证每月的施用频率不超过3次。

③青枯病。青枯病主要表现为辣椒根部受损，当土壤含水量较高时，土壤中的病原菌会侵染辣椒，给辣椒植株带来不可逆转的损害。当辣椒出现青枯病时，可用3%噻唑锌悬浮剂800倍液灌根，每株灌药液200～300毫升，每10～15天灌1次，连灌2～3次。在栽培过程中，要做好除草工作，当无法有效控制病虫害时，要及时去除病株，避免扩大感染范围。

④其他病毒病。病毒病是一种常见的辣椒植株感染病，由于植物表面产生伤口，病毒通过伤口侵染植株，给辣椒植株表面带来严重的损伤。为了预防辣椒病毒病危害，需要及时切断传播渠道。另外，定期施用杀虫剂，防止虫害和病毒病对辣椒交替侵害。在病毒病产生初期，可以施用抗病毒药物，比如交替施用凯普克、新植霉素、安基寡糖素等，每隔10天喷洒1次，连续喷洒3次。

⑤脐腐病。脐腐病出现的原因主要是辣椒缺少钙质，管理人员在灌溉辣椒的过程中没有科学控制水量，致使土壤中的盐分增加，引发钙质减少。在防治脐腐病时，管理人员要以灌溉量为抓手，重点控制对辣椒的灌水量，避免辣椒因为过度灌溉致使土壤盐分增多。此外，还要及时对辣椒进行补钙，提升辣椒的钙含量。

（2）病虫害防治方案

①农业防治。调整辣椒种植区所对应的种植结构，选用合适的种植品种，避免病原菌因土地连作在辣椒品种之间迅速传播。在辣椒病虫害防治工作中调整种植结构，避免辣椒出现交叉感染。

②物理防治。结合虫害的趋光性，把危害辣椒的害虫引诱到诱杀灯中并集中清理。在灯具中安装合适的风扇，借助风扇产生的负气压，把害虫引到捕虫瓶中，或者使用高压电源灯外网格灭杀害虫，让害虫落入特制袋中，达到消灭害虫的目的。

③生物防治。为了有效防治棉铃虫、蚜虫和斜纹夜蛾等害虫，可以在温室中投放蠋蝽、赤眼蜂、半闭弯尾姬蜂等，能够有效捕杀害虫。投放蠋蝽300～450头/公顷、赤眼蜂和半闭弯尾姬蜂150 000～300 000头/公顷，每隔5天释放1次，连续释放2～3次，或者投放半闭弯尾姬蜂2 250～4 500头/公顷，每隔10～18天投放1次，连续投

放 1～3 次。

5. 采收与储存

（1）采收　辣椒成熟达到采收标准应及时采收，一般在早晨或傍晚温度较低时进行采摘，以避免因高温而导致的果实腐烂和品质下降。为了保持辣椒的品质和口感，应尽量保持果实的完整性，采摘时轻轻拧动果实，避免用力过猛导致果实破损。

（2）分拣和储存运输　采摘后的辣椒应进行初步的分拣处理，将病虫害果、损伤或者不符合规格的果实剔除；分拣后尽快进行储存和运输，以保证其新鲜度和口感；储存时注意控制温湿度，运输过程中须避免挤压和碰撞。

第三章　瓜类蔬菜栽培技术

瓜类蔬菜，葫芦科（Cucurbitaceae）中食用部分为瓠果的一类蔬菜，这些蔬菜通常为一年生或多年生攀缘性草本植物。常见的瓜类蔬菜有黄瓜、西瓜、甜瓜、西葫芦、笋瓜、冬瓜、瓠瓜、丝瓜、苦瓜等，还包括一些特殊的瓜类蔬菜，如飞碟瓜、越瓜、菜瓜等。瓜类蔬菜的种类繁多，形态各异，营养丰富，是人们饮食中的重要组成部分。瓜类蔬菜的食用部分主要为果实，这些果实可以直接食用，也可以加工成各种食品，如腌制、晒干等，满足人们不同的饮食需求。这些蔬菜在世界范围内分布广泛，栽培面积大，经济价值高，在人类的日常饮食生活中起到了十分重要的作用。

一、黄瓜

（一）露地春黄瓜栽培技术

德州市露地黄瓜栽培茬分为春黄瓜（早熟）和夏秋黄瓜（普通）。春黄瓜是露地黄瓜主要的栽培形式，黄瓜栽培后，春季生长旺盛，开花结果好，上市早，产量高。

1. 选择优良品种

春露地种植黄瓜，苗期经历春天低温和生长后期的夏季高温，加之春夏之交气候多变，风多干燥，因此应当选择适应性强、苗期耐低温、长势强壮、抗病早熟、高产品种，如冀杂1号、津绿4号、津研4号、津春5号、博美4号、津春4号、中农12号等品种。

2. 整地起垄

在秋翻冬灌的基础上，可选择在3月末至4月初进行春灌，压盐碱、蓄足底墒水，在翻耕地块前，每亩施充分腐熟的优质农家肥3 000千克，或者高浓缩精制有机肥200千克、氮磷钾蔬菜专用磷肥50千克，或者磷酸二铵25千克、尿素15千克、硫酸钾15千克、硼肥1千克。整地后按照垄底宽为70厘米、沟底宽为50厘米、垄高为20厘米，开沟起垄后覆盖薄膜，一般采用（50厘米+70厘米）×50厘米的种植方式、垄面覆盖薄膜进行种植，每亩适宜种植密度为2 222株。

3. 定植

由于受气温限制，露地春黄瓜不能早种，需进行设施育苗，培育适龄壮苗。育苗时间一般在3月上、中旬播种,苗龄40~45天,待5厘米地温稳定在12℃以上时定植到大田。需选择子叶完好,苗高为8~10厘米、有3~5片真叶,节间比较短,叶柄和主蔓的夹角为45°,叶色深绿,叶片肥厚,根系发达,无病虫害的幼苗进行定植。

4. 水肥管理

在黄瓜定植后4~5天,浇1次缓苗水,等到地表稍微干燥时进行中耕松土,然后需要控制浇水进行蹲苗,当第1条黄瓜见长和瓜把颜色变深的时候,就可恢复浇水,浇水前中耕除草1次,晒1~2天后再浇水,防止浇水后杂草复活。结瓜期需要大量浇水施肥,可每隔6~7天施1次肥、浇1次水,浇水可在上午或者傍晚进行,在施足底肥的基础上,定植后可配合浇水施肥,每亩冲施黄瓜专用有机复合肥10~15千克,或者尿素5千克、硫酸钾10千克,可选择有机肥与化肥交替施用,这样营养全面肥效更高。

5. 整枝吊蔓

当幼苗长至20~30厘米时,在距离幼苗8~10厘米处,每株插1根1.7~2米的树枝杆,搭建成"人"字架,然后用"8"字的方法进行绑蔓,以防磨伤茎蔓与茎蔓下垂。绑蔓的时候,可选择每2~3节绑1次,可在下午进行,上午茎蔓容易折断,同时摘除卷须和下部侧枝,有利于主蔓坐瓜,当黄瓜满架时,需要及时摘除病老叶,使其通风和减少病害发生率。

6. 适时采收

春黄瓜栽培中后期由于高温多雨,霜霉病、炭疽病严重,一般7月中旬左右拔苗。黄瓜初果期可每隔3~4天采收1次,黄瓜盛果期可每天或隔天采收,黄瓜早摘有利于增加产量,保证黄瓜的品质,还能促使幼瓜迅速膨大,提高其坐瓜率。

7. 病虫害防治

(1)农业防治方法 可选用抗病品种,进行轮作倒茬,培育无病虫害适龄的健壮幼苗,加强肥水管理,深沟高垄进行栽培。

(2)物理防治方法 可悬挂黄板诱杀害虫,黄板规格为20厘米×30厘米,每亩悬挂40~60块。

(3)化学防治方法

①霜霉病。可选用72%杜邦克露800倍液,或者80%乙磷铝可湿性粉剂600倍液,或者72%普力克水剂1 000倍液喷雾进行防治。

②白粉病。发病早期可用75%百菌清可湿性粉剂600倍液,或者15%三唑酮可湿性粉剂1500倍液,每隔5~7天喷洒1次,连续喷洒2~3次。

③枯萎病。发病早期,可用38%噁霜·菌酯水剂800倍液,或者37%多菌灵草酸盐可湿性粉剂600倍液灌根,每隔10天1次,连续灌根2~3次。

④角斑病。发病早期每亩可用新植霉素11~15克,或者77%氢氧化铜可湿性粉剂150~200克,或者20%噻菌铜悬浮剂125~160克进行防治,每隔7~10天喷洒1次,连续喷洒3~4次。

⑤蚜虫。可用10%啶虫脒可湿性粉剂1 500～2 000倍液，或者10%吡虫啉可湿性粉剂3 000倍液喷雾防治，每隔5～7天喷1次，连续喷3～4次。

（二）露地夏秋黄瓜栽培技术

夏秋黄瓜露地栽培，生产成本低，种植技术简单，无风险，经济效益也较好。

1. 品种选择

夏黄瓜一般受天气影响较大，应选择植株长势强、苗期相对耐涝耐高温、结瓜期耐低温、抗病、丰产的品种，如津春4号、津杂2号、夏丰、鲁黄瓜2号、中农10号等。

2. 播种育苗

播种时间可根据前茬作物腾茬时间安排在5月上中旬到6月下旬播种，多采用直播，也可育苗移栽。由于夏季高温瓜苗较弱，可适当密植。采用浸种催芽播种比干籽点播种好，播种后遇雨时，需用铁锹划松畦面，雨后地面稍干时，应及时中耕松土和除草。直播苗在幼苗出土后抓紧中耕松土，幼苗缺水时，立即浇水，配合浇水时追加少量幼苗肥料。出苗后，为了降低地温，可以采取覆草措施，晴天时可使10厘米以下的土地降温1～2℃，阴天可以降低0.5～1.0℃，还可防止土壤板结，减少松土工作。有条件的，可以覆盖防虫网，能遮光降温，还能防治地面害虫。

3. 整地施肥

由于夏季多雨，肥料易流失，应重施有机肥，整地前亩施腐熟圈肥4 000～5 000千克，整地不宜深，以15厘米左右为宜，以免深耕积水受涝。整地后作畦。夏秋黄瓜栽培一定要用小高畦或高垄，不能用平畦，以免受涝。作畦的方法是：小高畦畦宽50厘米、高20厘米，畦沟宽70厘米，在小高畦两侧种植2行黄瓜，株距20～25厘米；高垄畦面宽70厘米，沟宽50厘米，然后在高畦中间开一条深20厘米左右的小沟，可在小沟内浇水后将种子播于小沟内侧。在作畦的同时，还要提前做好排水沟，以备雨后排水用。

4. 田间管理

幼苗长至3～4片真叶时定苗，出苗后应进行浅中耕，促幼苗发根，防止徒长，结瓜前还要中耕多次，重点在于除草。夏秋露地黄瓜，应特别注意防涝。播种结束后，要着手修整排水沟，加固渠道，清除沟底杂物。一旦变天，应把排水的畦口敞开，大雨时要及时排除积水。

5. 肥水管理

夏秋露地气温高，应注意增加浇水次数，但每次浇水量不应过大，浇水应在清晨或傍晚进行，最好浇井水，比未浇水的10厘米地温下降5～7℃。下过热雨必须马上排水，然后用井水冲灌1遍，俗称涝浇园。苗期追肥应在雨前或浇水前进行，每亩施腐熟粪肥500千克。根瓜坐瓜后追肥，每亩撒大粪干或腐熟鸡粪400~500千克，然后中耕。根瓜收获后第二次追肥，然后每收获2~3次追次肥，每亩每次施人粪尿500千克。"处暑"后天气转凉，可叶面喷施0.2%磷酸二氢钾或0.1%硼酸溶液，以防化瓜。

6. 搭架绑蔓

黄瓜苗长到7~8片叶子，植株高20~25厘米时，必须插架，插架要插篱笆花架，每根竹竿至少与4根竹竿交错，有利于爬蔓。夏秋黄瓜植株生长快，应立即绑蔓，下部侧蔓一般不留，中部侧蔓可适当留几叶再摘心，及时打去下部的老叶和病叶。另外，秋季灌水多，容易生杂草，要注意及时拔除。

7. 采收

夏秋高温黄瓜从播种到采收仅需40~50天，结瓜后天气逐渐凉爽，采收的时间要求不严格，收获期30~50天。

8. 病虫害防治

夏秋黄瓜的病虫危害一般比较严重，病虫防治是夏秋黄瓜丰产丰收的关键。

（1）霜霉病 防治药物有：克露、安克锰锌、霜霉威、雷多咪尔、普力克、疫霜灵和甲霜灵等。上述药对疫病也有一定的作用。

（2）病毒病 先注意防治蚜虫，可用病毒剂在苗期喷雾，药物有盐酸吗啉胍、宁南霉素、菌毒清等。

（3）枯萎病 在播种前2~3天，穴施西瓜重茬剂，按每包50克稀释后淋120穴，一次下足，抑制枯萎病菌的数量，使其不表现病状，还可用敌克松淋兜。

（4）黄守瓜 可用2.5%敌百虫粉或80%敌百虫可溶性粉剂1 000倍液，50%辛硫磷乳油2 500倍液，50%马拉松乳油1 000倍液喷施。幼虫可用鱼藤精1 000倍液浇灌根部。

（5）蚜虫 日常防治用50%抗蚜威、25%溴氰菊酯3 000倍液等。

（6）瓜螟 可用2.5%溴氰菊酯乳油3 000倍液或50%辛硫磷乳油1 000~1 500倍液喷雾，一旦发现幼虫及时喷，二龄以后与叶片包在一起较难防治。

（三）设施黄瓜轻简化栽培技术

黄瓜是喜温作物，耐寒性较差。设施栽培是我国黄瓜种植的主要方式，借助日光温室、拱棚等设施设备，可以促使黄瓜实现周年生产。

1. 茬口安排

（1）秋冬茬。6月中下旬育苗；7月上中旬定植；采收时间为8—12月。

（2）越冬茬。9月中旬育苗；10月中旬定植；采收时间为11月至翌年7月。

（3）早春茬。12月中旬育苗；1月中下旬定植；采收时间为3—7月。

（4）春提前茬。3月中下旬育苗；4月中下旬定植；采收时间为5—7月。

（5）秋延后茬。6月下旬育苗；7月中下旬定植；采收时间为8—11月。

2. 品种选择

温室越冬茬应选择耐低温、耐弱光、单性结实能力强的品种，如津优38号、博耐33号、德瑞特39等品种。温室早春茬和大棚春提前茬栽培，应选择较耐低温的早熟品种，如锦丰2号、津优35号、博耐13号等品种。

3. 育苗

（1）苗床准备和营养土配制　温室越冬茬、早春茬和大棚春提前茬在温室中育苗，大棚秋延后和温室秋冬茬在露地小拱棚育苗。一般每亩需苗床面积28~35米^2，嫁接育苗还需15~18米^{2}的播种床。营养土要求疏松，肥沃，细碎，无病菌、虫卵和杂草种子，清洁卫生无污染，富含有机质。一般用未种过瓜类蔬菜的田园土和充分腐熟有机肥按7∶3配制，每立方米加入磷酸二铵0.5千克、草木灰5千克、75%甲基硫菌灵100克，混匀覆盖塑料闷闭2~3天，摊晾无味后填入苗床或营养钵中待用。

（2）种子处理　每亩需黄瓜种子100~150克，嫁接砧木南瓜种子2~2.5千克。用55℃温水浸种15~20分钟，降至室温后浸4~6小时，再用0.1%的高锰酸钾溶液浸泡30分钟后用清水反复冲洗干净，沥干种子用湿纱布包好放在25~28℃环境下催芽。催芽过程中每天用温水淘洗1次，待80%种子露白时即可播种。

（3）播种　冬季和早春棚室育苗需选晴天中午播种。嫁接育苗根据嫁接方法确定黄瓜和南瓜的播种期。播种时苗床灌1次透水，水下渗后播种。自根育苗每钵或10厘米见方播1粒种子，嫁接育苗把黄瓜和南瓜种子分别撒播在2个播种床中，籽距2厘米左右。播种后覆盖营养土，黄瓜覆土厚度1~1.5厘米，南瓜覆土厚度2.0厘米。然后苗床覆盖地膜或报纸扣塑料拱棚。

（4）苗床管理　通过适时揭盖棉被和通风来调节苗床温度。播种到子叶出土，白天28℃左右，夜间18~20℃；子叶出土到破心，白天20~22℃，夜间12~15℃；破心到成苗前5~7天，白天22~25℃，夜间13~18℃；定植前1周，白天20~23℃，夜间8~15℃。秋冬茬育苗要适当遮光降温。苗期一般不追肥灌水，确实干旱时，可轻浇水1次，冬季和早春苗床应在晴天上午浇水，夏秋季在早晚浇水。

（5）嫁接育苗

①砧木选择。选抗病性强（高抗枯萎病）、亲和力好、耐低温的砧木品种。生产上多用"南砧1号"白籽南瓜和黑籽南瓜品种。

②嫁接适期和条件。采用插接法，砧木较接穗早播3~5天，接穗散播，砧木播于营养钵或穴盘，接穗子叶展平、砧木1叶1心嫁接。采用靠接法，接穗较砧木早播3~4天，接穗和砧木均散播，接穗1叶1心、砧木露心时嫁接。嫁接需在遮阴的温室或大棚内进行，棚内温度应保持20~25℃，空气相对湿度保持90%以上。

③嫁接方法。可采用插接或靠接法嫁接。

④嫁接后的管理。嫁接苗移入苗床，浇足水，扣小拱棚保温保湿，并及时在小拱棚上盖草帘遮阴，3天内不通风，空气相对湿度保持95%以上，温度白天

25～30℃，夜间18～20℃。3天后开始通风排湿，早晚见光，白天温度25～28℃，夜间14～16℃。6～7天后逐渐去除遮阴物，撤除小拱棚。靠接法在嫁接后10～13天断掉黄瓜根，断根后出现萎蔫时，适当回帘遮阴，并及时摘除砧木侧芽。

4. 定植

（1）定植时间　温室越冬茬、早春茬和春大棚应选晴天上午定植，其他茬口应选阴天或晴天下午定植。

（2）日光温室消毒　在黄瓜定植前10天左右，将棚膜扣上，每亩使用50%甲基硫菌灵可湿性粉剂1.5千克、或50%多菌灵可湿性粉剂1.5千克，与15千克细土充分混合后，均匀撒施地面消毒。

（3）施肥整地　整地旋耕深度为25～30厘米，旋耕前将前茬农作物枯枝残枝收集清理，确保田间无杂物，每亩施腐熟有机肥530～670千克、磷酸二铵30～50千克、硫酸钾30～40千克、硫酸镁2～3千克、硼肥1～2千克。旋耕后，依照日光温室位置条件，起垄铺膜，采取南北走向，垄高为30厘米、垄宽为80厘米、操作行宽25厘米。在垄两端距离垄边20厘米的位置，各铺设滴灌带1条，连接水肥一体化主管道。随后在垄面铺设宽度为100厘米的黑色地膜，拉紧铺实。

（4）定植密度及方法　温室越冬茬每亩定植3 000～3 500株，早春茬和秋冬茬每亩定植3 500～3 700株，大棚春提前茬每亩定植约4 000株。每垄栽2行，按株距30厘米左右挖穴，坐水稳苗。温度较高时，定植后宽行和垄沟均灌定植水，冬春季温度低时只在垄沟灌定植水。

5. 定植后管理

（1）温度管理　缓苗期白天28～32℃，夜间16～20℃，一般不通风。缓苗后至坐瓜前白天保持25～28℃，夜间13～15℃，最低控制在10℃以上。结果期白天25～30℃，夜间13～18℃。中午温度高时要及时通风降温，下午适时盖帘保温。在遇到寒流或者大雪天等恶劣天气时，要做好保温管理工作，避免恶劣天气对黄瓜的影响。在寒流来临时要加强对黄瓜的保温，需要用草帘或者棉被等对温室大棚进行覆盖，温室大棚要提升温度，可采取点灯或生火等措施。

（2）光照管理　选用高质量的防尘无滴膜，定期擦扫棚膜表面的落尘，在大雪天要及时清扫温室大棚上的积雪，以防积雪过多压塌温室大棚。在保证温度的前提下，晴天被帘要尽量早揭晚盖，阴天被帘适当晚揭早盖；遇连续阴雨（雪）天在保证温度的前提下可每天固定一段时间进行揭草帘工作，防止植株萎蔫。在天气骤晴后需要对黄瓜叶面进行追肥，让其可以更好地进行光合作用，促进黄瓜生长。

（3）肥水管理　温室早春茬和大棚春提前茬灌足定植水后，缓苗期不浇水，中耕保墒，提高地温，促进缓苗。温室秋冬茬、越冬茬和大棚秋延后茬定植后根据土壤墒情和温度高低可浇1次缓苗水，然后控水直到根瓜坐住开始浇水。秋季6～7天浇1水，冬季10～15天浇1水，早春10天左右浇1水，结合浇水进行追肥。根瓜坐住后，浇催瓜水时应追 1 次肥，每亩追施腐熟的粪肥 1 000～1 500 千克，或冲施尿素 10～15 千克，并适当配施磷、钾肥，亦可冲施腐殖酸有机肥。以后隔 1 次灌水追 1 次肥。

（4）CO_2 施肥　冬春季节棚室密闭，通风少，CO_2 易亏缺，应通过吊挂 CO_2 气肥袋等方式补充。一般在晴天揭帘后 30 分钟施放，通风前 1 小时停止。

（5）植株调整　定植缓苗后及时用尼龙绳吊蔓，以后适时缠蔓。温室栽培生长期长，要适时落蔓，落蔓前先打去下部老叶，每次落蔓 40～50 厘米。整枝工作根据黄瓜品种进行，如果是以主蔓结果的一般可以减少整枝工作，但如果侧蔓较多的黄瓜品种就需要进行整枝工作，在绑黄瓜蔓时可将黄瓜蔓的侧蔓和卷须去掉，留主蔓根瓜上中部侧蔓的 1 瓜 2 叶摘心。如果是侧蔓结果的黄瓜品种，可在 4～5 片叶时进行摘心，留侧蔓上的结瓜，当主蔓和侧蔓都能很好地生长时，就可进行打顶工作。摘除生病的和枯萎的黄瓜叶，提升温室大棚的通风透光条件。在整枝过程中不管是哪一类黄瓜品种都不能留下赘根子瓜，让黄瓜在中上部带瓜。在中上部带瓜可以让黄瓜更长直，粗细更均匀，减少大肚瓜和弯瓜。大肚瓜一旦出现要及时摘除，避免其过度吸收营养。

（6）及时采收　适时早收根瓜可防止坠秧和提高整株坐瓜率，一般瓜长 25 厘米、花冠尚鲜艳时采收为宜。黄瓜一般是 2 天采收 1 次，在盛果期，黄瓜产量较好可每天采收，根瓜要早摘，瓜秧生长不良产出的黄瓜要尽早采收，避免影响其他黄瓜更好地生长，为其他黄瓜带来足够的养分和水分。瓜秧生长情况较好的植株，根据黄瓜生长的实际情况进行晚收，以帮助瓜秧更好地结瓜。在每次采收后需要留 1～2 个还在生长的幼瓜，有效平衡营养生长和生殖生长，让黄瓜得以高产。在连阴天或者连阴雨天来临前及时采收黄瓜，减少已成熟的黄瓜过多吸收养分，避免其他黄瓜出现生长不良的情况。

6. 病虫害防治

（1）病害防治　调控好棚内的温湿度，创造一个利于蔬菜生长、不利于病害发生的环境。黄瓜苗期易发生猝倒病，用 75% 百菌清 1 000 倍液或用多菌灵 500 倍液喷洒。生长期后易发生霜霉病、灰霉病、白粉病和细菌性角斑病。霜霉病用 72.2% 普力克水剂 800 倍液，或 72% 杜邦克露粉剂 800 倍液防治。灰霉病用 50% 速克灵可湿性粉剂 800 倍液喷雾。白粉病用 15% 三唑酮 1 500 倍液喷雾。细菌性角斑病用 72% 新植霉素可湿性粉剂 4 000 倍液防治。

（2）虫害防治　除在棚内张挂黄板诱杀外，蚜虫和白粉虱用 10% 的吡虫啉 3 000 倍液，喷雾防治；潜叶蝇可选用阿维菌素（1.8% 齐墩螨素乳油，2% 阿维菌素乳油）喷雾防治。日光温室黄瓜连年种植时，可以对土壤采取消毒处理以减少根结线虫基数；使用高温闷棚、生石灰撒施等方式进行科学消毒；或使用黄瓜嫁接苗种植，利用南瓜嫁接后，可以有效地避免黄瓜根结线虫的危害。当田间出现根结线虫危害黄瓜植株时，可以借助滴灌，随水冲施 20% 噻唑膦水乳剂 750～1 000 毫升/亩进行防治。

二、西瓜

（一）露地西瓜栽培技术

露地栽培仍是西瓜主要的生产方式，主要分为地膜覆盖和露地直播两种方式。地膜覆盖栽培是目前我国最普遍的一种种植方式，有"直播种子后盖膜"和"盖膜后定植提前育成的瓜苗"两种方式。

1. 品种选择

西瓜春露地栽培上市期较设施栽培晚，价格偏低，故不宜选用产量较低的早熟品种，应选择适应性好、抗逆性强、高产优质、中晚熟的大果型品种，如豫艺甜宝、金钟冠龙、西农8号、新机遇、龙卷风、绿之秀、精品花冠908等；也可选用无籽西瓜品种，如郑抗无籽3号、郑抗无籽4号、无籽京欣4号、台湾新一号等。

2. 整地作畦

西瓜连作容易导致枯萎病的危害，应尽量避免连作，最好选择两年内没有种植过瓜类作物的田地，要求疏松透气性好、排水良好沙壤土或壤土。在前茬作物收获后，最好在入冬前深耕翻晒土地，有利于杀菌、杀虫害，提高土壤透气、疏松和肥力。在种植前一个星期再次精细整地，提前挖好瓜沟。挖瓜沟时，表土和底土分开放置，挖好后，将挖出的表土回填到沟内，再将沟两侧行间的表土填入未满的沟中，填土至距离地面10~15厘米时，再填入基肥。基肥的用量可根据土壤的肥力状况确定，肥力较差的地块，每亩施腐熟圈肥3 000~4 000千克，加饼肥150千克；中等以上肥力的地块，每亩施用腐熟圈肥2 000~3 000千克，加饼肥100千克。基肥中要适当增加磷、钾肥的比例，每亩可加入过磷酸钙40~60千克和硫酸钾15~25千克，或三元复合肥（15-15-15）30~40千克。基肥填入后，要充分与土混合均匀，最后填入表土，用脚轻踩，高出地面10厘米为宜。有机肥用量大时，可翻地时撒施与瓜沟内集中施入相结合。最后将瓜沟顶面做成面宽70厘米、中央高出地面10厘米的拱形平垄。西瓜栽培一般采取地膜覆盖，故要将垄面整平，以防地膜被戳破。

3. 直播或定植

采用地膜覆盖种植西瓜可以育苗移栽，也可以进行直播（育苗移栽比直播早熟）。播种的最佳时间还应根据品种、栽培季节、栽培方式及消费季节等条件来确定。直播适播期一般在4月中下旬，温度指标是幼苗出土时刚好当地终霜期已过，5厘米地温稳定在15℃以上。直播西瓜在播种时按预定的株距挖深2~3厘米的浅穴浇水，墒情足的地块可以不浇穴水，待水渗下后，每穴播3~4粒种子，播种后覆土1.5~2厘米，每亩用种量100~150克。西瓜取育苗移栽，一般在3月中下旬播种育苗，4月中下旬定植，定植时间最好是晴天上午，一般行距为1.6~1.8米，株距0.4~0.5米，每亩种植700~1 000株。先在铺好地膜的垄（畦）面上，用刀片将膜划出十字口，然后用铲挖深10~12厘米的穴，穴内浇足水，将瓜苗放入穴内，埋土封穴，土坨表面与垄面齐平或露出 1~2 厘米，若土壤墒情不足，可补浇小水后再封穴。

4. 苗期管理

直播西瓜在幼苗 4~5 片真叶时进行间苗，选留 1 株无病虫危害的健壮苗定苗。结合间苗，在田间进行查苗补苗，用瓜铲将 1~2 株带土瓜苗移栽到缺苗处。或在播种时多播些预备苗，以作补苗之用。土壤墒情较好时，除结合追肥浇水外，一般不补充浇水。若确实干旱缺水，可点浇或在植株一侧开沟暗浇小水。移栽定植的西瓜，一般中耕 3~4 次，第 1 次中耕在缓苗后进行，以后中耕一般在雨后或浇水后地面稍干时进行。

5. 水肥管理

直播或定植后，要适当控制浇水，干旱时可在植株周围开穴浇水，浇水后封穴。自伸蔓以后根据植株、天气和土壤状况，共需灌水 3~4 次。伸蔓期追施催蔓肥，每株追施腐熟的饼肥、鸡粪 1 千克，或尿素 8~10 克，在植株旁挖穴施入，随即浇水。果实坐住后追施膨瓜肥，每亩施入磷酸二铵 15~20 千克、硫酸钾 5~7 千克，也可追施腐熟的人粪尿 500 千克，并浇水，收瓜前 4~5 天停止浇水。在瓜长到碗口大小时（坐瓜后 15 天左右）再追施 1 次膨瓜肥，每亩追施尿素 5~7 千克、过磷酸钙 3~4 千克、硫酸钾 4~5 千克，或三元复合肥（15-15-15）10~15 千克，可以随水冲施，或在撒施后立即浇水。果实坐住后因地膜覆盖追肥不便，有的瓜农采取一次性施足基肥的方法。西瓜生育期内，遇大雨后注意及时排水。

6. 植株调整

西瓜分枝性强，茎蔓上每一叶腋处均着生卷须、侧芽、花等，可形成 3~4 级侧枝，如不进行整枝，则会造成田间郁闭。生产上一般要进行严格的植株调整，包括整枝、压蔓、人工授粉、定瓜等。

（1）整枝 西瓜露地栽培常见的整枝方式有双蔓整枝和三蔓整枝。双蔓整枝多用于小果型早熟品种，三蔓整枝主要用于大果型晚熟栽培。结合整枝，去掉多余的侧枝、卷须等。

（2）压蔓 压蔓时可将瓜蔓引向同一方向或两个方向。当蔓长至 40 厘米时，压蔓 1 次，以后每隔 4 节左右压 1 次，以固定瓜蔓。压蔓可明压（如用树条、压蔓夹或土块压蔓）或暗压（在压蔓处挖沟，将蔓埋入）。

（3）人工授粉 西瓜露地栽培，虽然可依靠蜜蜂、蚂蚁等昆虫传粉，但有时因天气不利于昆虫活动或撒施农药限制了昆虫传粉而影响坐瓜。因此，需进行人工授粉，提高坐果率。授粉的适宜时间是上午 6~8 时。为提高坐瓜率，防止空秧，可在主、侧蔓上都授粉。授粉后随即挂牌或采取其他方法标记出授粉的时间。还可用坐瓜灵处理瓜胎，促进坐果。

（4）定瓜 为提高单瓜重和使瓜形周正，应选留第二雌花或在第 15~17 节上的瓜，每株选留 1 个瓜，其余幼瓜去掉。

(5) 垫瓜、翻瓜　垫瓜和翻瓜的目的是使瓜形端正，着色均匀，同时可防止病害。当西瓜直径达到10～20厘米时用草圈垫瓜。果实基本膨大后进行翻瓜，分次将原来的贴地面部位翻转至向阳面，让果实全面受光。

7. 采收

西瓜品种很多，不同的品种采收时间不同，一般从播种到采收需要90～120天。采收前5天停止浇水，西瓜成熟程度可根据市场需要而定，七八成熟时可以采收。采收过晚，西瓜过熟，影响运输，西瓜会出现爆裂。采收西瓜时要轻拿轻放，装车运输可以用干稻草间隔住。

8. 病虫害防治

露地西瓜由于生长期处于高温多雨季节，病虫害发生严重，要特别注意加强病虫害防治工作。枯萎病可用枯草芽孢杆菌800倍液、70%甲基托布津可湿性粉剂1 500倍液防治；炭疽病可用70%甲基托布津可湿性粉剂750倍液、50%多菌灵可湿性粉剂500倍液防治；疫病可用65%代森锌可湿性粉剂500～600倍液或58%雷多米尔－锰锌可湿性粉剂800～1 000倍液防治，每7～10天喷1次，连续2～3次；蚜虫可喷施2.5%鱼藤精乳油600～800倍液或灭杀毙（21%增效氰马乳油）6 000倍液防治；红蜘蛛可喷施24%螺螨酯悬浮剂4 000～5 000倍液，或20%螨死净可湿性粉剂2 000倍液防治。

（二）设施西瓜栽培技术

设施西瓜栽培方式具有早熟、产量高、效益好的特点。随着设施农业的发展，设施栽培西瓜面积逐年增长。

1. 茬口安排

设施西瓜栽培应根据不同品种的生育特点，合理安排茬口。目前用于西瓜生产的设施主要有塑料大棚和日光温室。山东地区设施西瓜栽培一般分为大棚早春茬，温室秋冬茬、越冬茬、冬春茬等4个茬口。德州地区设施西瓜生产模式根据设施的不同类型，主要有大棚早春茬多层覆盖栽培和日光温室冬春茬栽培。大棚早春茬栽培一般1月下旬至2月上旬播种育苗，3月中下旬移栽；温室冬春茬一般在12月下旬至翌年1月上旬播种育苗，2月中下旬定植。

2. 品种选择

设施栽培西瓜宜选优质早熟、抗病丰产、耐低温弱光、适于密植的中果型或小果型杂交品种，如黑蜜5号、京欣1号、早春红玉、拿比特、克伦生、宁蜜二号、新1号玉玲珑等。

3. 培育壮苗

在种子催芽之前，农户应对其进行充分的干燥处理，以提高其萌发率。浸种催芽应在播种前7天进行，先清洗掉种子表面的胶质，再将种子放入55℃的水中浸泡，接着通过不断搅拌，令种子充分接触温汤，浸泡4~6小时后再用药剂处理。将浸种后的种子包上一层湿纱，放在孵化器中进行发芽，温度在28~30℃，催芽需要2~3天。尽量采用营养钵育苗。营养土可用近几年未种过瓜类的菜园土与优质腐熟有机肥混合，比例为3∶1，拌匀过筛，堆放1周后装营养钵。播种前将营养钵浇透水，每钵平放1粒种子，然后盖土1.0~1.5厘米厚，再覆盖地膜，齐苗前保持较高温度。

4. 整地施肥

定植田块冬前须深耕冻垡，以杀死越冬的病菌及虫卵，降低危害基数。定植前15~20天整地，结合整地施入足量基肥，以长效的有机肥为主，一般施有机肥1 000~1 500千克/亩、三元复合肥（15-15-15）50千克/亩，以减少后期追肥用工；旋耕，使肥料与土壤混匀；耙平起垄作畦，一般5米或6米宽的大棚作畦2条，8米宽的大棚作畦3条，畦面宽2.0~2.5米、畦高0.2米、畦间沟宽0.5米；在平整的畦直上，距定植行0.3米处，沿定植行方向铺1条塑料滴灌带；铺设地膜，形成膜下滴灌系统；密闭大棚以提高土壤温度。西瓜幼苗具有2~3片真叶、定植棚内10厘米土温稳定在15℃以上时可进行定植。具体定植日期要结合当地天气，须避开寒流，选择晴天时定植。定植时，株距为0.40~0.45米，一般中果型西瓜栽植900~1 050株/亩，小果型西瓜栽植约1 200株/亩。

5. 田间管理

（1）温度管理　设施早熟栽培前期环境温度低，提高棚室内温度是促进瓜苗生长发育的关键。3月定植，需采用双层膜，并在畦上架设小拱棚，形成多层覆盖以利增温、保温。缓苗期间，白天棚内温度超过30℃时开始少量通风，下午棚内温度低于25℃时关闭通风口。缓苗后，为防瓜秧徒长，要适当通风、降温，一般温度上升到28℃时开始通风，以通风后棚温不明显下降为宜，下午棚温降到20~22℃后关闭通风口保温。天气稳定转暖可全部拆除小拱棚。西瓜进入开花坐果期后，要加强放风管理以降温控湿，防止徒长和化瓜，一般大棚内白天温度保持在25~28℃，下午棚温低于18℃时关闭通风口，使夜温控制在15~17℃。当夜间外界环境最低气温稳定在15℃以上时，可昼夜通风。

（2）整枝理蔓　当主蔓长至40厘米左右时开始整枝，一般采用3蔓整枝，留主蔓和2条健壮侧蔓，其余侧蔓全部摘除，并将主蔓引向棚中心，侧蔓引向棚侧。此后，根据西瓜长势定期摘除瓜杈，并引导瓜蔓在田间均匀排布，使植株叶片充分接受光照。

（3）蜜蜂授粉与疏果　设施西瓜提倡放蜂授粉以降低人工授粉的成本。花前1~2天，把蜂箱搬入棚内，置于离地约0.5米高的干燥处，每天更换水槽中的水，每隔2天向糖槽中加稀糖浆（白砂糖2份，加1份水熬制）。蜜蜂授粉的适宜温度为22~28℃，因此，须调节大棚通风量以保持棚内具有合适的温度，防止温度过低或过高，影响蜜蜂访花的积极性。放蜂期间，棚内不能使用杀虫剂，西瓜坐果后，应及时撤出蜂箱。连续阴雨天时，蜜蜂活动少，则须进行人工辅助授粉。经蜜蜂授粉往往坐果较多，须及时疏果和定果，一般中果型西瓜每株留果1个，小果型西瓜每株留果2个。留果多在幼果有鸡蛋大小时进行，保留坐果节位适中、果型端正、果柄较粗、无病虫伤害的幼果，其他幼果及时摘除。

（4）水肥一体化管理　与传统沟灌、穴施的水肥管理方式相比，利用膜下滴灌系统进行水肥一体化管理能显著减少用工。定植后，随即浇足定植水，缓苗后，复水1次，促进活棵。前期，由于瓜苗需水量少，地面蒸发量也小，如果土壤不是太旱则不需灌水，适当蹲苗，以促进瓜秧根系下扎。开花授粉前可少量灌水，授粉期一般不灌水，以免影响坐果。果实膨大期需水量大，一般需灌水2～3次，每次都要灌足。西瓜定果后停止灌水，以促进糖分转化，提高风味品质。基肥充足时，坐果前一般不需要追肥，定果后需施膨瓜肥，选择可溶性好的肥料溶于水中，随水滴灌，可施硫酸钾型复合肥10～15千克/亩。生长后期，结合防病治虫喷施2～3次0.2%磷酸二氢钾叶面肥，防止植株早衰，提高果实品质。

6. 病虫害绿色防控

注重应用病虫害绿色综合防控措施，降低病虫害发生的次数和严重程度，也是减少用工的有效途径之一。高温高湿是发生病害的主要环境诱因，应用全地膜覆盖和膜下滴灌，注意大棚通风并及时整枝打杈，保持棚内气流畅通，有利于降低田间空气湿度。合理施肥灌水，增强植株抗性也有利于预防病害。病虫害初发时，须及时施药控制，以防止病虫害蔓延暴发。蔓枯病发病初期，可用25%喀菌酯悬浮剂1 500倍液，或10%苯醚甲环唑可分散粒剂2 000倍液，或25%咪鲜胺乳油2 000倍液喷雾防治2～3次。白粉病发病初期，可用50%氟吡菌酰胺·肟菌酯悬浮剂2 000倍液，或75%肟菌·戊唑醇水分散粒剂3 000倍液，或10%苯醚甲环唑水分散粒剂1 500倍液喷雾防治2～3次。防治蚜虫时，可用10%吡虫啉可湿性粉剂1 500倍液，或5%啶虫脒乳油1 500倍液，或25%噻虫嗪水分散粒剂4 000～6 000倍液交替喷雾防治。

7. 采收与二次坐果

设施早熟栽培的第1批西瓜在开花后40天左右成熟，采收时应避免损伤瓜蔓，以免影响第2批西瓜坐果。采收后轻施水肥以促进瓜蔓生长和坐果，坐果后施膨瓜肥。第2批西瓜成熟期约为30天。根据西瓜开花到成熟每个品种都有一定天数的特点，可在人工授粉的当月定一标记，参照不同品种的瓜龄期长短，确定是否成熟。西瓜就地销售的，果实长至九成熟时采收；销往外地的，八九成熟时采收。西瓜采摘应选择在清晨或者傍晚采收，采收时留1段瓜柄，可用剪刀或镰刀将果柄切去，然后套上网袋装箱即可。在采收过程中应轻摘轻放，避免损伤西瓜表皮和果肉，保证西瓜的品质和贮藏性能。此外，农户还应根据市场需求和运输距离合理选择贮藏方式，如远距离运输时还应采用冷藏保鲜，保证西瓜的外观和口感。

8. 土壤复壮

西瓜采收结束后及时清理棚内的藤蔓、枯叶、病叶、杂草等，降低棚内病虫源基数。为充分利用土壤养分，西瓜后茬可种植萝卜、松花菜、西兰花、草头、莴笋等吸肥量较大的蔬菜。蔬菜采收后尾菜还田可增加土壤有机质含量，改良土壤。次年西瓜种植前施用木霉菌、枯草芽孢杆菌等生物菌剂和土壤改良剂，减缓土壤连作障碍。

三、甜瓜

随着农业产业结构不断优化和调整，特色瓜果种植因其市场前景好、经济效益高，越来越受到农民的关注和青睐。甜瓜属葫芦科作物，喜温耐热，其果实质地松脆，味甜多汁，成熟时溢出芳香味，故又称梨瓜、香瓜，因其鲜食风味独特、口感爽酥、营养价值高，多年来，深受人们喜爱。

（一）露地甜瓜栽培技术

春季露地地膜覆盖栽培是德州市甜瓜主要栽培形式之一，露地栽培投入成本低、易管理，是农民短期增收致富的一个最佳选择。

1. 品种选择

春露地栽培甜瓜生长前期温度低，后期高温雨水多，需要选择一些早熟、高产、耐低温、耐涝、抗病性好的甜瓜品种，如黄河蜜瓜、绿宝石2号、金纯2号羊角蜜、西州蜜25号、伊丽莎白、龙甜一号等。

2. 播前准备

（1）土壤选择　甜瓜忌连作，一般实行3～5年以上的轮作倒茬，以免引起枯萎病发生，前作以豆类或粮食作物为宜，瓜地应选择中等以上肥力土壤，土壤质地以壤土或沙壤土为最佳，瓜田应背风向阳、地势高燥、有很好的排灌条件，做到旱能浇、涝能排。

（2）整地与施肥　甜瓜在播种前应彻底清园，清除残膜后，深翻土地，耕深20～30厘米。然后按1.5米开沟作畦，结合整地，每亩施优质腐熟有机肥2 000千克、三元复合肥（15-15-15）50千克、过磷酸钙25千克，混合后均匀施入沟内。有灌溉条件的地块进行冬灌，未冬灌的地块，冬季低温冻土，持续30～45天。

3. 播种育苗

（1）直播　露地直播甜瓜主根入土较深，具有较强的抗旱能力，不需要任何设施，操作方便，成本低。露地直播的播种期应掌握在10厘米土层地温稳定通过15℃，出苗后晚霜已过。播种前要做好种子精选，品种纯度和种子发芽率均95%以上；播种深度要整齐一致，穴播时按株距40～50厘米开穴，穴深3～4厘米，放入4～5粒干籽或湿籽，覆土1～2厘米。若催芽后播种，应在穴中浇水，待水渗后每穴播2～3粒催芽种，胚根向上然后覆土。

（2）嫁接育苗

①种子处理。浸种前选择晴天晒种1~2天，每隔1~2小时翻动种子1次。接穗、砧木种子播种前用55℃的温水浸种搅拌15~30分钟，水温降至30℃，用清水浸泡4~6小时，搓掉表面黏膜，清洗2~3次。

②催芽、播种。砧木种子催芽温度30~32℃，50%种子露白时待播。砧木播种采用32孔穴盘，播种深度1.5~2.0厘米，播后覆盖基质或消毒过的蛭石，浇透水，苗床覆盖薄膜保湿保温。接穗种子催芽温度28~30℃，有50%种子露白时即可播种。种子均匀播在装有基质的长方形平盘内（55厘米×28厘米），盘底部铺1~2厘米湿润基质，每盘播800~1 000粒，播种后覆盖珍珠岩或消毒过的蛭石，浇透水，覆盖薄膜保湿保温。

③嫁接。甜瓜子叶出土，砧木2叶1心时，采用插接嫁接法。嫁接苗覆盖薄膜，搭建小拱棚高0.6~0.8米、宽1.2米，密闭遮光3天，空气相对湿度应保持在95%，白天温度28~30℃，夜间温度20~22℃。3天后开始逐渐增加见光时间、通风换气时间，早晚揭开薄膜两头通风1~2次，白天温度25~28℃，夜间温度18~20℃。7~10天后，嫁接苗转入正常管理，白天温度23~25℃，夜间温度15~18℃。嫁接苗3~5天喷一遍水肥，及时抹除南瓜砧木萌蘖，移栽运输前1~2天，喷施叶面肥、杀虫剂、杀菌剂1次。定植前5~7天，通风降温控水进行炼苗，适度加大光照时间，控水控肥、通风降温。

4. 定植

采用机械铺设地膜、滴灌带，覆土压实，一次性作业。栽培行行距1.2~1.5米，沿栽培行铺设1条滴灌带，覆盖地膜，膜中间每隔0.5~0.6米覆土，压膜防风。当最低气温连续5天稳定在4℃以上，5厘米深地温稳定在10℃以上时，即可选回暖前期的晴天上午定植。采取直播的方式，一般在4月中下旬播种到大田；若采用育苗移栽的方式，当嫁接苗龄35~40天，叶龄三叶一心时定植，德州地区一般在4月中下旬定植。定植密度取决于品种特性和整枝方式：厚皮甜瓜，早熟小果型品种单蔓整枝，1 000~1 500株/亩，晚熟大果型品种双蔓整枝450~700株/亩。薄皮甜瓜一般为1 000~2 000株/亩。移栽前打开滴灌系统，滴清水1~2小时，打孔器挖定植穴深度为5~8厘米，嫁接苗轻放于穴内，埋土处与嫁接苗土坨平齐，滴定植水3~4小时，用土封严定植穴和地膜。

5. 田间管理

（1）间苗定苗　直播栽培一般在播种后5~7天即可出苗，出苗3天内查苗补苗，补种的种子应进行种子消毒，然后浸种催芽，种子露白后即可播种。出苗后要及时间苗定苗，当出现2片真叶时，间苗1次，每穴留苗2株，4~5片真叶时定苗，每穴留健壮苗1株。若精量播种，可在4片真叶时，间苗、定苗一次完成。

（2）整枝留瓜　甜瓜整枝方式因品种、土壤肥力、密度和栽培习惯而异，常见方式有单蔓整枝、双蔓整枝、三蔓整枝和多蔓整枝等方式。单蔓整枝用于主蔓雌花，发生早且连续发生的极早熟品种；在主蔓的第5～6片叶时摘心或不摘心，放任结果，在主蔓基部可坐果2～4个，以后在子蔓上可陆续结果。双蔓、三蔓和多蔓整枝，在主蔓3～5片真叶时摘心，选留2条、3条或多条生长健壮的子蔓，在部位适当的子蔓或孙蔓上结瓜，孙蔓瓜前留2～3片叶摘心。为避免春季大风造成减产，当瓜蔓长40～50厘米时，用土块压在瓜蔓上固定瓜苗，每隔6～8片叶（间隔30～40厘米）压蔓1～2次，固定植株，防止滚秧。在结瓜处的前后2个节位不能压蔓，雌花节上不能压蔓。瓜长至鸡蛋大小时定瓜，选留瓜柄粗、果型周正及茸毛丰富的幼瓜，疏去歪瓜、病瓜及每蔓多余的瓜，主蔓留1个瓜。一般厚皮甜瓜每株留1～3个，薄皮甜瓜留4～5个。果实进入膨瓜期后，用瓜托垫在瓜下。在果实膨大期翻瓜1～2次，顺着一个方向轻轻翻转1/3，保证着色均匀。

（3）水肥管理　早春露地甜瓜主要采用膜下滴灌栽培，遵循"结瓜前控、结瓜后促、促控结合"的原则。基肥增施有机肥和生物菌肥（剂），按照生育阶段，随水冲施滴灌水溶肥，追肥喷施叶面肥。在底墒好的情况下，苗期一般不浇水。开花前控制浇水，以防落花落果，若遇天气干旱、土壤墒情不足时可浇一小水。结果期应保证水分供应，以促进果实膨大，保持地面潮湿。果实成熟前5～7天停止浇水，促进果实内物质转化，提高果实品质。追肥按照控施提苗肥、适施旺藤肥、重施壮果肥的原则进行。在施足基肥的基础上，一般进行2～3次追肥。甜瓜的果实膨大期应结合浇水追1次肥，每亩施三元复合肥（15-15-15）15千克、尿素5千克、硫酸钾10千克。在开花后每隔5～7天叶面喷施西甜瓜专用叶面肥或0.3%的磷酸二氢钾，共喷3～4次。

6. 病虫害防治

（1）农业防治　轮作倒茬；选用抗病品种，利用南瓜砧木培育嫁接苗；对种子、苗床进行消毒处理；增施有机肥或充分腐熟农家肥；适时蹲苗，促进扎根，苗壮根系；根据作物不同生育期科学追肥；田间发现病株，及时清理，病株深埋；进行整枝、定瓜等田间操作时尽量减少对植株的损伤，整枝选择晴天阳光充足时进行，使伤口尽快干缩；果实采收后，彻底清园；高温晒垡、秋翻冬灌等。

（2）物理防治　利用太阳能杀虫灯、频震式杀虫灯、粘虫板诱杀。

（3）生物防治　利用天敌、性引诱剂或其他生物制剂、有机硅或激健等增效剂。

（4）化学防治　交替使用符合A级绿色食品生产允许使用的化学农药及时喷药防治。蔓枯病初期，及时喷施250克/升嘧菌酯悬浮剂1 500～2 000倍液；霜霉病可喷施25%甲霜灵可湿性粉剂800～1 000倍液，或80%的代森锰锌可湿性粉剂500倍液，每隔5～7天喷1次，喷药时叶片正反两面都要喷，以提高防治效果；用10%吡虫啉可湿性粉剂5 000倍液喷雾防治蚜虫、蓟马。

7. 采收

根据不同品种果实发育日数和果实的外观特征来判断适宜采收期。为确保果实品质,应适时采收。采收过早,果实含糖量低,香味不足,且具苦味;采收过晚,果肉变软绵,风味不佳,食用价值降低。采收时要轻采轻放,避免损伤,切忌采收未成熟瓜上市,并注意采收应在清晨进行。上茬甜瓜收获后,立即整地播种下茬。7月下旬可播种大萝卜,8月上旬可播种大白菜。

(二)大棚甜瓜轻简化栽培技术

1. 产地环境

甜瓜是浅根系作物,大棚栽培需要选择地势平坦、土层深厚、土壤有机质含量丰富、排灌方便、交通和水电便利的地块。环境条件应符合NY/T 5010—2016《无公害农产品种植业产地环境条件》的要求。

2. 栽培茬口

大棚甜瓜栽培茬口主要有春茬和秋茬。春茬栽培一般2月育苗,3月中下旬定植,6月采收。秋茬栽培一般7月上旬育苗,7月中下旬定植,9月采收。

3. 品种选择

选择符合当地生产、消费特点和茬口要求,且抗病、耐逆、丰产、商品性好的甜瓜品种。春茬甜瓜选择早熟品种,秋茬甜瓜选择中早熟品种,薄皮甜瓜可选用天津德瑞特公司选育的博洋系列品种,厚皮甜瓜品种可选用西州密25、玉姑等。

4. 育苗

选用集约化育苗场培育的优质壮苗。种植薄皮甜瓜可进行嫁接育苗,采用南瓜砧木;种植厚皮甜瓜可选用自根苗。适宜机械化定植的幼苗规格:苗龄25~30天,幼苗2叶1心至3叶1心,幼苗叶片开展度不宜过大,子叶完整,株高10~12厘米,茎粗0.5厘米以上,根系嫩白密集,根毛浓密,根系将基质紧紧缠绕,形成完整根坨,无机械损伤,无病虫害。

5. 定植前机械化作业

(1)大棚及土壤消毒 大棚和土壤消毒可采用药剂消毒或高温消毒。药剂消毒:定植前15~20天清理棚内残茬和植株病残体,平整土壤;浇水至20~30厘米土层充分湿润,保持5~7天,土壤含水量达到60%左右时旋耕20~30厘米深,向土壤表面均匀撒施广谱性综合土壤消毒剂棉隆,每亩用量20~25千克,洒水使土壤表面湿润,然后覆盖厚度不小于0.04毫米的塑料薄膜,四周压盖严实,密闭大棚熏蒸10~15天;结束后揭膜放风5~7天,放风期间松土1~2次,土壤中无毒气残留后再作畦。高温消毒:夏季在前茬作物拉秧后平整土地,漫灌浇透水,覆盖地膜,密闭大棚,使25厘米土层温度达到55℃以上。20天后揭膜、通风,待土壤中的水分散失后整地作畦。

(2)整地施肥作畦 根据生产地的气候环境、土壤条件及种植模式等,可选择性地对田块进行施肥、耕翻、平整等预处理。根据田块大小和肥料种类,合理选择撒肥，机械撒施基肥，每亩均匀撒施腐熟有机肥3 000~4 000千克或商品有机肥1 000~2 000千克，配施雷力海藻肥40千克、三元复合肥（17-17-17）25千克。对于硬质黏土，可采用深松机进行深耕、深翻，耕深需达到30厘米以上，以避免土壤板结，提高土壤的透气性和保墒性；旋耕作业时，要求深度不小于15厘米，碎土率达80%以上，地表平整度≤5厘米。大棚甜瓜多采用大垄双行栽培，宜机化起垄参数：垄距1.8米，垄底宽80厘米，垄面宽60厘米，垄高20~25厘米。要求垄形平整，垄面土壤细化度高且上实下松，垄沟回土、浮土少。有铺滴灌带和覆地膜需求的，可结合起垄作业同时完成，作业质量需符合农艺要求。

6. 机械化定植

春茬甜瓜宜在3月中下旬棚内夜间最低气温稳定保持在10℃以上时定植，选择晴天上午进行定植，定植后保温促缓苗。采用吊蔓栽培单蔓整枝方式，每亩宜种植1 800~2 000株。定植后及时浇足水。秋茬甜瓜7月中下旬定植，宜在傍晚前定植，定植后注意适时遮阴保苗。机械化定植可采用吉峰吉福瑞SKP-100T单行自走式西甜瓜移植移栽机（一垄双行或一垄单行可用），或东风井关2ZY-1A型移栽机（一垄单行模式可用），或使用农业农村部南京农业机械化研究所研发的西甜瓜专业秧苗移栽机（一垄双行或一垄单行可用）。

7. 轻简化田间管理

（1）温度调控　缓苗期白天温度宜控制在30~35℃，夜间宜在20℃以上。茎蔓生长期白天温度宜控制在25~32℃，夜间宜在14~16℃。授粉期白天温度宜在22~28℃，夜间宜在15~18℃。果实膨大期白天温度宜在25~35℃，夜间宜在15~18℃。果实发育后期白天温度宜在28~30℃，夜间宜在15~20℃。通风时需根据外界天气变化情况开闭大棚通风口，通风程度由小到大，时间由短到长，可采用自动放风器进行控制。

（2）肥水调控

①浇水。采用水肥一体化滴灌系统进行浇水，滴灌带壁厚0.2毫米，孔间距15厘米。分别于定植期、伸蔓期各浇水1次，果实膨大期浇水2~3次，采收前5~7天停止灌溉。幼苗定植成活后一般不浇水，以促进根系向下生长。春茬甜瓜选择晴天上午进行浇水。浇水时结合通风换气来调节棚内温湿度，将湿度控制在60%以下，防止湿度过大引起病害发生。

②追肥。缓苗后，结合浇水采用水肥一体化滴灌系统冲施雷力"根旺"水溶肥（北京雷力集团生产，氨基酸≥100克/升，下同）1次，每亩用量1升。在开花坐果后每隔7~10天随水追施1次雷力水溶肥，共追施2~3次，每次每亩用量1.0~2.0千克。

③整枝。采用吊蔓栽培单干整枝方式，及时摘除侧枝，减少营养损耗。薄皮甜瓜在5叶期摘心，选留两条子蔓进行吊蔓，利用子蔓第8~12节的孙蔓坐瓜，每株留

3～4个果，坐果孙蔓留2片叶后摘心，其余孙蔓全部摘除，子蔓在第20～25节摘心；厚皮甜瓜利用主蔓第11～15节的子蔓坐瓜，每株留1个果，坐果子蔓留2片叶摘心，其余子蔓全部摘除，主蔓在第20～25节摘心。应选择晴天进行整枝，以利于伤口愈合，减少病害发生。

④授粉与疏果。可采用人工授粉或蜜蜂（或熊蜂）授粉。采用蜜蜂或熊蜂授粉时，在雌花开放前2～3天，每亩用蜜蜂或熊蜂1箱，蜂箱放置在大棚内中部，放蜂前及授粉期间尽量避免喷施农药。温度较低时，可采用0.1%氯吡脲可溶液剂辅助坐果，药液浓度需严格按照使用说明进行配制，不可重复处理，以防产生裂果或畸形果。当果实鸡蛋大小时，厚皮甜瓜每株选留生长健壮、果型周正、无病虫害的幼果1个，薄皮甜瓜根据植株长势选留3个或4个果。

8. 病虫害防治

（1）农业防治　实行3～4年轮作，选用抗病、抗逆性强的品种；合理整枝，注意通风降湿，采用膜下滴灌；及时摘除病叶、病果；保持棚内与棚外清洁。

（2）物理防治　种植前高温闷棚进行土壤消毒，防治土传病虫害；采用干热处理、温汤浸种等方法进行种子消毒；采用防虫网、铺设银灰色地膜、悬挂黄（蓝）板等方法防治粉虱、蚜虫、蓟马等。

（3）生物防治　利用捕食螨、丽蚜小蜂等天敌及生物农药进行相关病虫害防治。

（4）化学防治　化学防治所用药剂应符合GB/T 8321.10—2018《农药合理使用准则（十）》的要求，注意轮换用药，合理混用。施药方法为喷雾时，宜在晴天的清晨进行喷雾，选用风送喷雾器，该器械可使药液均匀覆盖到作物上不流失，减少喷液量，大幅提高药效，喷头应喷洒细密、均匀。大棚甜瓜主要病虫害常用化学药剂如下所示。

①白粉病。可用10%苯醚甲环唑水分散粒剂1 000倍液，或30%氟菌唑可湿性粉剂2 000倍液，或4%四氟醚唑水乳剂1 500倍液，或40%氟硅唑乳油8 000倍液，或43%氟菌·肟菌酯悬浮剂100毫升兑水75千克喷雾防治。每隔7～10天喷施1次，连续喷施2～3次。

②枯萎病。可用58%甲霜·锰锌可湿性粉剂500倍液，或95%噁霉灵可溶性粉剂3 000倍液，或25%咪酰胺乳油1 500倍液，或50%多霉威粉剂1 500倍液，或50%异菌脲粉剂1 500倍液，喷雾与灌根相结合。每隔10～14天防治1次，连续防治2～3次。

③霜霉病。可用72%霜脲·锰锌可湿性粉剂600～700倍液，或25%甲霜灵可湿性粉剂500倍液，或68%精甲霜·锰锌水分散粒剂800倍液，或69%烯酰·锰锌可湿性粉剂800倍液，或68.75%氟菌·霜霉威悬浮剂2 000～3 000倍液喷雾防治。每隔7～10天喷施1次，连续喷施2～3次。

④蔓枯病。发病初期可以将80%代森锰锌可湿性粉剂调制100～200倍的糊状液浆涂抹病部，然后用75%肟菌·戊唑醇水分散粒剂3 000倍液喷雾，或用25%咪鲜胺

乳油1 500倍液，或36%甲基硫菌灵胶悬剂400倍液，或2%春雷霉素水剂500倍液喷雾防治。每隔5～7天喷施1次，连续喷施2～3次，重点喷施植株中下部茎叶。

⑤细菌性果斑病。播种前进行种子消毒，可用40%福尔马林200倍液浸种30分钟，或用1%盐酸浸种5分钟，随即用清水浸泡5～6次，每次30分钟，然后催芽播种。苗期可用50%氯溴异氰尿酸水溶性粉剂800倍液，或用浓度为200毫克/千克的新植霉素可溶性粉剂，或3%中生菌素可湿性粉剂500倍液，或77%氢氧化铜微粒粉剂1 000倍液，或47%春雷·王铜可湿性粉剂800倍液喷雾防治。每隔7天喷施1次，连续喷施3～4次。

⑥蚜虫。可用10%吡虫啉可湿性粉剂1 500～2 000倍液，或5%啶虫脒可湿性粉剂2 000～3 000倍液喷雾防治。每隔10～15天喷施1次，连续喷施2次。

⑦粉虱。可用10%噻嗪酮可湿性粉剂1 000～1 500倍液喷雾防治。每隔15天左右喷施1次，连续喷施2次。

⑧斑潜蝇。可用1.8%阿维菌素乳油3 000～4 000倍液，或20%阿维·杀虫单微乳剂1 000～2 000倍液喷雾防治。每隔7～10天喷施1次，连续喷施2次。

9. 采收

根据授粉日期标记、品种熟性及成熟果实的固有色泽、花纹、香味等特征，或以坐瓜节位叶片焦枯为标志，确定果实的成熟度。早晨和傍晚温度较低时为最佳采收时间。采收时用剪刀从果柄基部剪断，每个果保留1～2厘米长的果柄，果实放入塑料筐中，果面避免磕碰。可采用轨道运输车或小型电动平板运输车进行运输。采收的果实转运放置到遮阴冷凉处分级、包装，贮藏于10～12℃的冷藏库中待售。

四、丝瓜

（一）露地丝瓜高效栽培技术

1. 栽培季节

露地栽培丝瓜一般3—4月播种，5月定植，6—8月采收。

2. 品种选择

丝瓜种植前需要对其品种的抗逆性、抗病能力进行考察，选择耐寒、高产，同时品相良好的棱丝瓜品种。常见的棱丝瓜优质品种有春风和绿旺等。

3. 整地施肥

丝瓜种植前需要选择排水性能良好、靠近水源的优质地块，避免与其他瓜类农作物连作。种植土壤的基肥以腐熟农家肥为主，同时辅助添加使用富含氮、磷、钾的有机复合肥料，或添加使用尿素、过磷酸钙及饼肥等。通常结合深翻每亩丝瓜田地中施加农家肥2 500千克左右，同时添加氮、磷、钾有机复合肥料50千克左右，尿素30千克左右，也可添加过磷酸钙40千克左右、饼肥30千克左右。田地的起畦宽度在1.4

米左右，畦宽 30~35 厘米。丝瓜植株对于高温环境的耐受能力较差，春季露地栽培建议采取地膜覆盖栽培的方式，保障地膜紧贴地面，同时将地膜的周边封盖严实。

4. 种子处理

（1）种子消毒　播种前需严格把控种子质量，种子质量水平达到 GB 16715.1—1996 中 2 级以上，种子的纯度保持在 95% 以上，种子净度保持在 99% 以上，同时种子的出芽率保持在 90% 以上，水分含量低于 8%。丝瓜的种子浸泡处理通常分为温水浸泡和药物浸泡两种方式，温水浸泡主要是将种子在 50~55℃ 温水中浸泡 15~20 分钟，浸泡完毕后在常温环境下洗净，随后放在常温的纯净水中浸泡 3~5 小时，以杀灭种子表皮上的病原微生物。药物浸泡主要使用 50% 速克灵溶液浸泡，在进行药物浸泡之前需要使用清水将种子浸泡 1~2 小时，随后放入 1 500 倍速克灵水溶液中浸泡 10 分钟左右，取出再在常温的水中浸泡 2~3 小时。药物浸泡主要是为了防治丝瓜种植中出现的灰霉病。

（2）种子催芽处理　催芽处理可有效提高种子的出芽率，通常将消毒浸泡完毕的种子洗净后放置在 25~30℃ 的条件下保湿催芽。

5. 播种

丝瓜的播种量需要合理控制，通常根据丝瓜的种植密度进行合理调整，每亩种植数量控制在 2 000~2 200 株，播种时每个种穴播种 2 粒种子，种子的用量控制在 350~500 克。拱棚栽培一般采用育苗移栽，露地栽培可选择直播的方式，建议采取单行种植，种穴深度控制在 1~2 厘米，将种粒进行平放播种。播种期间土壤的含水量控制在 75% 为宜。若土壤湿度条件较差，可通过浇水后覆盖干草，避免水分蒸发流失。播种完毕后采取覆膜栽培的方式。

6. 定植

丝瓜 2 叶 1 心即可定植。定植最好选阴天或晴天下午进行，定植后淋透定根水，之后根据天气及幼苗长势情况淋水。篱笆架栽培，一般株距 50~60 厘米，行距 60 厘米，每亩保苗 1 200~1 500 株；平棚栽培，一般株距 80~100 厘米，行距 3~4 米，每亩种植 250~300 株；人字架栽培的每亩种植 700 株左右。

7. 田间管理

（1）肥水管理　育苗移栽的丝瓜生长缓慢，可在幼苗 1~2 片真叶时追 1 次肥，一般用 0.1%~0.2% 三元复合肥（15-15-15）溶液淋施幼苗。定植成活后，视肥力追施三元复合肥（15-15-15）溶液，根据天气情况可撒施粒肥。棱丝瓜生长势较强，未见雌花前需控水控肥，如果瓜苗生长正常，不需追肥，开花结果期再追肥；始收期，每亩施三元复合肥（15-15-15）10~15 千克、钾肥 3 千克；结果盛期，每隔 7 天左右追 1 次肥，每亩施三元复合肥（15-15-15）12~15 千克。开花结果期需水量大，如遇干旱天气或夏天高温天气，需及时淋水。

（2）整枝与搭架　棱丝瓜种植可选择搭篱笆架、人字架和平棚。篱笆架和人字架种植的蔓长30~60厘米时可引蔓上架,并摘除底部多余的侧蔓,留上部侧蔓坐果,当植株生长过旺时,需进行压蔓再引蔓上架。平棚种植的,将棚面以下的侧蔓全部摘除,生长中后期如果平棚面上侧蔓生长过于旺盛,需适当剪除一些侧蔓和叶片,以保证通风和采光。

8. 病虫害防治

丝瓜种植期间常见的疾病有霜霉病、白粉病、炭疽病等,常见的虫害主要包括潜叶蝇、瓜绢螟、蓟马等。霜霉病可用64%噁霜·锰锌可湿性粉剂500倍液,或72.2%霜霉威盐酸盐水剂800倍液防治;白粉病可用25%乙嘧酚悬浮剂750倍液,或250克/升吡唑醚菌酯悬浮剂1 500倍液防治;炭疽病防治可喷施40%代森锰锌可湿性粉剂600倍液,或250克/升嘧菌酯悬浮剂1 000倍液;瓜绢螟可用200克/升氯虫苯甲酰胺悬浮剂2 000~3 000倍液喷雾防治;瓜实蝇可在田间悬挂性诱捕器捕杀雄虫,用80%灭蝇胺水分散粒剂1 500倍液或3%阿维菌素微乳剂1 500倍液喷雾防治;瓜蓟马可用60克/升乙基多杀菌素悬浮剂1 500~2 000倍液或20%呋虫胺水分散粒剂1 000倍液交替喷雾防治。

9. 采收

丝瓜一般从开花到商品瓜成熟需7~10天,当果实达到商品瓜标准时及时采收。进入采收期后隔1~2天即可采收1次,采收最好在上午进行。采收时要小心轻放,避免果实损伤。采收时应注意以下标准:瓜身饱满、匀称;果柄光滑;果实纤维尚未硬化;嫩瓜大小适宜。如果采收过迟,果实的纤维会变硬,无法食用。丝瓜容易老化,不适合贮藏,采收后应立即出售。一般可以延续采收30~60天,不同季节的采收期有所不同。

(二)设施丝瓜高效栽培技术

德州地区丝瓜主要栽培方式为小拱棚和日光温室越冬茬栽培,小拱棚3月定植,5—7月采收;温室越冬茬丝瓜栽培一般在7月下旬至8月上旬播种,8月下旬至9月上旬定植,12月上旬开始收获,翌年4—5月拉秧。

1. 品种选择

根据德州地区冬春季气温低、光照弱等不利条件,生产中应选用耐弱光、耐低温、雌花节位低、早熟、抗病、品质好、丰产的优良品种。吊蔓密植栽培还应选择短蔓型、节间紧凑、叶片较小、商品性状优良的丝瓜品种。如中绿01号、长绿22号、绿胜2号、早冠丝瓜406、碧绿、寿光黄皮丝瓜、寿研特丰2号等。

2. 培育壮苗

(1)种子催芽 将用50%多菌灵消毒过的丝瓜种子,放入65℃水中,温水烫种15分钟,其间不断搅拌,水冷却至常温后浸种12小时,洗去种子表面胶质物。用洁净的湿纱布包好,放在28~30℃的温度下催芽,待种子露白后即可播种。

(2)育苗土配制 采用过筛无病菜园土,按20%比例加入充分腐熟过筛鸡粪拌匀，每立方米营养土再加入1.5千克三元复合肥（15-15-15）和5~10千克草木灰（或1千克硫酸钾）充分混合均匀，并拌入60克50%辛硫磷乳油、80~100克50%多菌灵可湿性粉剂杀虫消毒。

（3）营养钵育苗　将育苗土装入营养钵，土高略低于钵口，将营养钵集中摆放于育苗畦中，并用土填没营养钵之间的缝隙，将营养钵浇透水，每钵放入2粒已催芽的种子，覆土1~1.5厘米。播完后，架小拱棚，并覆盖遮阳网或旧薄膜，遮阴防雨。白天保持25~30℃，夜间不低于18~20℃，一般4~6天即可出齐苗。出苗后要适当降温，防止幼苗徒长。钵土表面显干要洒水或浇小水，一般10天浇1次水，苗期浇2~3次即可。并剔除弱小幼苗，每钵选留1株壮苗。

（4）播种　育苗盘可选用50孔或72孔穴盘，旧穴盘要进行消毒处理。育苗基质的通气性要好、营养成分要高，基质要经过高温灭菌，防止病害的传播。播种时，育苗盘每穴播带芽种子1粒，覆土厚2.0~2.5厘米，压实、浇透水，放于电热温床或架床等育苗床上促进出苗。

（5）苗期管理　在丝瓜出苗前，昼温控制在28℃左右，夜温在18℃左右，覆以薄膜增温保湿，提高丝瓜出苗速度及整齐度。待1周左右出苗后及时撤掉薄膜，昼夜温度较前期下降2~5℃，有利于苗壮。早（8:00）、晚（17:00）根据土壤干湿情况进行补水。定植前5天，叶面喷施0.1%的磷酸二氢钾水溶液，加大通风降温，可促根壮苗，提高秧苗的适应能力。

3. 定植

冬暖式大棚越冬茬丝瓜生长期长，需肥量大，定植前要施足基肥，应重施有机肥，一般亩施充分发酵腐熟有机肥8 000千克。除有机肥外，亩还需施尿素20千克、过磷酸钙40千克、硫酸钾20千克，或三元复合肥（15-15-15）100千克。施入基肥深耕耙平后建畦，覆盖黑色地膜，浇水方式为膜下暗灌。日光温室丝瓜应适当稀植栽培，一般亩定植2 400~2 800株。幼苗3叶1心时即可选择晴天定植，宽畦（1.6米）栽双行，行距55厘米，株距30~35厘米，打好定植孔，幼苗带营养土栽植。浇透定植水，封好坑以利于保墒提温。

4. 定植后管理

（1）缓苗期管理　定植后应注意保持棚内的温度，以加快缓苗，促进植株和根系生长。日出后早揭苫，使温室内温度尽量保持在28~32℃，以利于缓苗，促进根系生长。午间温度超过32℃应通小风，午后及时关通风口。下午要适当早盖草苫，保持夜温在16~18℃。根据缓苗情况，中午前后盖花苫，防止秧苗萎蔫。4~5天缓苗后，逐渐早揭、晚盖草苫，上午温度到24℃时开始通小风排湿，午间逐渐加大通风量，下午逐渐延迟关闭通风时间。

（2）缓苗后至坐瓜初期管理

①温光管理。缓苗后随着外部气温逐步降低，通过覆盖保温、通风降温等措施，

使棚内温度白天保持在25~26℃，夜间14~16℃，昼夜温差8~10℃为宜。在地膜覆盖条件下，减少浇水，使瓜垄湿度保持在最大田间持水量的70%~80%。通过调节早揭晚盖草苫等不透明覆盖物、棚膜除尘、张挂反光幕、人工补光、光质调整等措施，争取每天8~10小时光照。花期叶面喷施叶面微肥，及时吊蔓、绕蔓，结合加强通风进行气体调控，以最大限度提高光合效能。如遇不良天气要及时拉苫，尽量争取室内散光照和弱光照，天晴第一天注意"回苫"或"盖花苫"防止闪秧死棵。

②吊蔓与整枝。丝瓜蔓长20~30厘米时开始扯绳吊蔓，每株1绳。吊绳一端系在丝瓜植株基部，一端系在南北向吊蔓铁丝上。人工引蔓时，瓜蔓在绳上呈"S"形，延缓落蔓。当瓜蔓爬满吊绳时解绳落蔓。绕蔓宜在下午进行，防止绑蔓时折断。丝瓜主蔓与侧蔓均可结瓜，在此期要去除全部侧蔓。及时去除老叶、病叶及过密叶，以通风透光、促进植株生长。

③水肥管理。此时期正值丝瓜营养生长的旺期，每次浇水时可以进行追肥，施肥要及时，防止脱肥。此外要适当控水蹲苗，促进发根。

④病虫害防治。日光温室中生长的丝瓜病害主要有立枯病、霜霉病、绵腐病、白粉病等，虫害主要有白粉虱、潜叶蝇、斜纹夜蛾等。生产中要及时预防白粉虱和霜霉病、白粉病等病虫害，连阴天前喷施保护性杀菌剂预防病害。

（3）结果期的管理措施

①温光管理。此时期丝瓜光合作用进入旺盛时期，生产上应采取多种措施增加光照时间和透光率，如适时放盖草苫（一般放盖草苫后4小时测定棚内气温不低于18℃，不高于20℃），增加见光时间，张挂反光幕，保持透明覆盖物清洁，及时落蔓、吊蔓、绕茎、顺叶等。落蔓前摘除下部老叶，注意不要折断茎蔓。此期丝瓜进入开花坐果期，正处于日照短、气温低的时期，通过及时覆盖保温被、适时揭盖草苫、相对增加采光时间（每天采光时间高于8小时）、多层覆盖、清洁棚膜、加厚防寒沟覆土等措施加强温室保温。此外，通风口开小口通风换气，通风口晚开早闭，以此保证日光温室夜温高。在此期白天气温控制在28~32℃，夜温在18~20℃，以保证丝瓜授粉受精。当夜温低于12℃时，要通过外源热源（火炉、热灯等）进行增温。

②水肥管理。结果期需水需肥量急剧增加，要加强肥水管理。在肥水充足的条件下，丝瓜生长健壮、根深叶茂、花果多。进入产瓜盛期，每收获1~2次瓜，就必须追1次肥，每亩冲施速溶复合肥15千克左右，此期还可叶面喷施光合微（菌）肥或叶面肥防止叶片早衰。有条件的地区还可追施二氧化碳气肥。浇水应根据天气、土壤墒情、植株长势来确定，选择连续晴天上午膜下浇温水，切忌小水勤浇。浇水前喷杀菌剂，浇水后要注意通风散湿。

③人工授粉。德州地区日光温室丝瓜开花时间一般在3:00—12:00，人工授粉一般在9:00—11:00。授粉时要选择花朵大、雄蕊发达、花药散开刚开放的雄花，要在没有露水的情况下进行，以提高授粉效果。授粉后可使用20~25毫克/千克的2,4-D溶液点在果柄处，以提高坐果率，在此浓度范围内，气温高时用量可低些，反之则高些。

④病虫害防治。此时期病害为霜霉病、绵腐病、白粉病、病毒病等,虫害主要有白粉虱、潜叶蝇、斜纹夜蛾等。丝瓜病虫害防治主要有农业防治、物理防治、化学防治。生产管理上应加强预防,如采用粉尘剂、烟雾剂防治效果较好,及时通风散湿,夜间保持适当低温(12℃左右)。

霜霉病主要危害叶片。先在叶片正面出现不规则褪绿斑,后扩大为多角形黄褐病斑,湿度大时病斑背面长出紫黑色霉层,后期病斑连接大片,整个叶片枯死、干燥、不易脱落。丝瓜霜霉病是通过风雨从邻近病叶上传播的,连绵阴雨或湿度大时发病重。发病初期可喷洒波尔多液、72%杜邦克露、58%雷多米尔、75%百菌清、64%杀毒矾400~600倍液等;棚室栽培的可选用45%百菌清烟剂,发烟时闭棚,熏1夜,或喷撒5%百菌清粉尘剂,避免棚内湿度增加。

绵腐病若在苗期感病可在子叶未凋萎之前引起猝倒病。主要在坐果期发病,初期呈水渍状斑点,扩展后变为黄色或褐色水浸状大病斑,与健部分界明显,后半个或整个果腐烂,并在病部外围长出一层茂密的白色棉絮状菌丝体。瓜条感病始于脐部或从伤口侵入,引起全瓜腐烂。丝瓜生长期长,绵腐病发生重,长江流域及其以南地区尤为普遍。病菌主要来源于土壤中,通过雨水溅射到靠近地面的瓜条上致病。结瓜期阴雨连绵、湿气滞留易发病。绵腐病发病初期喷洒40%乙膦铝200倍液,75%百菌清可湿性粉剂500倍液,80%大生可湿性粉剂600倍液,72%杜邦克露可湿性粉剂800倍液,或69%安克锰锌可湿性粉剂900倍液等,隔7天1次,防治2~3次。

白粉病主要影响丝瓜的叶、茎、叶柄等部位。通常由于通风不良、栽培密度过高、氮肥施用过多等因素造成。发病初期,在叶片或嫩芽上出现白色小霉点,条件适宜时,霉斑迅速扩大且彼此连片,形成白粉状物,最终导致叶片枯萎卷缩。发病前期可使用75%百菌清可湿性粉剂,70%丙森锰可湿性粉剂,6%氯苯嘧啶醇可湿性粉剂1 000~1 500倍液,或25%粉锈宁可湿性粉剂1 000倍液防治。进行喷洒,每隔7~10天喷1次,连续2~3次。

病毒病通常在丝瓜嫩叶上引起深绿与浅绿相间的花叶,严重的使叶片扭曲变形;瓜条发病,病瓜呈螺旋状畸形或细小扭曲,瓜面有褪绿斑,失去商品性;抽蔓前发病,植株生长缓慢,严重的形成"龙头拐",造成绝收。丝瓜病毒病可通过蚜虫、农事操作及汗液接触传播。发病初期可喷洒20%病毒A可湿性粉剂500倍液,5%菌毒清水剂500倍液,83增抗剂水剂100倍液或1.5%植病灵乳剂1 000倍液,也可采用灌根法进行防治。

白粉虱、潜叶蝇、斜纹夜蛾等虫害在设施栽培丝瓜中经常发生,害虫防治提倡治早治小,所以要注意观察,及早发现害虫。除在棚室通风口处设置80目以上的防虫网外,丝瓜定植后就要在棚内悬挂黄、蓝板,不仅起到物理杀虫的作用,还能起到预测预报的作用。及时观察黄、蓝板上的害虫种类和数量,根据情况及早进行防治,害虫数量多时每隔5天左右防治1次,连续用药2~3次;数量少时,每隔7天左右防治1次,连续用药2次;喷药时要避开中午高温时间,避免造成药害的发生。可选用

25%噻虫嗪水分散粒剂1 500~2 000倍液,或10%烯啶虫胺水剂800~1 000倍液,或3%啶虫脒乳油1 000~1 500倍液等喷雾防治。

⑤其他管理。在生产过程中要根据丝瓜的长势及时去除卷须。可以采用连续摘心法促进结瓜,当主蔓20~23片叶时进行第1次摘心,注意保留顶叶下的侧芽;当此侧芽长成侧蔓并长出6~7片叶时,对其摘心,并保留侧芽,以后按以上办法连续摘心。根据植株强弱,每次摘心时选留2~4朵雌花,将其余雌花摘除。此外根据丝瓜坐瓜情况及时疏花疏瓜,预防化瓜或花打顶。坐瓜后每个结果蔓留2个高质量的瓜,摘除劣瓜。及时摘除植株下部变黄老叶,植株龙头超过吊蔓铁丝时要及时落蔓。落蔓时把吊绳上端活扣打开,松开吊绳,调节丝瓜蔓下落至距离吊蔓铁丝25~30厘米,再重新以活扣将吊绳系到吊蔓铁丝上,为下次落蔓做准备。通过调节吊绳,拉蔓不但方便快捷,而且可以保护瓜秧不受伤害,有利于新蔓萌发生长。日光温室越冬茬丝瓜在整个生长期内需落蔓4~6次。

5. 及时采收

丝瓜以嫩瓜供食用,当果实发育10天左右,果梗变光滑,瓜皮颜色变为深绿色,果面茸毛减少,用手触果皮有柔软感,即可适时采瓜。采收过早,影响产量;过迟,丝瓜纤维硬化,品质下降,还会影响后面幼瓜的生长。采收宜在早晨进行,用剪刀在齐果柄处剪下。在肥水不足时,为保证丝瓜商品性,采收宜早不宜迟,否则影响食用品质;在肥水充足时,可适当推迟采收。

五、西葫芦

西葫芦(*Cucurbita pepo* L.)是葫芦科南瓜属一年生蔓生草本植物,原产北美洲南部,中国于19世纪中叶开始从欧洲引入栽培,世界各地均有分布。西葫芦果实呈圆筒形,果面平滑,以采摘嫩果供菜用。西葫芦以皮薄、肉厚、汁多、可荤可素、可菜可馅而深受人们喜爱。

目前,德州市西葫芦累计播种面积约30.5万米^2,产量89万吨,各县市区均有种植,但主要分布在陵城区、平原县和临邑县,并逐渐发展了平原坊子乡、陵城区陵城镇、丁庄乡、临邑县理合务镇等一批西葫芦生产专业乡镇和基地及坊子西葫芦批发市场、南李批发市场等西葫芦产地批发市场,主要销往北京新发地市场和天津等地。其中,德州市陵城区五李社区被中国绿色食品认证中心认定为"日光温室绿色蔬菜生产基地","陵城西葫"为国家工商总局注册地理商标;平原县德原街道(原坊子乡)登上了农业农村部公布的全国"一村一品"示范村镇监测合格名单,常年占据北京新发地蔬菜批发市场西葫芦市场份额90%以上。

(一)露地西葫芦栽培技术

露地西葫芦栽培是常见的一种种植方式。由于西葫芦喜温暖,适宜生长在气温

15～30℃的环境中，在德州地区春季或秋季是露地种植西葫芦的最佳时间，具体来说，春季种植时间通常在3月中旬左右，秋季种植时间在8月中旬左右，此时气温适宜，有利于西葫芦的生长和发育。

1. 品种选择

应选择优质、高产、抗病的品种，如瑞丰9号、东葫5号、碧玉、圣玉等。这些品种具有良好的抗病性和适应性，能够适应德州地区的气候条件。

2. 浸种催芽

播种前，将选好的种子放在50～55℃温水中烫种15～20分钟，浸泡完后搓掉种皮黏液，用清水冲洗干净后，再用湿纱布包好，放在25～30℃温度下催芽。当大部分种子芽长0.3厘米左右即可播种。西葫芦适宜的苗龄为35～45天。要求幼苗茎秆粗壮，节间较短，叶柄较短，叶片浓绿而肥厚，具4片真叶左右，株型紧凑，根系发达。播种过早，种苗过大，定植时叶柄、叶片、根系易受损伤；播种过迟，定植时秧苗较小，成熟期延迟。

3. 定植前准备

选前茬非瓜类作物的地块，定植前先施肥整地。每亩施优质腐熟有机肥5 000～7 000千克，采用撒施与沟、穴施相结合的方法。耕翻，耙平起垄作畦，按80～100厘米行距做成宽40厘米、高15厘米的垄，每亩定植2 000～2 200株。

4. 田间管理

西葫芦喜欢湿润的环境，在定植后的1周左右一定要浇好定苗水，缓苗后可轻浇水1次，并随水每亩冲施三元复合肥（15-15-15）10千克左右，促进缓苗、发棵。经常保持地面不干不湿，在植株坐瓜前要控制好水分，以促进植株根部发育，提高坐瓜稳瓜率为主，当西葫芦进入生长旺期果实开始发育时逐渐增加水分做好浇水工作。施足底肥的情况下，一般苗期不用施任何肥料，当植株坐了第1个瓜后要做好追肥工作，一般在开花后施1次氮磷钾肥或者三元复合肥（15-15-15）20千克，之后根据生长和采收情况施肥。

5. 人工授粉

西葫芦的自然授粉开花率比较低，因此在初花期一定要进行人工授粉，这样可以提高西葫芦的结瓜率。授粉应选择在上午8—10时，摘取当日开放的雄花去掉花冠，在雌花柱头上轻触涂抹，最后用毛笔蘸一点点乙烯利溶液涂抹在雌花的花柄处。进行人工授粉时，一定要做好疏花疏果工作，叶腋留瓜只需留1个即可，其他的瓜一定要及时摘除。

6. 病虫害防治

防治对象有蚜虫、烟粉虱、灰霉病及白粉病等，注意加强管理。若田间植株发病较多较重，及时喷药防治。注意清理田园，降低田间病虫害滋生传播，如发现病叶、病瓜和老叶应及时摘除,去除残枝败叶后烧毁或深埋;及时铲除田边杂草;适时中耕除草,疏松土壤等。

7. 适时采收

西葫芦以食用嫩瓜为主,一般开花后7~10天即可采收0.5千克重的嫩瓜。及时采收,可促进上部幼瓜的发育膨大和茎叶生长,有助于提高早期产量。

(二) 日光温室西葫芦栽培技术

1. 品种选择

日光温室种植西葫芦,要求其品种早熟、高产、优质、耐低温、抗病性强。根据德州地区地理环境、气候条件、品种抗逆性及市场需求,目前主要选择京尊186、佳丽99等西葫芦品种。这些品种在标准化下生产每亩产量达到2万千克以上,出产的西葫芦形状正、条纹好、色泽翠绿、营养丰富,深受市场欢迎。

2. 栽培季节

深冬一大茬种植的西葫芦,一般在9月底至10月初播种育苗,10月15日左右开始定植,50天左右即12月初开始收获至翌年6月初结束。上市正处在春节及早春蔬菜少的供应阶段,经济效益很好。

3. 播种育苗

(1)浸种催芽 催芽前选晴天将西葫芦种子放在阳光下晾晒2小时,其间翻动几次,使种子受热均匀,注意避免暴晒。晾晒可打破种子休眠,杀菌消毒,使种子吸水均匀,出芽整齐。将种子放在洁净的器皿中,慢慢倒入55℃的热水(种子与水体积比为1∶5),快速搅拌10~15分钟,待水温降至25~30℃捞出种子沥干水分。然后用0.1%高锰酸钾溶液浸种20分钟后将种子捞出甩干,换清水再浸种6~8小时。最后用清水将种子冲洗后放入洁净的催芽皿中,盖上吸足水的纱布或毛巾,放入催芽箱内,在温度为28~32℃的条件下进行催芽,1~2天即可露白。

(2)配制营养土 营养土配制方法如下:用蛭石与草炭土按1∶1的体积比混匀后加入适量的珍珠岩,再在其每立方米中加入腐熟鸡粪3千克、磷酸二铵0.3千克后混匀过筛,然后在其中加入50%多菌灵可湿性粉剂100克。配制时要不停地喷水、调匀,当营养土湿度达到50%~60%(即手握成团,用力挤压没有水渗出指缝,松开手轻叩即散)时装入穴盘备用。

(3)播种 将经过催芽露白的西葫芦种子芽朝下单粒水平摆放在已装入营养土的穴盘中,播种深度0.5厘米。之后覆盖厚1.0厘米的营养土,将穴盘摆放到苗床中。播种后,温室内温度白天保持在28~30℃、夜间18~20℃。待苗出齐后,温室内温度白天保持在25℃左右、夜间10~15℃。定植前7~10天降温炼苗,温室内温度白天18~20℃、夜间8~13℃。苗期可以喷洒0.3%磷酸二氢钾水溶液,既能保湿、又能壮苗。

4. 定植前准备

（1）高温闷棚　前茬作物收获后，及时清除棚内植株病残体，铲除田间杂草，带出棚外集中深埋，同时配合施用土壤消毒剂（如威百亩、石灰氮），注意不要把微生物菌肥施入土壤中。之后深翻土壤，大水漫灌，关好风口、盖好棚膜，迅速升温进行高温闷棚，要使地表10厘米土层地温达到70℃以上、20厘米土层地温达到45℃以上。闷棚时间为20~30天，越长越好。闷棚结束后要及时开棚通风晾晒10天以上，以避免棚内有害气体残留造成后期熏苗。高温闷棚不仅可以熟化土壤增加有机质含量改善土壤团粒结构，还能杀灭各种土传病菌和虫卵，可以有效改善蔬菜品质。

（2）整地施基肥　为提高西葫芦的品质，高温闷棚后，每亩施腐熟有机肥15~20米^3、磷酸二钾和硫酸钾各30千克作基肥。由于高温闷棚破坏了土壤中的有益菌群，因此应适当增施复合微生物菌肥，以增加土壤中有益微生物数量及活性，改善土壤品质。之后深翻地30厘米左右，将肥料与土壤掺匀，再耙平耙细。

（3）起垄、浇水　日光温室西葫芦采用大小行，高低垄种植。大行也叫操作行，行距100厘米；小行也叫种植行，行距80厘米。把种植行中土壤取出6~8厘米填入操作行将操作行垫高，然后顺种植行浅沟浇水。

5. 定植

当西葫芦苗龄25~30天、幼苗长至3叶1心时，挑选秧苗矮壮、叶厚柄短、根系发达的幼苗，按株距80厘米依次错开定植在浅水沟干湿土的分界线上。全棚定植完后，顺沟浇足浇透定植水，以满足缓苗和苗期水分的需要。

6. 田间管理

（1）温度和光热管理　西葫芦是瓜类蔬菜中较耐寒不耐高温的种类，生长适宜温度为22~28℃，8℃以下停止生长，30℃以上生长缓慢。西葫芦缓苗后，及时覆盖地膜。缓苗期间温室应保持较高的温度，白天保持在25~30℃、夜间18~20℃。缓苗后适当降低温室内温度。深冬严寒期间，温室内温度白天应保持在28~30℃，以防止夜间温度过低冻苗。寒冬过后，加大通风量，温室内温度白天控制在22~28℃、夜间不超过12℃，以防止温度过高瓜秧旺长。光照一般按照"早揭晚盖多见光"的原则进行管理。即使遇连阴雨雪天，也要揭开棉被，使植株多见散射光，以利于光合作用的进行。如连阴雨雪天过长，温度过低，光照太少，应加设白炽灯以补光提温。

（2）水肥管理　西葫芦定植时浇透水后控水蹲苗，至根瓜长到10~12厘米时结束蹲苗开始浇水。以后的水分管理根据墒情按"浇瓜不浇花"的原则进行。在寒冬季节，应尽量少浇水或浇小水，以防止降低土壤温度。2月中旬寒冬过后，西葫芦长势加快，应进行浇水追肥，每次随水每亩施大量元素水溶肥4~5千克，一般间隔10天1次，连续10次左右。在追施上述肥料的同时，每次都要适量增施黄腐酸、氨基酸、腐殖酸等。在春夏交接时，增施微生物菌肥，使土壤中被固定的磷钾被分解再利用。

（3）科学放风　日光温室放风的主要目的是通风和排湿，放风既能补充棚内二氧化碳，降低湿度，还能调节棚内温度。放风要根据天气情况进行，逐渐增加风口宽度，以保证温室内温度不发生太大的变化。如果在久阴乍晴时通风造成叶片受伤，可以喷施壳聚糖和细胞分裂素，促进受伤叶片恢复功能。

（4）吊蔓　目前平原县推广吊蔓的栽培方式，即在植株上面拉一条南北走向的铁丝，然后将塑料绳一端系在铁丝上，另一端绑在西葫芦秧苗的底部，再将西葫芦缠绕在绳子上，使生长点向上直立生长，叶片平展。这样不仅可以提高日光温室西葫芦的种植空间，还能让西葫芦更好地接受光照和授粉，促使西葫芦健康生长。

（5）人工辅助授粉　日光温室西葫芦栽培时易出现落花落果，需要进行人工辅助授粉。为节约劳动力成本，目前主要采用免点花技术，即在雌花开放前每亩用"西葫芦坐果灵"10毫升兑水15千克进行整株喷施。喷雾器用小孔喷片，喷头在植株顶部0.5米以上均匀移动，只喷叶子正面，不喷叶子背面。严禁近距离喷生长点及幼瓜，严禁重复喷施。

7. 病虫害防治

日光温室西葫芦栽培过程中会发生几十种病虫害，主要以病毒病、霜霉病、白粉病、灰霉病，蚜虫、白粉虱、蓟马、红蜘蛛等为主，应采用农业防治、物理防治和化学防治等进行综合防治。

（1）农业防治　播种前对种子进行高温处理，可有效杀死种子所带的病原菌和虫卵，切断种子带毒这条传播途径；及时清除日光温室周围杂草和枯枝落叶，减少病毒侵染来源和虫源；在夏季棚闲季节，长时间高温闷棚，杀死土壤中有害土传病菌和害虫、虫卵。加强田间管理，将病残体拔除或摘除清理干净，保持日光温室内田间卫生，防止病菌扩散；生产后期及时清理老叶，增加通风透光，使植株生长健壮，增强抗病能力。

（2）物理防治　在日光温室通风口安装银灰色防虫网，阻止害虫迁移到日光温室内，起到防虫、防病的效果；利用白粉虱、蚜虫黄色趋向性和蓟马蓝色趋向性特点，在虫害发生初期将专用黄板、蓝板悬挂在日光温室内植株上方，使蚜虫、虱类、蓟马等粘到板上进行诱杀。一般以面积50米^{2}为单位，如在第1个50米^{2}内放置1块黄板，则在相邻的1个50米^{2}内放置1块蓝板，依次交替放置黄板、蓝板。

（3）化学防治　病毒病发病初期可用20%吗胍·乙酸铜可湿性粉剂500～600倍液喷施防治；霜霉病发病初期可每亩用45%百菌清烟剂200～250克闷棚熏杀，也可用40%三乙膦酸铝可湿性粉剂200倍液或72%霜脲·锰锌可湿性粉剂800倍液喷施防治；白粉病发病初期可在中午前用50%多·硫悬浮剂800倍液均匀喷洒防治；灰霉病发病初期可用50%异菌脲水分散粒剂1 000倍液或50%代森锰锌可湿性粉剂400倍液喷施防治。蚜虫防治可选用10%吡虫啉可湿性粉剂3 000倍液或1.8%阿维菌素乳油2 000倍液喷雾防治；白粉虱发生初期可用25%噻嗪酮可湿性粉剂1 500倍液喷施防治；蓟马可用25%噻虫嗪水分散粒剂1 500～2 000倍液灌根防治；红蜘蛛可用1.8%

阿维菌素乳油 1 000~2 000 倍液或 20% 哒螨灵悬浮剂 1 000 倍液喷施防治。以上各种药剂一般间隔 7 天施用 1 次，连续 3 次。

8. 适时采收

西葫芦采收要根据市场需求，在达到消费习惯的个头大小时即可采收，目前平原所摘的西葫芦一般单个重 0.4~0.5 千克。采收时要注意观察藤蔓长势，如果藤蔓较弱可以提前采摘，以减轻藤蔓负担；如果藤蔓强壮可以适当大一点摘，以避免跑秧旺长。

第四章　白菜及甘蓝类蔬菜栽培技术

一、白菜

白菜（*Brassica rapa* var. *glabra*），又名小白菜、大白菜、崧等，十字花科芸薹属二年生草本植物。全株常无毛，多数基生叶，倒卵状长圆形至宽倒卵形，上部茎生叶长圆状卵形、长圆披针形至长披针形，有粉霜。花鲜黄色，花瓣倒卵形。长角果较粗短，两侧压扁，顶端圆。果梗开展或上升，较粗。种子球形，棕色。花期5月，果期6月。白菜原产中国华北，在亚洲地区，特别是中国、韩国、日本广泛栽培。大白菜因分布广、面积大、产量高、耐贮运、营养丰富、种植较简易等优势，在我国菜篮子中占有重要地位，民间有"百菜不如白菜""百菜之王"之说。白菜的鲜叶和根可入药。白菜较耐寒，喜好冷凉气候，适合在冷凉季节生长，适于栽植在保肥、保水并富含有机质的壤土及沙壤土上。白菜优良品种很多，按照播种季节可分为春播、夏播和秋播。

（一）春白菜栽培技术

1. 整地

选择前茬为非十字花科作物、排灌方便且耕层肥沃的土地。种植前及时清理田间，越冬前进行土地深耕，种植前进行整地，同时撒施充分腐熟的有机肥，每亩施入2 000～2 500千克。采用高畦或平畦栽培。

2. 育苗

选择耐低温、抗性好、生长期短的品种，如春丰、亚洲春白菜、潍春白系列等。春白菜栽培可以利用温室或塑料大棚提早育苗，塑料大棚的播期在2月上旬，温室的播期在2月中下旬，露地直播于3月下旬或4月上旬，每亩播种量80～100克。

3. 定植

定植过早容易产生冻害，并且低温导致春化抽薹后不宜结球；定植过晚则后期高温易造成叶球腐烂。定植时气温需达到10℃及以上或栽培地5厘米地温达到2℃。生理苗龄4～5片真叶时定植，行距40厘米，株距40～45厘米，每亩栽4 000～5 000株。

定植时注意深度，不要伤根，定植后及时浇水。

4. 肥水管理

肥水需求量高，需要施足基肥、尽早追肥。缓苗后选用速效肥料进行追肥，莲座初期重施包心肥，结球中后期停止追肥。浇水宜在清晨或傍晚，保持地面见干见湿原则。及时中耕除草，注意不要造成机械损伤。

5. 采收

定植后 50 天左右达到八成熟后开始采收，以防采收过晚遭遇高温多雨天气，造成不必要的经济损失。

（二）夏白菜栽培技术

1. 整地

上茬作物及时收获后清除杂草、残株，每亩基施腐熟有机肥 3 000~5 000 千克，深翻细耙，平整土地，因栽植较密一般用平畦。

2. 育苗

选择生长期短、早熟耐热的品种，如天津白麻叶、北京小青口、小白口、郑州早黑叶等。5 月初至 5 月末采用育苗移栽，6 月初至 7 月末可直播。直播时采用穴播为宜，每亩用种量 80~100 克，播后覆盖 0.5 厘米厚细土，搂平压实。在植株生理苗龄 3~4 片叶时间苗，植株生理苗龄 5~6 片叶时定苗。

3. 定植

夏白菜 5~6 片真叶时定植，行距 40 厘米，株距 35~40 厘米，每亩栽 4 000~5 000 株。使用营养土块育苗的大白菜，可将小苗连同营养土块一同定植于大田。

4. 肥水管理

夏季栽培谨防高温天气，时刻关注土壤是否缺水，注意菜田不要出现时干时湿、干湿不均的情况。高温干旱天气时，适度加大浇水量，多雨造成积水时，需及时排水。包心前 10~15 天浇 1 次透水，蹲苗后追 1 次肥壮心。结球期注意严防土壤缺水、植株缺肥情况的发生，勤水大肥有利于植株生长发育。可在结球初期和中期，施沤制腐熟的花生饼兑清水或沤制腐熟的粪水淋施。结球期保持水分均匀充足供应，土壤见干见湿为宜，可以早、晚浇水，切忌在中午、下午高温烈日下浇水，结球期切忌将水浇到叶球里。

5. 采收

夏白菜七八成熟时采收，可根据市场需求适当调整采收时间，以求达到经济效益最大化。

（三）秋白菜栽培技术

1. 整地

选择非十字花科蔬菜茬口，前茬作物选择瓜类、豆类、茄果类等收获期早、栽培施肥多的作物，每亩施腐熟有机肥2 000～3 000千克。

2. 育苗

选择抗病优质品种，如德丰1号、中白78号等。早秋白菜播种过早，气温高，易加重病虫害；播种过晚，未发育完全，易影响经济产量。一般播种时间在8月下旬，如遭遇多雨天气，可提前1～2天，每亩用种量50～60克。一般为2～3次间苗，分别在拉十字、2～3片真叶、5～6片真叶时，选择阴天下午定苗。

3. 定植

秋大白菜6片真叶时定植，行距40厘米，株距45～55厘米，每亩栽3 000～4 000株。可根据品种特性适当调整种植密度。

4. 肥水管理

施足基肥后追肥2～3次。定苗后进行第1次追肥，开始结球后进行第2次追肥，可随水施肥。每亩建议追施有机肥2 000千克。莲座期每7～8天浇1次水，结球期每5～6天浇1次水，收获前8天停止浇水，谨防裂球影响产量。

5. 采收

叶球充分成熟后及时采收，不宜过早以免减产；也不宜过晚，避免遭受冷害。大白菜耐轻霜，-2℃以上遭受霜害可恢复；怕冻害，-3℃以下时发生冻害则难以恢复，因此需要及时采收，避免不必要的经济损失。

（四）病虫害防治

白菜的主要病害有病毒病、霜霉病和软腐病等，主要虫害有蛴螬、蝼蛄、菜青虫和蚜虫等。

1. 病害

可选用抗病品种，用高锰酸钾进行种子消毒，及时摘除发病苗或枝叶，及时防治蚜虫等传毒媒介。

病毒病首先要注意防治蚜虫，蚜虫是病毒病的传播媒介，病毒病发病初期用氨基寡糖素、香菇多糖或宁南霉素喷雾防治。

软腐病俗称"烂疙瘩""烂帮子"，莲座期至结球期均能发病，主要症状表现为病部初为水浸状半透明，后扩大为淡灰褐色湿腐，常溢出菌脓，并伴有恶臭味；发病初期，植株外层叶片中午呈萎蔫状，早晚可恢复，数日后，由于病情加重，外叶不再恢复而倒地，叶球外露；叶柄或根茎处髓组织腐烂，可流出灰褐色黏稠状物，后植株倒地腐烂。可选用春雷霉素、氨基寡糖素、中生菌素或多黏芽孢杆菌等进行防治。

霜霉病主要危害叶片，感病后叶正面产生水渍状褪绿斑，后发展为灰白色、淡黄色或黄绿色边缘不明显的病斑，然后扩大为黄褐色病斑；天气潮湿时，叶背面产生白色稀疏的霉层，病斑连片，从而使大白菜叶片变黄枯死。可选用百菌清、代森锰锌、地衣芽孢杆菌或木霉菌等药剂防治。

黑斑病主要危害叶片，叶片发病时出现褐色或深褐色圆形病斑，有明显的同心轮纹，有黄晕，高温高湿时病部穿孔，严重时，半叶或整叶枯死；叶柄发病时表现为暗褐色、纵条状、稍凹陷的病斑；空气潮湿时病斑上产生黑色霉状物。可选用种子质量0.3%的50%福美双可湿性粉剂，或用15%多福悬浮种衣剂以药种比为1∶300的比例拌种消毒；也可在发病初期，选用苯醚甲环唑、多菌灵、戊唑醇或嘧啶核苷类抗菌素防治。

黑腐病，幼苗染病时，子叶呈水浸状，根髓部变黑，幼苗枯死；成株期则从叶片边缘开始出现病变，逐渐向内扩展，形成"V"形黄褐色枯斑，病斑周围淡黄色，病斑内网状叶脉变为褐色或黑色，病斑扩大后，可造成叶片局部或大部分腐烂枯死。可用中生菌素、加瑞农（春雷·王铜）或百菌清等药剂进行防治。

根肿病只危害根部，其土上根系和地下茎部会形成组织性的膨大肿瘤。发病初期，地上部症状不明显，仅表现植株矮小、生长缓慢，呈现不同程度的萎黄，后期叶色暗淡，叶缘枯黄，严重时枯萎死亡。土壤推荐使用8毫克/升臭氧水进行消毒处理，还可选用硫酸铜、霜脲·锰锌或石灰氮进行消毒处理；种子可用木霉菌浸种处理；发病初期可选用甲基硫菌灵、复方硫菌灵或多菌灵进行防治。

立枯病多在苗期发生，成株期亦可发病，主要表现为茎基部产生水渍状浅褐色坏死小点，以后扩展成椭圆形至不定形凹陷坏死斑；下部叶片染病，多呈浅褐色坏死腐烂，空气潮湿，病部表面产生灰褐色蛛丝状菌丝。可用种子质量0.4%的70%甲基托布津（甲基硫菌灵）可湿性粉剂拌种处理；也可在发病期使用井冈霉素或敌磺钠防治。

白斑病可选用啶酰菌胺、苯醚甲环唑或多菌灵防治。白粉病可用三唑酮乳油或固体石硫合剂防治。白锈病可用甲霜灵或噁霜·锰锌防治。炭疽病用代森锰锌、武夷霉素或异菌脲防治。

2. 虫害

提倡通过释放天敌，用性诱剂、粘虫板、防虫网等物理方法防治害虫。蚜虫可用吡虫啉、抗蚜威、苦参碱、鱼藤酮或氯氰菊酯等药剂防治；菜青虫可用阿维菌素、灭幼脲或高效氯氰菊酯等药剂防治；黄条跳甲可用鱼藤酮、苦参碱、氯虫苯甲酰胺或氯氰菊酯等药剂防治。小菜蛾可用Bt乳剂、阿维菌素或虫螨腈等药剂防治。菜螟可用虱螨脲、溴氰菊酯、苦参碱或虫螨腈等药剂防治。斑潜蝇可用阿维菌素、灭蝇胺或氟虫脲等药剂防治。

（五）马铃薯—夏秋白菜轻简化栽培模式

该模式可提高土地利用率，实现土壤养分互补、减轻病虫草危害的影响，特别适合规模化生产，对填补蔬菜淡季市场、保障蔬菜均衡供应，增加菜农经济收入具有很大的意义。

1. 茬口安排

德州地区春种马铃薯复种白菜，适宜播种期为马铃薯4月下旬，白菜10月上旬。播种过早马铃薯出苗后容易遭受冻害，播种过晚影响大白菜种植。

2. 播前准备

选择富含有机质、团粒结构好的地块，土壤pH值为5.0～7.0较为适合，pH值＜5.0植株生长变弱，叶薄色淡，pH值＞7.5，无法生根而死亡；土壤含盐量低于0.01%；忌与茄果类蔬菜作物及根茎类作物轮作，最好与葱姜蒜、豆类作物实施轮作。"三追不如一底"，为满足马铃薯生育期需肥量，必须施足底肥。每亩施腐熟的农家肥2 000～3 000千克、马铃薯专用肥150～200千克、中微量肥和菌肥各5～10千克，复配耕翻整地，与耕层充分混匀，其中总用量的60%～70%作基施，其余做垄间施肥。若上年地块地下害虫严重，可土壤进行药剂处理。即选用吡虫啉、噻虫嗪、氯氟氰菊酯、氯吡硫磷、敌百虫等杀虫剂与适量土壤、细沙拌匀沟施或拌入底肥中，可防止地老虎、蝼蛄、蛴螬、金针虫等害虫发生。墒情若不好的地块可先补水再整地，没有深翻过的地块要用深松犁深松35～40厘米，耙地15厘米以上，要求土壤细碎、土层上虚下实。

3. 种薯处理

种薯切块种植，能打破种薯休眠，提早发芽出苗。人工种植时切块一般以25～40克为宜；机械种植以35～50克为宜，每个薯块留1～2个芽眼，切块应呈三角形、楔状，质量80克以下的种薯可整薯播种。切块时要纵切，使顶部都带有顶端优势的芽眼，无芽眼剔除，避免播种后缺苗。切薯后可用药剂浸种或拌种预防马铃薯真菌、细菌等病害。浸种可用40%福尔马林120倍液水溶液浸种4分钟；或1千克种薯用50毫升2%硫酸铜溶液浸泡10分钟，然后晾干播种。拌种可用70%丙森锌可湿性粉剂20克兑水350～400毫升，混合均匀后，喷施到摊开的100千克种薯上，边撒边混合，让药剂均匀附着在种薯上后；或用1%敌百虫粉剂3～4千克加细土10千克掺匀、2.5%适乐时悬浮种衣剂50～100毫升加水拌种薯进行防治。将切好的薯块放置于通风良好、空气相对湿度较高的地方。如不能播种应遮阳避光，防止阳光暴晒灼伤。必要时需倒垛，切种后尽快播完。

从幼苗拱土到开花是马铃薯营养生长的阶段，要进行蹲苗，促根系防止徒长，一般不浇水，特别干旱时浇小水，可培育壮苗增强抗风雨、抗倒伏、抗病虫害的能力。马铃薯初花期开始浇水，块茎形成期对水分的需要量大，及时适量浇水，忌大水漫灌。在雨水较多的季节，及时排水，田间不能有积水。收获前7～10天停止浇水，可提高其品质，并较耐贮藏。

4. 白菜病虫害防治

早秋白菜主要病害为真菌性、细菌性及病毒病等病害。霜霉病为低真菌病害，整个生育期均可发病,防治方法见第一节大白菜病虫害。

5. 白菜及时采收

大白菜在 -2℃时受到冻害,因此,须在寒冻前收获。德州地区 10 月底至 11 月初采收,收获过早过晚都会影响产量及效益。采收后堆放在田间适度晾晒,随后整理、分级包装上市。

二、甘蓝

甘蓝（Brassica oleracea var. capitata），又名结球甘蓝、卷心菜、包心菜等,十字花科芸薹属二年生草本植物,茎肉质,矮而粗壮,不分枝;叶片多,质厚,层层包成球状体,为乳白或淡绿色;花瓣淡黄色,为宽长倒卵形或近圆形;果实为圆柱形,两侧稍扁,果柄直立开展。花期 4 月,果期 5 月。甘蓝原产于地中海,在 16 世纪中叶从南北两路传入中国,现中国各地均有栽培。喜欢温和冷凉的气候,不耐炎热,不耐干旱与水渍,要求疏松、肥沃的土壤类型,适宜生长于排水良好、土壤肥沃的园地。甘蓝的繁殖方法为种子繁殖。德州地区具有显著的温带大陆性气候特征,光照资源丰富,日照时数长,光照强度大,温度适宜,降水适中,年平均无霜期为 210 天,气候条件利于甘蓝种植。

（一）栽培要点

1. 品种选择

山东地区春季温度低,甘蓝生长周期短,应选择抗寒性强、耐抽薹、早熟、耐贮运、商品性好的品种。目前常用的春甘蓝品种有中甘 56、中甘 26、中甘 628 等。

2. 播种育苗

拱棚育苗一般选择 2 月底播种。播种过早,温度低,生长缓慢。结球甘蓝种子小,将种子和过筛细土均匀混合后撒播,适当稀播,可减少用种量,一般每亩用种量 40~50 克,播种后用拌有 50% 多菌灵可湿性粉剂的过筛细土覆盖 1 厘米,不宜过厚,防止影响出芽。播种后若出现连续低温可加盖小拱棚,在苗床上每隔 80 厘米左右插 1 根高 25~30 厘米、跨度 2 米的弓条,上面覆盖塑料膜。

3. 苗床管理

结球甘蓝发芽的最适温度为 15~20℃,发芽期注意保温,一般不通风。苗床水分管理以见干见湿为宜,土壤相对含水量应保持在 15%~25%,出芽前一般不需要浇水。出芽后第 1 片真叶露出时注意控制温度,温度过高容易形成高脚苗,可通过放风的方式降温。定植前 15 天左右炼苗,白天逐步将拱棚放风口打开,定植前 7 天左右放风口全部打开。定植前将病虫株、弱劣株、畸形株全部拔除,选择叶片肥厚、蜡粉多、根系发达的壮苗，拔苗前浇1次起苗水，使幼苗尽量带土坨。

4. 适时定植

选择通风向阳、光照充足的地块，要求地势平坦、土壤肥沃、地力均匀，易于排水灌溉。前茬作物收获后，及时深耕，3月中旬前施基肥。基肥以有机肥与化肥混施，实现养分平衡供应。每亩可施腐熟有机肥1 500~2 000千克、硫酸钾型复合肥30~40千克，具体施肥量可根据土壤情况自行调整。适时定植，德州地区一般3月底4月初定植，每亩定植4 000~4 500株，适当稀植、浅栽，利于发根。定植后浇足定植水，以提高成活率，促进缓苗。

5. 肥水管理

肥水充足是获得高产的关键。甘蓝生长周期短，不耐干旱，需水量大。根据土壤含水量及降雨情况及时科学浇水，防止植株受旱或受涝。小水勤浇，保持土壤见干见湿，一般在9:00前或17:00后浇水。缓苗后，每亩随水冲施尿素15~20千克；莲座前期，每亩随水追施尿素10~15千克、三元复合肥（15-15-15）20~25千克；结球前期，每亩追施三元复合肥（15-15-15）25~30千克，以促进叶球增大；结球期，每亩追施硫酸钾10~15千克，促进结球、品质提升，以及增强抗逆性。如遇强降雨、持续降雨、田间积水时，及时排涝。田间积水过久容易使甘蓝根系缺氧，造成死棵。

6. 主要病虫害及发生规律

（1）蚜虫　成蚜和若蚜聚集在甘蓝叶背吸食汁液，造成叶片发黄、向背面卷曲皱缩，导致植株生长不良，严重时整片叶枯死，降低了结球甘蓝的商品价值。危害结球甘蓝的蚜虫种类主要有桃蚜、萝卜蚜、甘蓝蚜等，常混合发生，1年发生15代，世代重叠严重。蚜虫一旦发生极易造成次生危害，如传播病毒引发病毒病流行等。

（2）菜青虫　幼虫啃食甘蓝叶肉，导致叶片缺刻或孔洞，严重时叶片被啃光，同时幼虫排泄物残留在叶片上，降低了结球甘蓝的品质。菜粉蝶1年发生5~6代，以蛹在杂草、落叶和土缝中越冬，世代重叠严重；成虫白天活动，幼虫行动迟缓（特别是晴天中午），多附着于叶片表面。

（3）潜叶蝇　幼虫在叶内取食叶肉，叶内形成曲折线形白色条痕，严重的潜痕密布，致叶片黄化或焦枯，失去食用价值。潜叶蝇1年发生2代，以蛹越冬，翌年春季羽化；成虫活泼，产卵于嫩叶边缘，幼虫孵化后潜入叶片危害，甘蓝露地栽培4—5月危害严重，棚室栽培常年发生。

（4）小菜蛾　初龄幼虫取食叶肉，留下表皮形成透明斑，危害严重时全叶呈网状。小菜蛾成虫具趋光性，昼伏夜出，喜干旱，潮湿多雨不利于其繁殖；幼虫灵敏，被惊动即扭曲身体、倒退吐丝。甘蓝露地栽培，小菜蛾1年发生4~5代，以蛹在落叶、杂草中越冬，温室栽培可常年发生。

（5）跳甲　成虫咬食叶片形成小孔，降低了甘蓝商品性；幼虫蛀食根皮，咬断细根，影响秧苗发育。危害结球甘蓝的跳甲种类主要有黄曲条跳甲、黄直条跳甲等，1

年发生4~5代,以成虫在残枝落叶或杂草中越冬,温室内可终年繁殖,无越冬现象,世代重叠严重。雨水多或湿度大,跳甲危害严重。跳甲成虫寿命长,有的可达1年,擅长跳跃及飞行,有趋光性,对黑光灯敏感。

(6)斜纹夜蛾　幼虫取食叶肉,造成叶片缺刻或孔洞,严重降低结球甘蓝的食用价值。斜纹夜蛾以老熟幼虫或蛹在杂草、落叶中越冬,1年发生4~5代。其成虫产卵于叶背叶脉分叉处,初孵幼虫聚集于叶背啃食,3龄后分散危害,昼伏夜出取食叶片,具有明显的趋光性和趋化性。

7. 主要病虫害防治方法

以农业、物理、生物防治为主,化学防治为辅控制病虫害的发生。

(1)农业防控　种植前及时清理前茬植株残体、落叶,并进行集中处理;施用充分腐熟有机肥,深耕细耙,杀灭土壤中的越冬害虫,降低虫源基数;结球甘蓝采收后,及时清理田间残株、杂草等,深耕细作。水肥管理。施用充分腐熟的农家肥、生物肥,采用水肥一体化设施追肥种植模式。结球甘蓝可与粮食作物或其他科蔬菜进行轮作、间作或套种,避免虫源积累,减轻害虫危害。

(2)物理防控　可用黄色粘虫板诱杀蚜虫、潜叶蝇、跳甲等趋黄性害虫,田间每亩放置粘虫板30~40块。用杀虫灯诱杀害虫,可用频振式杀虫灯诱杀趋光性成虫,如蛾类、蝶类等鳞翅目害虫。设施栽培的,每个棚室放置1个频振式杀虫灯;露地栽培的,每亩放置1个频振式杀虫灯。用性诱剂诱杀害虫,可田间悬挂性诱剂诱捕器诱杀小菜蛾、菜青虫、跳甲等害虫成虫。还可用防虫网隔离害虫,在棚室通风口放置防虫网,用以阻止害虫飞入。

(3)生物防控　可利用瓢虫、草蛉、食蚜蝇、寄生蜂、蜘蛛等捕食性或寄生性天敌,防控蚜虫、鳞翅目蛾类和蝶类的成虫及幼虫等,充分发挥天敌对害虫的防控效应。使用化学药剂防控虫害时,应选用对天敌相对安全的杀虫或微生物制剂,采用先进的施药技术,以减轻对害虫天敌的杀伤力。

(4)化学防控　使用化学药剂防控结球甘蓝虫害仍是目前较有效且普遍采用的措施,尤其是虫害暴发成灾时,使用化学药剂效果好、见效快。但化学药剂的使用存在缺点或不足。一是长期使用易使害虫产生抗药性,降低防效;二是易杀伤天敌,破坏生物多样性;三是污染生态环境,威胁到人类的身体健康。采用化学药剂防治虫害时,应选用低毒、低残留、无污染的环境友好型药剂,同时要科学、安全、合理地用药。如可用10%吡虫啉可湿性粉剂3 000倍液防治蚜虫,用5%啶虫脒乳油3 000倍液防治蚜虫、跳甲、叶甲、潜叶蝇等,用25%噻虫嗪水分散粒剂3 000倍液防治蚜虫、跳甲和鳞翅目害虫等,用5%甲维盐水分散粒剂防治蚜虫、菜青虫、小菜蛾、潜叶蛾,应根据害虫的发生情况,交替用药。根据市场行情及田间长势确定采收时间,陆续分次适时采收上市。采收过早,叶球不实,影响经济效益;采收过晚,叶球开裂或抽薹开花,影响商品性。采收标准为叶球大小定型,坚实度达八成。同时,去除黄叶、老叶、病虫叶,按叶球大小分级包装。

（二）甘蓝—辣椒轻简化栽培模式

复种是一种节约化程度较高的种植方式，主要作用是提高土地利用率，以便在有限的土地面积上，提高作物的单位面积年总产量。甘蓝与辣椒高效复种栽培技术，对甘蓝与辣椒的优质高产具有重要意义。

1. 甘蓝栽培技术

（1）整地　选择疏松肥沃、靠近水源的微酸性或中性土壤，入冬前每亩施腐熟圈粪5 000～7 500千克，深翻20厘米，用多菌灵进行杀菌消毒，做成1米或1.5米宽的小拱棚，在定植前25天扣棚。

（2）育苗　春季栽培生长期间温、湿度较低，甘蓝生产的突出问题是未熟抽薹，因此应选择早熟耐低温的春甘蓝品种，如中甘11、中甘21、春甘45等。要适期播种，一般在12月中下旬至1月上旬利用阳畦或日光温室育苗。选择饱满种子，用18℃温水浸种2小时，然后保持15～18℃催芽。在晴天上午，浇足底水，水渗后将发芽的种子均匀撒播在畦面上，覆土1厘米，每平方米播种量4克，每亩需播种床面积为5米^2。出苗前不要通风，白天畦温应保持20～25℃，夜间应为10～16℃。苗出齐后适当通风，白天畦温18～20℃，夜间10～12℃，在苗子5片真叶后畦温不能低于10℃，防止苗子通过春化阶段，发生先期抽薹。定植前8天可加大通风，进行幼苗低温锻炼。

（3）定植　在春季霜冻过后，地温稳定在5℃以上，畦温不低于9℃时方可定植，塑料薄膜拱棚覆盖栽培，可于2月底至3月上旬，选择晴天上午定植。移苗时要保护好土坨。先开沟，再顺沟栽苗，后浇明水，每亩定植5 000～6 000株。

（4）肥水管理　定植后要注意防寒保温，围绕改善温度条件来加强管理，下午4时至早晨9时，四周要盖草苫子，缓苗期间7～10天内，一般不放风，提高棚温，白天25～27℃，夜间11～15℃；缓苗后进行降温蹲苗，一般7～10天，白天15～20℃，夜间12～14℃。生长前期棚内气温超过20℃时开始放风，当棚内夜间最低气温稳定在10℃以上时，撤除小拱棚。水肥管理方面，定植后15天左右进行第1次追肥，每亩施硫酸铵15千克，并浇水。以后适当控水蹲苗，当球叶开始抱合时结束蹲苗，并进行第2次追肥，每亩施磷酸二铵30千克，或随水冲施腐熟人粪尿800千克。此后每隔7天浇1次水，在收获前几天应停止浇水，以便运输。

（5）采收　在4月，为争取早上市，在叶球八成紧时即可陆续上市供应。一般开始时3～4天采收1次，以后隔1～2天采收1次。

2. 辣椒栽培技术

（1）整地　在甘蓝收获末期，将甘蓝老叶整理到背垄或畦沿上，既有利于保墒，又为辣椒生长提供了有机肥。选择排灌良好、土质疏松肥沃的沙壤土，切忌与茄科作物连作。每亩一般施用农家肥4 000千克左右、过磷酸钙50千克、硫酸钾15千克。

（2）育苗　选择以羊角椒栽培为主，辣椒喜温暖、耐旱、耐湿，但不耐涝，对土壤适应性较广，以土层深厚、疏松肥沃、排水良好的壤土或沙壤土较宜。露地春茬育苗在1月下旬至2月中旬，需要覆盖拱棚扣草毡。出苗后进行1次间苗，1穴1株，苗距5~6厘米。

（3）定植　一般采用高畦栽培，在4月下旬或5月初，选择在晴天定植，每垄栽2行，行距50厘米，株距35~45厘米，早熟或中早熟品种可密度大些，定植后浇一遍水。

（4）肥水管理　定植后至坐果前，要促根、促秧、促发棵。应在5~7天缓苗后，结合浇水，追施1次提苗肥，施尿素10千克。土壤见干时，及时中耕增温保墒，促进植株根系发育，缓苗至开花这一段时间，管理要促控结合，适当蹲苗。坐果早期要严格控制浇水，防止落花落果。大部分辣椒坐住果后，结束蹲苗。结合浇水进行一次大追肥，每亩施尿素20~25千克，或腐熟人粪尿1 000千克，施肥后立即浇水。进入盛果期，气温也较高，不下雨时14天左右要浇水1次，以晴天傍晚浇水最好。可结合浇水，再追肥1次，每亩施尿素10~20千克。封垄前可进行中耕、培土。

（5）辣椒病虫害防治

疫病：当幼苗长20厘米以后，疫病病斑由叶片向主茎蔓延，使茎变细并呈褐色，至全株萎蔫或打倒。叶片染病多从植株下部叶尖或叶缘开始，发病初期为暗绿色水渍状不整形病斑、扩大后转为褐色。发病初期用72%霜脲·锰锌、可湿性粉剂（克露）500倍液或69%安克锰锌可湿性粉剂900倍液或64%杀毒矾可湿性粉剂400倍液或58%甲霜灵，每隔7~10天喷雾1次，防治2~3次。

病毒病：病毒病是辣椒生产上主要病害，成株期比苗期发病重。植株染病后全株受害，尤其以顶部细嫩叶片十分明显，叶片表现花叶或褐色斑纹状。早期染病、植株矮化、结实少或不结实。选用抗病品种、发病初期用5%菌毒清可湿性粉剂400~500倍液或20%病毒A可湿性粉剂400倍液或1.5%植病灵1000倍液或83%增抗剂100倍液防治3次，隔7~10天1次。

斑潜蝇：整个生长期均可能发生虫害，主要危害叶片，可用1.8%爱福丁乳油（阿维菌素）5 000倍液或52.25%农地乐乳油1 000倍液或48%乐斯本乳油1 000倍液或5%锐劲特悬浮剂800倍液防治。

蚜虫：辣椒整个生长期均可发生，以成株期受害较重，有蚜株率达20%时，用10%吡虫啉2 000倍液，或50%辟蚜雾可湿性粉剂2 000~3 000倍液，或50%马拉硫磷乳油1 000倍液，或2.5%溴氰菊酯乳油，或20%速灭杀丁乳油2 000~3 000倍液喷雾防治。

地老虎：地老虎昼伏夜出，苗期常咬断主茎，造成断苗。要及时清除田间杂草，减少过渡寄主，一般常用糖醋液引诱捕捉或清晨挖土捕捉，也可用菊酯类高效低毒专用农药杀虫。

（6）采收　青椒在花后15~20天即可采收上市。同一地块一般隔2~3天采收1次。采收红椒，花后50天左右即可采收。而作为干辣椒，则必须采收红熟的果实，采收要及时，否则影响植株的生长和结果。

(三) 甘蓝—鲜食玉米轻简化栽培模式

在山东地区，甘蓝是一种高产、优质蔬菜，特别适合在秋冬季种植。但是种植模式单一，经济效益偏低，且存在连作障碍风险。鲜食玉米适合在春夏季节种植，并且玉米秸秆还田有利于农田土壤生态系统维持稳定。甘蓝—鲜食玉米高效栽培模式优化了种植业产业结构，提高了种植户收益，推动了甘蓝和鲜食玉米产业的可持续发展。

1. 甘蓝栽培技术

（1）播种育苗　甘蓝品种选用适宜山东地区栽培的优质中早熟品种，如京丰1号等，7月上中旬育苗，8月上中旬定植，10月中下旬采收。为避免高温暴雨影响，育苗宜在大棚内进行，大棚需配套遮阳设施。育苗使用72孔穴盘和商品育苗基质，每个穴播1~2粒种子，播种后浅覆盖育苗基质。为保持育苗基质水分，保证出苗整齐，穴盘表面可覆盖遮阳网。结球甘蓝播种后2~3天出苗，当幼苗2~3片真叶时定苗，苗床不干不灌水，宜灌小水或喷水。苗龄25天左右，当长至5~6片真叶时可进行大田定植。

（2）整地定植　结合深耕施足基肥，每亩撒施三元复合肥（15-15-15）50千克，深耕耙平后作畦，田块四周开排水沟，畦面包沟140厘米，株距40厘米。定植时间选在阴天或晴天傍晚。大、小苗分田块或分畦浅栽定植，定植后浇定根水。

（3）田间管理　定植后5天进行查苗补苗。定植成活7~10天，每亩追施氮肥10千克；进入莲座期每亩追施三元复合肥（15-15-15）20千克；进入结球期每亩追施三元复合肥（15-15-15）20千克。整个生长过程追肥3次，结合追肥进行中耕除草。

（4）病虫害防治　常见病虫害有菌核病、霜霉病、小菜蛾、菜青虫、斜纹夜蛾、甜菜夜蛾等。根据病虫害发生的实际情况，采用农业防治、生物防治和化学防治相结合的综合防治措施，并合理用药，确保产品安全。

（5）采收　结球甘蓝定植后70天左右，叶球紧实时采收，一般于10月中下旬进行。

2. 甜玉米栽培技术

（1）播种育苗　玉米品种选用商品性好、品质优良、抗病性好的甜玉米品种，2月下旬育苗，3月上旬定植，6月上旬采收。播种时，将育苗基质浇足水后装入穴盘，盘面刮平后整齐摆放于苗床上，苗床整地要求土细、干净无杂物、平整、湿润。每穴播1粒种子，播种后浅覆盖育苗基质。为保证出苗整齐，穴盘表面可覆盖薄膜。2月下旬若气温较低，苗床上方可用长竹片搭建小拱棚并覆盖薄膜。

（2）整地定植　每亩撒施商品有机肥150千克、三元复合肥（15-15-15）40千克，深耕耙平后作畦，田块四周开排水沟。为便于田间操作，合理密植，定植时按大小苗分田块或分畦浅栽定植，便于施肥管理，达到全田植株长势整齐。

（3）田间管理　定植后，浇定根水，保证成活率。定植后3天，进行查苗补苗。8~10片叶时，每亩追施三元复合肥（15-15-15）25千克；大喇叭口期，每亩追施三元复合肥（15-15-15）15千克。结合追肥进行中耕松土除草。

（4）病虫害防治　常见病虫害有纹枯病、大小斑病、玉米蚜虫、玉米螟等。在种植过程中，根据病虫害发生的实际情况，采用农业防治、生物防治和化学防治相结合的综合防治措施，提倡有针对性、选择性地利用杀虫微生物制剂（白僵菌、绿僵菌、杀螟杆菌、苏云金杆菌）进行防治。化学防治时，选用高效低毒、低残留的农药，如可杀得、百菌清、甲基托布津等，并合理用药，确保产品安全。

（5）采收　鲜食甜玉米授粉后20～25天，果穗花丝呈黑褐色时，通过查看籽粒成熟度适时采收，过嫩或过老采收均影响品质和经济效益。为保证甜玉米的商品性，应带苞叶采收，不能碰撞挤压。

三、花椰菜

花椰菜（Brassica oleracea var. botrytis）是十字花科芸薹属植物野生甘蓝的变种。2年生草本，高60～90厘米，茎直立、粗壮、有分枝；基生叶及下部叶长圆形至椭圆形；茎中上部叶较小且无柄，长圆形至披针形，抱茎；茎顶端有1个由总花梗、花梗和未发育的花芽密集成的乳白色肉质头状体；总状花序顶生及腋生；花淡黄色，后变成白色；种子宽椭圆形，棕色。花期4月，果期5月。原产地中海沿岸，之后引种至印度、意大利、中国等地。花椰菜既不耐炎热干燥，也不耐长期霜冻，生育适宜温度为17～20℃；喜光稍耐阴，喜湿润环境；适宜在土质疏松、排灌良好的地块生长。山东地区凭借得天独厚的自然优势，气候条件优越，土壤肥沃等，适宜花椰菜种植。椰菜球正结实、个头均匀，品质鲜嫩，营养丰富，风味鲜美，营养价值高，是山东省重要的蔬菜作物。

（一）栽培要点

1. 茬口安排

前茬作物为非十字花科作物。早熟品种一般于6月中旬至7月上旬进行播种，10月底开始收获。中熟品种于7月中旬至8月上旬进行播种，10月中下旬开始收获。晚熟品种于7月下旬至8月下旬进行播种，11月下旬开始收获。

2. 品种选择

一般选择耐热（耐寒）、抗病虫性强、优质丰产，适合当地市场需求的品种，早熟品种如白玉80、雪王55天等，中晚熟品种如老庆农65、松不老75、夏松58等。

3. 播种育苗

一般采用基质穴盘育苗，72孔穴盘效果较好。使用前将穴盘在高锰酸钾1 000倍液中浸泡10分钟进行消毒，再用清水冲洗干净，晾晒备用。可用优质草炭、珍珠岩和蛭石按体积比7∶2∶1配制基质，加水使基质含水量为60%～65%，以手攥基质松手不散开为宜,也可直接从专业基质生产厂家购置商品育苗基质,装盘。包衣种子可直接播种,1穴1～2粒种子,播深1.0厘米,播后覆盖基质,然后喷小水,浇透水。

4. 精细整地

花椰菜根系较浅,植株叶丛较大,喜肥耐肥。施足基肥是保证高产优质的关键,施用的肥料应符合《绿色食品 肥料使用准则》(NY/T 394—2021)。前茬作物采收后进行机械整地,打碎耙平,施足基肥,实施测土配方施肥及有机肥替代化肥技术等化肥减量增效技术,可减少化肥施用量10%以上。整地时,每亩施入充分腐熟的农家肥1 000千克、商品有机肥100千克、复合肥(25-10-16)40千克作底肥,深耕30厘米以上,畦面包沟1.4～1.5米,一垄双行。

5. 适时定植

早熟品种5～6片叶、苗龄25～30天,中、晚熟品种6～7片叶、苗龄30～40天时抢墒定植。早熟品种每亩定植2 300～2 500株,中熟品种每亩定植1 800～2 000株,晚熟品种每亩定植1 600～1 800株。一般选择阴天或晴天的傍晚进行移栽,定植后浇足定根水以促进缓苗。

6. 病虫害防治

花椰菜的主要病害有猝倒病、立枯病、霜霉病、黑斑病和黑腐病;主要害虫有跳甲、蚜虫、菜青虫、小菜蛾和甜菜夜蛾。坚持"预防为主、综合防治"原则,优先选择"农业、物理和生物防治"绿色防控技术措施,辅助科学、安全应用化学防治,有效控制病虫危害,减少化学农药使用量10%以上。

(1)农业防治 选用抗病虫品种,适时播种,深翻整地,深沟高畦,合理密植,加强肥水等田间栽培管理,实行合理轮作,及时清除田间杂草等。

(2)物理防治 田间每亩安装1台频振式杀虫灯诱杀害虫,悬挂30～40张黄板,以防蚜虫等害虫。

(3)生物防治 使用生物药剂防治,如0.6%苦参碱2 000倍液或0.3%印楝素250倍液防治蚜虫、甜菜夜蛾和小菜蛾,80%乙蒜素乳油5 000倍液喷雾防治霜霉病,77%氢氧化铜可湿性粉剂500倍液、3%中生菌素可湿性粉剂600～800倍液或6%春雷霉素可湿性粉剂25～40克/亩喷雾防治黑腐病和黑斑病等。

(4)化学防治 多采用自走式喷杆喷雾机喷药,日作业面积18 000米^2,及时回收农药包装废弃物。对于大面积连片的种植地,可应用植保无人机飞防,其具有喷雾均匀、作业效率高、降低生产成本等优点。使用的农药应符合《绿色食品农药使用准则》(NY/T 393—2020),大力推广使用高效低毒、低残留和环境友好型农药,严禁使用剧毒、高毒高残留农药,最好交替使用农药,同时严格按照说明标准使用,执行安全间隔期,确保产品质量安全。

对于猝倒病和立枯病,可选用72.2%霜霉威水剂600倍液或40%三乙膦酸铝可湿性粉剂200倍液进行防治。对于霜霉病,可选用25%嘧菌酯悬浮剂1 000～1500倍液、

40%三乙膦酸铝可湿性粉剂235~470克/亩或50%烯酰吗啉可湿性粉剂30~50克/亩喷雾进行防治。黑腐病和黑斑病往往会同时发病，可同步进行防治，可用80%甲基硫菌灵可湿性粉剂50~60克/亩喷雾防治。对于跳甲，可用5%啶虫脒乳油30~40克/亩喷雾防治。对于蚜虫，可选用50%抗蚜威可湿性粉剂1 000倍液、25%噻虫嗪水分散粒剂5 000~8 000倍液、10%吡虫啉可湿性粉剂1 500倍液或40%啶虫脒水分散粒剂3~4克/亩进行喷雾防治。对于菜青虫，可选用25%除虫脲可湿性粉剂1 000~1 200倍液、20%甲氰菊酯乳油25~30克/亩或25克/升高效氯氟氰菊酯乳油30~60克/亩进行防治，每隔7~10天施药1次，最多施药3次。对于甜菜夜蛾和小菜蛾，可选用5%灭幼脲悬浮剂1 000倍液或3%甲氨基阿维菌素水分散粒剂5~8克/亩进行喷雾防治。

7. 及时采收

早熟品种见花后20天、中晚熟品种见花后20~30天即可适时分批采收，采收过早影响产量和品质，过迟则商品性下降。适时采收的标准是花球充分长大、花球紧实、质地洁白鲜嫩、表面细密平滑、凹凸较小，边缘花枝尚未散开，采收时用刀割下花球，留下靠近花球的3~4片嫩叶，以便在运输和销售过程中保护花球。收获后秸秆采用机械打碎与土壤混合旋耕还田，自然腐熟后充当有机肥。

（二）春大棚西瓜—早秋花椰菜高效栽培模式

1. 春大棚西瓜栽培技术

（1）品种选择　选用耐低温弱光、抗病性强的早熟西瓜品种，如西研8号、早春红玉、京欣1号等。

（2）播种育苗　播前进行晒种、温汤浸种，杀死附着在种子表面的病菌。用70℃热水烫种1分钟，待水温降至25℃时继续浸种6小时，或用10%磷酸三钠溶液浸种20分钟，也可用70%甲基托布津可湿性粉剂500倍液浸种30分钟，随后用清水冲洗干净再浸种6小时，最后将种子捞出洗净后用湿布包好，置于25~30℃条件下催芽。催芽期间每天用清水冲洗种子1~2次，经过4天左右种子露白尖时再将其放在5~8℃条件下低温处理24小时。采用穴盘基质育苗，每穴播1~2粒种子。

（3）适时定植　移栽前7~10天施足基肥，每亩用50%多菌灵可湿性粉剂2千克掺沙土全面撒施进行土壤消毒处理。垄宽1.8米、垄高35~40厘米，沟宽0.4~0.5米，垄面覆盖宽70厘米地膜。4月中旬，苗龄35~40天时移栽，每亩栽种1 200株左右。

（4）田间管理　西瓜幼苗期一般不需灌水追肥，伸蔓期适量灌水，地力均匀的地块适量追肥。果实膨大期加强水肥供应，每亩施尿素15千克、硫酸钾20千克作膨瓜肥，以后每隔10天左右灌水1次，收获前7天左右停止灌水。果实膨大期后每隔7天左右可叶面喷施0.3%磷酸二氢钾等叶面肥2~3次。西瓜伸蔓后及时倒蔓，并在背侧培土拍实。除主蔓外，每株选留1条健壮侧蔓。每隔4~6节压蔓1次，促进不定根生长,提高植株吸收养分能力。5月中下旬气温升高后,去除拱棚。花期进行人工辅助授粉。

(5)病虫害防治 西瓜病虫害主要有炭疽病、蔓枯病和蚜虫等。

炭疽病:严格进行种子消毒,也可选用百菌清、多菌灵、炭疽福美等药剂防治。

蔓枯病:发病初期,在植株根茎部及周围土壤浇灌50%代森铵500～1 000倍液或40%瓜枯灵1 000倍液防治,7～10天灌1次,连灌3次。

蚜虫:可选用溴氰菊酯等药剂防治。

2. 早秋花椰菜栽培技术

(1)品种选择 选择适应性强、较耐热、株型紧凑、花球紧实的中温型中早熟花椰菜品种,如雪王55天、圣绿、春秋4号等。

(2)播种育苗 7月上中旬采用保护设施遮阳育苗。苗床、大田比为1:(8～10)。移栽前每亩施腐熟有机肥2 000千克、三元复合肥(15-15-15)50千克、过磷酸钙或钙镁磷肥25千克、尿素10千克、硼酸1千克作基肥,筑深沟高畦,畦宽(连沟)1.5米。8月中旬,苗龄35～40天、具有3～4片真叶时即可定植,定植行距50厘米、株距40厘米,每亩栽3 000株左右。缓苗后稍控肥水,提高抗逆性。

(3)肥水管理 花椰菜喜湿润,但耐旱耐涝能力较差,整个生育期需有充足的水分供应,尤其在叶片旺盛生长期和花球形成期需确保水分供应充足。若缺水,植株会提前结小花球,降低产量和品质;水分过多,则花球松散、花枝霉烂。定植后15～20天可兑水浇施速效复合肥。

(4)病虫害防治 花椰菜病害主要有黑腐病、软腐病等,防治方法见第三节花椰菜栽培要点。

(5)采收 花椰菜成熟期较短,成熟后应及时采收,一般于国庆节后采收。采收过晚,花球松散,商品性降低。采收时应适当留外叶以保护花球。

(三)早春大棚辣椒—花椰菜高效种植模式

1. 早春大棚辣椒栽培技术

(1)茬口安排 早春大棚辣椒于9月下旬至10月下旬播种育苗,11月上旬至12月上旬定植,每亩种植4 100株左右,3月上旬开始上市,7月中旬收获结束。花椰菜一般7月上旬播种育苗,8月中旬大田定植,每亩种植3 000株左右,根据不同品种,10月下旬至11月中旬采收上市。

(2)播前准备 选择上年未种植过茄果类蔬菜的田块,早春辣椒品种选择耐低温弱光、坐果率高、连续坐果性强、耐储存、商品性好的抗病品种。播种前去除秕籽和破籽,晒种1～2天,采用基质穴盘电热线加温育苗。11月上旬至12月上旬,苗龄35～40天,6～8片叶,大棚内地温达到15℃以上时移栽,行株距45厘米×35厘米。

(3)播种育苗 选用72孔或108孔穴盘,使用容重小、孔隙度大、持水量高、有利于种子发芽的草炭系复合基质，将拌水后手握成团、松开即散的基质装入盘中，装盘时不要用力压紧，用刮板从穴盘的一边刮向另一边，使穴盘的每个穴孔装满基质，且各个格室清晰可见，用专门的压穴器压穴，或将4～5盘装好基质的穴盘垂直叠放在一起，上面放1只空盘，两手平放在上面的穴盘上，均匀用力下压至需要的深度。将辣椒种子播于压好穴的盘中，每穴1～2粒。播种后，将基质倒在穴盘上，用刮板从穴盘的一边刮向另一边，使基质表面与格室相平，覆盖基质厚度1厘米左右。

辣椒出苗前不揭膜，保持白天床温25～30℃，夜间15～20℃，小棚上加盖保温布。出苗50%时，抽去平铺地膜，注意调节苗床温度，防止出现"高脚苗"，保持白天床温20～25℃，夜间14～18℃。子叶展开后，及时移苗补缺，同时拔除多余幼苗，确保1穴1株苗，并对苗床喷洒清水，水量以幼苗根系周围基质湿润但不渗出为宜，定植前5～7天适当降温炼苗，上午8—9时揭去保温布，增加光照，傍晚覆盖保温布，逐步减少覆盖物时间，直到夜间不盖保温布。

（4）精细整地　辣椒定植前15天，每亩大田施用充分腐熟鸡粪2 500千克和三元复合肥（15-15-15）50千克，均匀撒施，深翻入土，一次性施足基肥。棚内作畦，畦面宽250厘米，畦间沟宽35厘米、深15厘米，依据土壤墒情和辣椒苗情，用滴灌补水补肥，一般辣椒采收1～2次后，每亩分次滴灌高浓度水溶肥1.5～2.5千克，满足辣椒生长需要。

（5）病虫害防治　在辣椒生长期如遇连续阴雨天气，每亩用10%腐霉利烟剂260克或40%百菌清烟剂160克熏蒸，防治灰霉病和霜霉病。发现蚜虫和烟粉虱，使用黄板诱杀，高于辣椒植株顶部，每亩悬挂35块左右于辣椒行间，粘满蚜虫和烟粉虱后重换黄板。正常天气情况下，每亩用80%代森锰锌可湿性粉剂160克或22.5%啶氧菌酯悬浮剂30毫升喷雾防治炭疽病。用0.5%香菇多糖水剂350毫升或5%氨基寡糖素水剂40毫升喷雾防治病毒病。用1%甲氨基阿维菌素苯甲酸盐微乳剂15毫升或4.5%高效氯氰菊酯乳油40毫升喷雾防治烟青虫。合理交替用药，严格执行农药安全间隔期。

2. 秋季花椰菜栽培技术

（1）品种选择　秋季花椰菜优先选择夏松58、白玉80、庆农65等高产、优质、抗病的品种。

（2）播种育苗　秋季花椰菜一般在7月上旬播种育苗，苗床选择排水畅通的田块，搭建宽6米、高2.2米的单层钢架大棚，棚上覆盖棚膜和遮阳网，避雨降温。采用108孔穴盘进行基质育苗，白天温度控制在32℃以内，齐苗后每天轻匀浇水2次，浇水时间在上午8时左右或下午4时以后。

（3）科学施肥　由于前茬辣椒肥料用量大，花椰菜用肥实施少基肥、多追肥的原则，花椰菜移栽前，每亩施用三元复合肥（15-15-15）30千克，均匀撒施深翻作基肥，花椰菜封行前，每亩条施46%尿素10千克作追肥，依据花椰菜生长情况，花球直径3～4厘米时，每亩再次条施46%尿素10千克作追肥。

（4）适时定植　8月中旬移栽，移栽时挑选苗龄35天左右、株高10～12厘米、

6～7片叶、叶片肥厚、根系发达的健壮植株。株行距一般45厘米×45厘米，每亩栽3 000株左右，移栽后立即浇施缓苗水。

（5）田间管理　大田施入基肥后，及时深翻作畦，横、纵沟宽30厘米，沟深25厘米。移栽前每亩畦面喷施960克/升精异丙甲草胺50毫升除草，移栽后15天左右松土，增加土壤透气性，消灭杂草。花椰菜喜湿、忌旱、忌涝，在生长过程中需要充足的水分，但水分不可过多，水分过多易形成松散花球，根据土壤墒情采取横、纵沟灌水和排水措施。结合追肥松土1～2次，花椰菜封行前和花球直径3～4厘米时，每亩条施46%尿素10千克作追肥，追肥前松土、除草，追肥后及时培土。

（6）病虫害防治　花椰菜生长期间有病虫害发生时，防治方法见第三节花椰菜栽培要点。合理交替使用农药，注意农药安全间隔。

（7）及时采收　花椰菜花球经强光照射会发黄，影响花球的外观和鲜嫩度，在收获前8～10天，一般采用覆盖叶片的方法，使花球避免阳光直射，保证花球颜色洁白，提高商品性。花椰菜根据不同品种，在10月下旬至11月中旬成熟，花椰菜的适宜采收期较短，要及时采收。花椰菜花球的形成时间在植株个体间不一致，采收时选择花球充分长大紧实、表面平整、边缘花蕾未散开的花球，花球下留2～3片叶用刀平割，花球球面向上轻拿轻放。可分批次，4～5次完成采收。

第五章　葱蒜类蔬菜栽培技术

葱蒜类蔬菜是一类具有特殊气味的蔬菜，富含糖分、维生素C以及硫、磷、铁等矿物质，并在叶片、叶鞘、鳞茎及花茎组织中都含有特殊香辛物质——硫化丙烯，具有促进食欲、调味、去腥和保健等作用。葱蒜类蔬菜包括韭菜、葱、蒜、洋葱等多种植物，它们不仅在烹饪中扮演重要角色，还因其丰富的营养和药用价值受到广泛关注。葱蒜类蔬菜有相似的形态特征和生理特性。它们都具有短缩的盘状茎、喜湿的根系和耐旱的叶形以及具有贮藏功能的鳞茎，喜欢较低的空气湿度和较高的土壤湿度，不耐干旱和贫瘠。德州市是葱蒜类蔬菜的种植大市，平原韭菜、齐河大蒜、夏津白马湖大葱等已经创造了巨大的品牌价值。

一、韭菜

（一）露地韭菜栽培技术

1. 品种选择

选用抗病、耐寒、分蘖力强和品质好的品种，生产上常用的有雪韭791、汉中冬韭、寿光独根红、平丰2号、平韭3号、平丰6号、韭宝、航研998等优良品种。

2. 播种

（1）适期播种　一般为春季播种，播种时间为3月中下旬至5月上旬。也可在初夏、秋季播种。

（2）播种方法　韭菜可用干种子直播或浸种催芽后播种，春季气温较低，蒸发量小，多用干种子播种。初夏播种气温升高，蒸发量大，为使种子趁墒萌芽出土，以浸种催芽播种为宜。

（3）种子处理　浸种催芽播种的，可用40℃温水浸种12小时，去除杂质，将种子冲洗干净，包到干净湿毛巾里，于16~20℃条件下催芽。每天用清水冲洗1~2次，60%~70%种子露白即可播种。

（4）直播　整地施肥。选择土壤疏松肥沃、灌溉方便、排涝好的地块种植韭菜。整地前每亩施充分腐熟有机肥4 000~5 000千克、三元复合肥（16-8-18）30千克，深翻细耙，起埂做成1.2~1.5米宽的平畦，畦内每平方米撒施50%多菌灵可湿性粉剂

0.02 千克，整平畦面。直播的，一般每亩播韭菜种 1.5～2.0 千克。

直播分为干播法和湿播法。干播法，按沟距 18～20 厘米、深 2～3 厘米开沟，将种子撒在沟内，用铁耙轻轻搂平压实，然后浇水。湿播法，播前将种植沟内浇透水，水渗后，将种子掺 2～3 倍沙子或过筛炉灰渣，均匀撒播在沟内，覆盖过筛细土厚 1.0～1.5 厘米，用铁耙搂平。每亩选用 33% 除草通乳油 150 毫升或 48% 地乐胺 200 毫升，加水 50 千克均匀喷雾处理土壤。然后覆盖地膜或草苫，保湿提温，待 70% 幼苗顶土时除去苗床覆盖物。

（5）育苗移栽　选择土层深厚、土地肥沃、3～4 年内未种过葱蒜类蔬菜的土壤作为育苗床，苗床宽 1.2 米，长度根据地块而定。一般采用湿播法，即播前将育苗畦内浇透水。播种方法同湿播法。

3. 苗期管理

韭菜苗期为从长出第 1 片真叶到长出 5 片真叶，苗龄一般为 50～60 天。

（1）水肥管理　出苗前 2～3 天浇 1 水，保持土表湿润，以利出苗。齐苗后至苗高 15 厘米，根据墒情 7～10 天浇水 1 次。结合浇水苗期追肥 2～3 次，每亩施尿素 6～8 千克。雨季排水防涝，防止烂根死秧。立秋后、处暑前 5～7 天浇 1 次水，结合浇水追施氮肥 2～3 次，每次每亩追尿素 6～8 千克。

（2）除草　出苗后应人工拔草 2～3 次。用 50% 扑草净可湿性粉剂 80～100 克，兑水 30～45 千克，叶面喷雾，防治阔叶杂草。

（3）查苗补苗　直播韭菜如果播种后出苗不好，还需进行补苗。补苗根据实际情况而定，一般在韭菜长到 5 片叶、高度 20 厘米时即可进行移栽。补苗宜早不宜迟，补苗过晚会影响韭菜产量。补苗后应对补苗区域及时浇 1 次水，以促进缓苗。

（4）松土　每次雨后或浇水后，及时中耕松土，注意不要过深以防盖苗。

（5）防倒伏　夏季为加强韭菜植株培养，积蓄养分，一般不进行收割。为防止倒伏后植株腐烂引起死苗，根据实际条件选择铁丝、竹竿材料，将韭菜叶片架离地面，保持韭菜畦内良好的通风透光条件，控制追肥、减少浇水、及时除草，雨后排水防涝，防止烂秧。

（6）养根除薹　韭菜在夏季抽薹开花，以生产青韭为主的韭菜如果在夏季开花结实，会消耗植株大量的养分，从而影响冬季产量。因此，要在韭薹细嫩时及时摘除，以利于植株养分积蓄，保证冬季韭菜旺盛生长。

4. 适时移栽

露地育苗移栽的韭菜，一般在苗高 18～20 厘米移栽，韭苗叶色浓绿，无病虫斑，根系发达。春分至清明播种的，夏至后定植；谷雨至立夏播种的，大暑前后定植；秋播的，翌年清明后定植。大暑前后定植的尽量避开高温雨季。

（1）整地　选择土壤疏松肥沃，灌溉方便，排涝好的地块种植。整地前每亩施充分腐熟有机肥 4 000～4 500 千克、过磷酸钙 100 千克、磷酸二铵 20～30 千克，翻耕整地，做成 1.2~1.5 米宽的平畦。

（2）移栽　定植密度根据栽培方式和品种的分蘖能力来确定，沟栽，行距 30~40 厘米，穴距 15~20 厘米，每穴 20~30 株；畦栽，行距 15~20 厘米，穴距 10~15 厘米，每穴 6~8 株。定植深度以不埋没叶鞘为度，深约 3 厘米，过深生长不旺，过浅"跳根"过快。定植后四周用土压实，浇透缓苗水。

5. 秋后管理

秋天天气转凉后，韭菜进入营养生长盛期。从白露开始，根据土壤墒情每 7~10 天浇一水，结合浇水追肥 1 次，每亩追施三元复合肥（16-8-18）30 千克。寒露后开始减少浇水次数，防止植株贪青，以促进养分向根部回流。旬平均气温降到 4℃时，浇防冻水，浇防冻水前结合中耕清除田间枯叶，每亩撒施充分腐熟有机肥 1 000 千克或饼肥 100~200 千克。

6. 收割

当年种植的韭菜一般不收割，第 2 年以后正常收割。露地直播栽培韭菜主要在春秋两季收割，夏季韭菜品质差，一般不收割。当株高 30~35 厘米，平均单株叶片 5~6 片，即可收割。一般晴天清晨收割，收割时刀口距地面 3~4 厘米，以割口呈黄色为宜，割口应整齐一致。一般抗寒性强的品种如 791，萌发早，产量形成早，春季可收割 2~3 刀，秋季再收割 2~3 刀；抗寒性较弱的品种如平韭二号，萌发较晚，春季可收割 2 刀，秋季收割 2~3 刀。

7. 收割后的管理

每次收割后，待 2~3 天后韭菜伤口愈合、新叶快出时，进行浇水、追肥。每亩施充分腐熟有机肥 400 千克，尿素 10 千克，三元复合肥（16-8-18）10 千克。浇水施肥后 4~5 天浅锄一遍。从第二年开始，每年要培土 1 次，以解决韭菜跳根问题。

8. 病虫害防治

（1）农业防治　实行轮作换茬。防止大水漫灌，雨季及时排涝，减轻疫病发生。每次收割 2~3 天后，每亩顺水冲施沼液 2 000 千克。韭菜根部撒草木灰 300 千克，对预防韭蛆有一定效果。

（2）物理防治

①灯光诱杀。依据迟眼蕈蚊成虫具有趋光的习性，可在韭菜地中直接安装日光或专用诱杀灯来诱杀成虫。将水盆置于灯下，诱使成虫逐光扑灯后落水死亡。

②粘虫板诱杀。可用 20 厘米×30 厘米规格的黑色粘虫板诱杀韭蛆成虫。应将粘虫板设置在韭菜田近地面处，于春季成虫发生初期在田间均匀插挂，宜 30~35 块粘虫板/亩，每 7 天更换 1 次。

③覆盖防虫网。在韭菜未受韭蛆危害前，覆盖 50 目以上的防虫网可有效预防韭蛆的发生，减少农药用量的同时不会影响韭菜的产量。另外，臭氧对韭蛆具有一定的防治效果。

（3）生物防治　选用已在韭菜上登记的0.3%苦皮藤素水乳剂、0.5%苦参碱水剂150～300倍液或0.3%印楝素乳油113～226倍液兑水300千克/亩灌根处理，灌根时扒开韭菜根附近的表土，将喷雾器喷头内的喷片去掉，顺垄浇灌在湿润的韭菜田。也可在韭蛆低龄幼虫期施用含量为150亿孢子/克的球孢白僵菌颗粒剂300克/亩防治韭蛆，采用拌沙20～30千克/亩均匀撒施的方法，撒施后浇水。

（4）化学防治

①灰霉病。发病初期，可用50%嘧菌酯水分散粒剂1 500～2 000倍液，或50%腐霉利可湿性粉剂1 000倍液，或50%异菌脲可湿性粉剂1 000～1 500倍液，喷雾防治。

②疫病。收割后，喷洒45%微粒硫磺胶悬剂400倍液。发病初期及时喷药，可用40%三乙磷酸铝可湿性粉剂150～200倍液，或18.7%烯酰·吡唑酯水分散粒剂600～800倍液，或72%霜脲·锰锌可湿性粉剂600～800倍液，喷雾防治，栽植时选用上述药液蘸根均有效果。

③韭蛆。在韭蛆发生初期，使用已在韭菜上登记的低毒药剂兑水300千克/亩灌根防治韭蛆幼虫，可选用药剂为50%灭蝇胺可湿性粉剂1 000～1 500倍液、5%虱螨脲悬浮剂600～1 000倍液、10%氟铃脲悬浮剂1000～1 500倍液、25%噻虫嗪水分散粒剂1 250～1 667倍液、10%噻虫胺悬浮剂1 200～1 333倍液。防治韭蛆成虫选用4.5%高效氯氰菊酯乳油，上午9时至11时，全株茎叶喷雾，同时注意喷洒地面。

④斑潜蝇。成虫盛发期，及时喷药防治成虫，防止成虫产卵。在产卵盛期至幼虫孵化初期，可用50%灭蝇胺可湿性粉剂2 500～3 500倍液，或10%吡虫啉可湿性粉剂1 000倍液喷雾防治，防治幼虫要连续喷2～3次。

（二）小拱棚韭菜栽培技术

1. 选地

选择地势平坦，排灌方便，地下水位较低、土层深厚、肥沃疏松的地块。

2. 设施要求

根据实际地块大小设置拱棚规格。冬季夜晚覆盖保温被以提高棚温。

3. 品种选择

选择抗寒性强、耐高温、高湿、分蘖力强、叶片宽厚直立、休眠期短、萌发早的优质丰产品种。如汉中冬韭、平韭二号、平韭四号、雪韭791和富韭8号等。

4. 播种育苗

采用一次播种、露地养根、冬季生产、连年管理、多年受益的生产方式。小拱棚栽培一般采用育苗移栽法。

（1）整地施肥　选择土层深厚，土地肥沃，3～4年内未种过葱蒜类蔬菜的土壤作为育苗地。整地前每亩撒施充分腐熟有机肥4 000～5 000千克，三元复合肥（16-8-

18）30千克，深翻细耙，做宽1.2~1.5米的育苗床，长度依地块而定。

（2）播种　一般采用湿播法，即播前将育苗畦内浇透水。水渗后，将种子掺2~3倍沙子，均匀撒播在畦内，覆盖过筛细土1~1.5厘米厚，用铁耙搂平。每亩选用33%除草通乳油150毫升或48%地乐胺200毫升，加水50千克喷土壤。然后覆盖地膜或草苫，保湿提温，待70%幼苗顶土时除去苗床覆盖物。

5. 整地定植

（1）整地　定植前结合深耕20~40厘米，每亩施充分腐熟的优质有机肥5 000~6 000千克，三元复合肥（16-8-18）30千克。深翻、耙细，将土、肥调匀，整平，起埂做成3米或2米宽的平畦。畦向一般东西走向，以利于扣棚后韭菜受光均匀，棚内增温效果好。为预防韭蛆，可每亩用40%辛硫磷乳油2 000毫升，拌沙土30千克，均匀撒在畦内。

（2）定植　苗床育苗的，按行距18~20厘米、穴距8~10厘米、每穴8~10株定植。72孔穴盘育苗的，按行距18~20厘米、穴距8~10厘米定植。105孔穴盘育苗的，按行距18~20厘米、穴距4~5厘米定植。栽培深度以不埋住分蘖节为宜。定植后四周用土压实，浇透缓苗水，隔4~5天浇一水，以促进缓苗。

6. 定植后管理

早春播种韭菜扣棚前不收割，以养根为主。雨季排水防涝，防止烂根死秧。韭菜定植一周后，新叶长出后浇1次缓苗水，促进发根长叶，并及时划锄中耕2~3次，然后进行"蹲苗"。从白露开始，根据土壤墒情每7~10天浇1次水，结合浇水追肥1次，每亩追施三元复合肥（16-8-18）30千克。寒露后开始减少浇水次数，防止植株贪青，以促进养分向根部回流。旬平均气温降到4℃时浇防冻水，浇防冻水前，当年移栽的韭菜每亩撒施腐熟有机肥1 000千克或饼肥100~200千克，往年移栽的韭菜每亩撒施充分腐熟有机肥3 000千克或饼肥200~300千克。

7. 适时扣棚

一般当旬平均温度降至0~1℃时，选择透光性好、保温性好的紫色韭菜专用膜进行扣棚。11月上中旬上冻前用长度4米的竹片做拱架，拱架间距0.5~0.7米，拱架前后各用一道拉杆固定，在拱架间用0.7米左右的木杆从畦的内侧交错支撑两道拉杆，以增强棚架的牢固性。

8. 扣棚后管理

（1）温湿度和光照管理　扣棚后，25天左右就可以出苗。扣棚初期和每次收割之后，保持白天20~24℃，夜里12~14℃。苗高10厘米以上时，保持白天15~20℃，空气相对湿度60%~70%，夜间8~12℃。第一茬韭菜的生长期正值低温阶段，应该加强防寒保温。冬至到大寒期间气温低，管理以保温为主，夜间棚外用草苫或保温被覆盖。为保证光照，阴雪天要及时清除积雪，注意适时揭盖草苫，阴雪天在中午前后草苫揭开一小段时间。

（2）通风管理　大雪至冬至期间不放风或少放风，只揭草苫透光增温。立春以后，草苫或保温被早揭晚盖，加大放风量。3月中旬外界气温回升后，当棚内最低温度稳定在0℃以上时，开始大放风，不再覆盖草苫。当旬平均气温在12℃以上时，继续加大放风量或揭掉薄膜通风。

（3）肥水管理　扣棚后至割头刀韭菜前，不浇水，以免降低地温。待二刀韭菜长到6厘米高时，结合浇水，每亩追施三元复合肥（16-8-18）20~30千克，在收割前4~5天再浇水。以后每割一茬，都要在新叶长出后，结合浇水进行追肥，每亩追施三元复合肥（16-8-18）20~30千克。

9. 收割

小拱棚韭菜一般收割时间为元旦至3月底，当年定植的收割3刀，二年生韭菜收割4刀。韭菜株高在25厘米，扣棚40天左右时可以割第1刀，一般在晴天清晨收割。收割时要留茬1~2厘米，留茬高度要一致。

10. 病虫害防治

（1）农业防治　实行轮作换茬。防止大水漫灌，雨季及时排涝，减轻疫病发生。每次收割2~3天后，在韭菜根部撒草木灰300千克/亩，对预防韭蛆有一定效果。

（2）物理防治

①灯光诱杀。依据迟眼蕈蚊成虫具有趋光的习性，可在韭菜地中直接安装日光或专用诱杀灯来诱杀成虫。将水盆置于灯下，诱使成虫逐光扑灯后落水死亡。

②粘虫板诱杀。可用20厘米×30厘米规格的黑色粘虫板诱杀韭蛆成虫。应将粘虫板设置在韭菜田近地面处，于春季成虫发生初期在田间均匀插挂，每亩宜放置30~35块粘虫板，每7天更换1次。

③覆盖防虫网。在韭菜未受韭蛆危害前，覆盖50目以上的防虫网可有效预防韭蛆的发生。另外，臭氧对韭蛆也有较好的防治效果。

（3）生物防治

①苏云金芽孢杆菌。苏云金芽孢杆菌对防治韭蛆有一定的效果，每亩可用8 000IU/毫升苏云金杆菌可湿性粉剂5~6千克，或5亿/毫升微保久悬浮液10升灌根。

②球孢白僵菌。每亩用150亿个/克球孢白僵菌颗粒300克撒施根部，防治效果较好。白僵菌的速效性差，韭蛆在感染白僵菌死亡的速度缓慢，经4~6天后才死亡，因此需要提前防治。白僵菌与低剂量杀虫剂混用有明显的增效作用，不能与杀菌剂混用。

③昆虫病原线虫制剂。将昆虫病原线虫制剂用水稀释灌根，每亩使用量1亿条，间隔7天，连续灌根3次。注意在阴天或晴天早上9点以前或下午5点以后施用。

（4）化学防治　同露地韭菜栽培技术化学防治。小拱棚内可结合使用弥粉机和微粉机进行药物喷雾，防治灰霉病效果显著。

（三）中拱棚韭菜生产技术

1. 品种选择

种植中拱棚韭菜应选用品质好、叶宽、直立性强、耐低温弱光、抗病、丰产、不倒伏、休眠期短、耐寒力强的优良品种，如791雪韭、寿光独根红、韭宝、航研998、格林缘6号等。这些品种休眠时间短、生长旺盛、耐寒力强，低温下生长速度较快。扣棚后第1~2茬产量比较高，适合保护地栽培。生产用种应选用新种子，其颜色漆黑，光泽明亮，种脐部有一乳白色小点。

2. 播种

（1）播前准备　播前施足基肥，一般每亩施优质有机肥4 000~5 000千克、三元复合肥（15-15-15）25千克，深翻入土。其次，要作畦，畦向东西延长，以利于增温保温，畦面要整平，畦宽一般为3米，长度以地块而定。

（2）播种　以当地10厘米地温稳定达到10~15℃时为宜，一般在4月上中旬进行。韭菜栽培，养根是关键。播种可采用干籽条播法，每亩播种量4~5千克。播前浇小水，水渗透后，每畦内种8垄，垄宽20厘米，垄间距20厘米，播后覆细潮土2厘米左右。为了防止韭菜出苗后滋生杂草，播种后出苗前可用50%扑草净可湿性粉剂100克兑水50千克，或30%除草通乳油100~150毫升兑水50千克，或48%地乐胺200毫升兑水50千克，在地面上均匀喷雾，不要重喷或漏喷，药量和水量要准确，以免产生药害或无药效。

（3）苗期管理类　出苗期间2~3天浇1次小水。齐苗到苗高16厘米时，7天左右浇1次小水，每亩追尿素5千克。

3. 定植

（1）整地施肥，适时定植　每亩施优质土杂肥4 000~5 000千克，深耕25~30厘米，耙细，整成宽1.6~2.0米、长20~25米的平畦。当株高长到20厘米或发现幼苗拥挤时，要抓紧定植，一般在出苗后50~60天即达定植标准。定植不能晚于7月上旬，否则躲不过7—8月的高温多雨，不利于幼苗成活。

（2）合理密植　适宜的行距为20~25厘米，墩距15厘米左右，每墩韭苗25株左右。也可适当缩短墩距，每墩苗数相应减少，保持每1米实栽800株左右为宜。韭菜苗要随刨随栽，不要长时间堆放。刨出幼苗后，将须根先端剪去，仅留2~3厘米，再将叶片先端剪去一段，减少叶面蒸发。按计划墩行距挖穴或开沟，每穴栽的韭苗，鳞茎要齐，株间要紧凑。鳞茎顶部埋入土中3~4厘米，韭墩四周用土压实。

（3）栽后管理　为保证幼苗成活，栽后立即浇水。到新叶出现、新根发生时，每亩冲施尿素25~30千克。夏季要做好控水蹲苗，及时除草防涝。如果苗弱，要补一些肥。8月中旬，每亩追饼肥200千克或腐熟的厩肥1 000~1 500千克，肥土应混匀，随即浇水，以后5~6天浇水1次。9月中旬，每亩追尿素25~30千克或三元复合肥

（15-15-15）50～60千克，保持土壤见干见湿。10月中旬后停止追肥浇水，以防贪青徒长，如长势过旺，可喷适量矮壮素。

4. 扣棚生产

（1）扣棚前管理

①清洁韭畦。10月底至11月上旬，韭菜的营养物质已进入鳞茎内，开始枯叶。此时应把韭畦中的秸秆、死叶、杂草等清理干净，以减少韭畦内潜伏的有害病原，降低发病程度。

②扒韭墩。清理韭畦后，将韭墩鳞茎以上的表土挖出畦外，使之露出鳞茎，进行日晒、夜冻，这样可提早打破休眠，使出韭整齐，同时还可消灭潜入韭墩越冬的害虫，扒韭墩时注意不要伤根。

③灌韭根，以防韭蛆危害。

④及时追肥。灌根3～4天后，可在行间开沟施肥，一般每亩施腐熟的优质有机肥2 000～3 000千克或饼肥250～300千克，施后覆土与韭墩相平，然后浇水，待覆土下沉后，再盖1次细土埋严韭墩。

（2）搭建棚架，扣棚　11月上中旬上冻前，用长度8米的镀锌钢架做拱架，拱架间距1米，拱架前后各用一道拉杆固定。扣膜前，备好长4米、宽1.2～1.5米、厚5厘米的稻草苫。在立冬至小雪，韭菜叶全部干枯后，割去地上部枯叶，并用耙子清除干净，用高压喷雾器顺垄喷50%腐霉利可湿性粉剂800～1 000倍液，以防灰霉病。然后拱棚扣膜，扣膜时间在春节前70天左右最好，以使头茬韭菜正好在春节前上市。

（3）扣棚后管理

①温湿度管理。韭菜扣棚后，一般25天左右即可出苗。扣棚初期和每次收割之后，为加速韭菜萌发出土和新叶迅速生长，一般保持白天18～24℃、夜间8～12℃，出苗后至苗高10厘米，保持白天15～20℃、空气相对湿度60%～70%，冬季小拱棚内夜温保持在5℃以上。第1茬韭菜生长期正值低温阶段，应加强防寒保温。为增加光照，阴雪天及时清除积雪，注意适时揭开草苫，阴雪天在中午前后揭开草苫。扣棚初期不放风，只揭草苫透光增温，收割第2、第3茬的头几天中午，当棚温高达30℃时，由棚的顺风一端揭开通风口，适当放风；3月中旬外界气温回升后，开始大放风，并逐步撤去草苫；4月上旬加大放风量或揭掉薄膜通风。

②水肥管理。扣棚后至割头茬韭菜前不浇水，以免降低地温。待二刀韭菜长到6厘米高时，结合浇水每亩追施三元复合肥（15-15-15）20～30千克，以后在收割前4～5天再浇水。以后每割一茬都要扒垄，晾晒鳞茎，待新叶长出后，结合浇水追肥并培土。

5. 收割

扣棚后50～55天可收割第1茬，株高20厘米左右。晴天清晨收割，要留茬2厘米左右，以防止削弱长势。留茬高度要一致，以利于下茬整齐生长。随着气温升高，生长速度加快，收割时间随之缩短，第 2 茬需要 25 天左右，第 3 茬需要 20 天左右。一般当年韭菜收割 2 茬，二年生韭菜收割 3 茬。

6. 收割后管理

应注意培土养根，一般 3 茬后，当韭菜长到 10 厘米时，逐步加大放风量，撤掉棚膜。每亩施腐熟圈肥 4 000 千克，并顺韭菜沟培土 2~3 厘米高，防止韭根上移老化。

7. 病虫害防治

（1）病害防治　韭菜典型的病害有灰霉病和疫病。

①灰霉病防治。注意清洁田园，扣棚前或每次收割韭菜时，及时把烂叶、病叶收集到一起，带出田外深埋或烧掉。

严格控制温湿度，合理灌水，防止湿度过大。注意棚室通风排湿，减少叶面结露。温度低更易发病，如果出现连续几天低温，就会发生灰霉病，故天气变化时要特别注意防寒保温。

药剂防治。头茬韭菜长到 3 厘米左右，二茬韭菜收割后 6 天左右是用药的最佳适期，可用 50% 地异菌脲可湿性粉剂 1 000~1 500 倍液，或 50% 腐霉利可湿性粉剂 1 000~1 500 倍液，或 50% 异菌脲可湿性粉剂 1 000~1 600 倍液喷雾，每 7 天喷 1 次，连喷 2 次。扣棚阶段也可用 10% 腐霉利烟剂防治。

②疫病防治。注意防止田间积水，仔细平整土地，雨季来临前修好排灌系统，保证及时排水。注意轮作倒茬，避免在同一地块上连续多年种植。及时清洁田园。

药剂防治，可用 60% 甲霜铜可湿性粉剂 600 倍液，或 72% 霜霉威水剂 800 倍液，或 58% 甲霜·锰锌可湿性粉剂 500 倍液，或 64% 噁霜·锰锌可湿性粉剂 400~500 倍液，或 72% 霜脲·锰锌可湿性粉剂 600 倍液，或 5% 百菌清粉尘剂 1 千克/亩，7~10 天喷 1 次，交叉使用 2~3 次。

（2）虫害防治　韭菜主要的害虫有韭蛆和烟蓟马。

①韭蛆防治。消灭虫源。冬灌或春灌可消灭部分幼虫，如果加入适量农药，效果更佳。扒土晒根。韭菜生长期或设施韭菜扣棚前扒开土壤晒根，可以降低韭蛆的羽化率和卵孵化率，并且能阻止产卵。韭蛆成虫一般于韭菜收割后将卵产在韭菜根部，为阻止成虫产卵，可在韭菜收割后每亩撒施草木灰 20~30 千克或覆盖地膜，待伤口愈合后及时揭膜。

药剂防治。防治韭蛆要注意选用高效、低毒、低残留的农药品种。在成虫盛发期（4 月下旬），上午 9:00—11:00，可用 4.5% 高效氯氰菊酯 2 000 倍液喷雾杀灭成虫，注意韭菜收割前 8~10 天停止用药。

②烟蓟马防治。可用 10% 吡虫啉 4 000 倍液，或 2.5% 溴氰菊酯 1 500 倍液喷雾防治。

(四)"日晒高温覆膜法"防治韭蛆新技术

"日晒高温覆膜法"防控韭蛆的技术由中国农业科学院蔬菜花卉研究所张友军研究员团队研发,针对韭蛆不耐高温的特点,在地面铺上透明保温的无滴膜,让阳光直射到膜上,提高膜下土壤温度,当韭蛆幼虫所在的土壤温度超过40℃,持续3小时以上,可将其彻底杀死。

1. 割除韭菜

若韭菜生长稀松,很容易直观地看到韭菜的根部和土壤,则可以不割韭菜,直接在地面支起30厘米高的棚架,再在棚架上覆膜。若韭菜生长旺盛,为了不让韭菜叶片遮阴,影响阳光照射土壤升温,建议在覆膜前1~2天割除韭菜,韭菜茬不宜过长,尽量与地面持平。若地面留茬太长,新生韭菜不易顶掉老茬,导致生长缓慢,甚至有些较弱的韭菜植株因顶不破老茬而死亡。另外,当膜内高温将老茬蒸熟,揭膜后,老茬散发较浓的气味,容易引来大量苍蝇产卵。

2. 覆膜压土

在4月下旬至9月中旬,选择太阳光线强烈的天气(当天最大光照度超过55 000勒克斯)覆膜。最好选择透光性好,膜上不起水雾,厚度为0.10~0.12毫米的浅蓝色无滴膜。覆膜后四周用土壤压盖严实。由于膜四周与土壤交汇处温度较低,若韭菜根系恰好在膜边缘,可能有少量韭蛆不易杀死。因此,建议膜的面积一定要大于田块面积,膜四周尽量超出田块边缘50厘米左右。

3. 去土揭膜

待膜内地表下5厘米深处土壤温度持续在40℃以上且超过4小时(即当天上午8:00前覆膜,下午18:00左右揭膜)揭开塑料膜,韭蛆的卵、幼虫、蛹和成虫均可全部死亡,甚至还可以杀死一些其他的病虫害。若覆膜后突然遇到阴天或土壤温度不足以将韭蛆杀死,可以延长覆膜时间,直到土壤温度提升至40℃以上将韭蛆杀死后再揭膜。光照特别强时,地表下5厘米处土壤最高温度低于53℃,对韭菜根系生长无影响。

4. 浇水灌溉

揭膜后,待土壤温度降低后及时浇水缓苗,生长过程中保持土壤湿润,有条件的地方可以配施有益生物菌肥。覆膜处理后的韭菜地下根部不受伤害,5~8天后长出新叶。与未覆膜处理的对照组韭菜相比,覆膜处理后韭菜前期生长缓慢,后期生长速度加快,20天后与对照组韭菜生长高度无显著差异。夏季养根期的韭菜,建议在5月底前采用"日晒高温覆膜法"治蛆,以避免影响韭菜养根。夏季收割韭菜时,可以随割随覆膜杀蛆。若计划新种植或新移栽作物的田块,建议事先采用"日晒高温覆膜法"处理。若地块不急于种植,可以覆膜多日,彻底杀死土壤中的病虫害。

"日晒高温覆膜法"不需要任何化学农药,只需要借助自然界中强烈的太阳光线与薄膜联合作用,提高土壤温度杀死韭蛆。具有操作简单、当日见效、杀韭蛆彻底、防虫成本低（薄膜洗干净后可反复多年利用）、省工省时、绿色环保、持效期长，以及无任何药剂残留等优点。

二、大葱

（一）露地大葱栽培技术

1. 播种前准备

（1）选种　大葱露地栽培时，需选择抗病性强、品质好的种子。市场上较为优质的大葱品种有天光、章丘大葱、明星、冬力源、中华巨葱等。

（2）整地施肥　大葱是喜肥植物，根系不发达，对土层养分吸收能力比较弱，同时忌重茬，育苗要选择地势平坦、土质疏松肥沃、排灌方便并且前茬没有种植过葱蒜类蔬菜的地块，以小麦、玉米、土豆等作物为前茬的沙壤土或壤土为佳，大葱适合在pH值为7.0~7.4的土壤中生长。整地前要施足基肥，尽量选择优质农家肥，如充分腐熟的农家肥或每亩可施用施磷酸二铵30~50千克，将基肥均匀撒在土壤墒情适宜的地块中，结合犁地深翻30厘米，整地做到精耕细耙。

2. 播种育苗

露地大葱一般选择春季或者秋季播种，在播种前，先将育苗地整理成宽1.4米的高畦，畦内浇足底水，水分渗完后，种子掺细干土或细沙，按照行间距10~12厘米划沟，均匀撒播，播种后表面覆细土，厚度为2厘米左右。

3. 移栽定植

大葱通常在7月上旬左右定植，定植前选择与育苗条件相同的地块进行翻耕施肥，按照行距1米左右开条状沟，沟深为30~40厘米、宽度为20~30厘米。起苗前3天充足浇灌苗床，这样可减小起苗难度，起苗时需进行种苗分级，先将病虫伤苗剔除，之后依据苗株大小进行分级，避免出现大苗欺小苗的问题。大葱的定植方法主要有两种，即排葱法与插葱法。短葱白品种适合用排葱法栽培，长葱白品种适合用插葱法栽培。用排葱法栽培时，需要将葱苗的底部伸入到种植土壤中，然后利用种植工具在葱苗上覆盖一层土，覆盖的土需要没过葱苗最外层叶的叶身基部，完成覆盖工作后，需要沿着葱苗的茎秆浇水，让葱苗的基部充分吸收水分。插葱法有干插与湿插之分，但两种方法都需要将葱白露出来，不能将葱白埋入土壤中。干插需要农户一手扶着葱苗，一手用木棍将葱苗的基部按入种植地中；湿插是将水灌入到沟内，在水下降时将葱苗迅速插入土壤中，株距控制在3厘米左右。定植后浇缓苗水，需注意的是，葱苗心叶要距离沟面7~10厘米为宜，叶面要与沟平行。

大葱定植时应注意做到以下几点：一是选用质量好、生长健壮的葱苗栽植，幼苗应分级分区域栽培，防止生长不均匀，影响大葱整体生长效果。二是要在定植沟中撒上防虫药，避免植株遭受虫害。三是要将植株放直，否则植株受重力影响会弯曲，售卖时会被降低单价，影响经济收益。

4. 田间管理

（1）追肥　葱苗成功移栽后，7月下旬追肥，促进葱苗快速生长，可以按照每亩用量20千克施用氮肥。8月中旬大葱开始加速生长，尤其是葱白部分，此时需要足够的养分促进大葱生长，以施用经过充分发酵腐熟的有机肥为佳，并适量施用速效氮肥，同时浅锄1次，以保证葱苗根系可以有效吸收养分。8月下旬光照充足，大葱叶片进入生长旺盛期，需补充大量水分和营养，通常每亩追施三元复合肥（15-15-15）30千克，增施肥料均匀施撒在葱株两侧。10月上旬根据实际情况，追施氮磷钾复合肥。

（2）培土　移栽后的大葱植株较脆弱，为防止大葱出现倒伏，需做好培土工作。一般培土时遵循前期浅培、后期高培土、不伤边叶、不埋心叶的原则。通常培土可以与追肥同步，分3次完成。第1次在立秋后，将沟脊铲入沟内，为其少量覆土，第2次需与首次培土间隔15天左右，破垄平沟，间隔10天后进行第3次培土，此时大葱生长较快，培土不可埋没心叶。培土后立即浇水，确保大葱根系顺利吸收养分，促进大葱丰茂生长。3次培土后可视情况进行第4次培土，此时已至9月下旬，可以进行高培土，帮助葱白积累营养，培土厚度在30厘米左右，不能伤边叶。

（3）浇水　大葱露地栽培每次追肥、培土后都需浇水，尤其葱白快速生长阶段需水量较大。浇水时水流需小，水势需缓，切忌大水漫灌，也不可过量浇水，以防大葱沤根。9月天气逐渐转凉，昼夜温差较大，需做好水分管理，确保葱白继续积累同化产物。通常每隔15天左右浇1次透水，立冬收获前半个月停止浇水，因为收获时如果土壤过湿不仅不利于收获，而且不利于后续的运输与贮藏。

（4）除草　杂草清除一般与追肥和培土同时进行。除草时，根据土壤干湿度确定中耕深度。通常土壤含水率50%时按照3~5厘米深度进行中耕、除草，除草时锄头需与植株保持适当距离，以免伤害大葱根系。

5. 病虫害防治

病虫害是影响大葱产量和质量的关键。如果大葱生长发育阶段，出现大量病虫害，会导致大葱发育不良，造成大葱减产，出现虫眼、病斑，影响大葱的整体售价，因此对于病虫害要提前预防，及早防治。大葱的主要病虫害有紫斑病、霜毒病、病毒病、潜叶蝇、葱蓟马、甜菜夜蛾等。大葱病虫害防治措施主要有农业防治、物理防治、生物防治和化学防治等。

（1）农业防治　农业防治措施主要通过农业管理措施，降低病虫害发生概率。在种植过程中，加强田间管理，中耕培土，清除菜园的杂草，合理施肥浇水，雨天及时排水，发现病株、毒株及时清理，以免影响其他健康植株。农作物收获后，及时翻耕，避免病虫害越冬。种子播种前，进行无公害处理，杀死种子携带的病菌、病毒以及害虫，提高农作物的抗病害能力。

（2）物理防治　物理防治措施是根据病虫的趋光性、不耐高温性、假死性等特点，采用光、电、声波等方式对病虫害的生长发育进行干扰，使病菌或害虫在生长发育阶段死亡，达到治理目的。甜菜夜蛾吸食葱叶，影响到大葱的长势。甜菜夜蛾是通过虫蛹越冬，通过翻耕可以消灭部分越冬虫蛹。甜菜夜蛾具有较强的趋光性，在甜菜夜蛾发生时，在菜园安装频振式杀虫灯诱杀。在杀虫灯下安装一个袋子，袋子内投放少量挥发性农药，用黄色的灯光引诱飞蛾扑灯，外面安装频振高压电网，害虫一旦进入到网内灯光附近，可以直接将害虫杀死或者电晕。

（3）生物防治　生物防治措施是利用有益生物、其他生物抑制消灭有害生物的方法，达到以虫治虫、以鸟治虫、以菌治虫的目的，是绿色无公害的病虫害防治措施。以潜叶蝇为例，它是大葱的主要虫害之一，取食植物叶肉，导致叶片枯萎变黄，植株脱落死苗现象。由于潜叶蝇的化学防治效果不好，容易产生抗药性，因此适合采用生物防治措施。在菜园投放姬小蜂、金小蜂、草蛉等寄生性天敌，控制害虫。

（4）化学防治　化学防治措施是通过化学药剂达到治理虫害、病害的目的。这种治理措施见效快，可以快速杀死病害、虫害。在选择化学药剂时，选择高效、低毒、易分解的化学药剂，以免增加病虫害的抗药性。紫斑病初期，选择75%的百菌清可湿性粉剂500倍液或64%的噁霜·锰锌粉剂500倍液，每星期喷洒1次，连续喷洒2~3次；赤霉病初期，选择25%的甲霜灵可湿性粉剂、75%的百菌清可湿性粉剂500倍液，每星期喷洒1次，连续喷洒3~4次。防治潜叶蝇可以在潜叶蝇幼虫阶段，采用40%乐果乳油1 000倍液、40%氧化乐果乳油1 000倍液兑水防治，连续喷洒2~3次，或者菜园投放姬小蜂、金小蜂、草蛉等寄生性天敌，控制害虫。葱蓟马可以选择2.0%阿维菌素乳油1 500倍液、10%的氯氰菊酯乳油3 000倍液等药物进行防治。防治大葱锈病可以使用70%代森锰锌可湿性粉剂100倍液、50%三唑酮可湿性粉剂1 000倍液以及50%萎锈灵乳油800倍液，按照10天1个周期，连续喷洒3次，防治效果良好。

6. 适时收获

大葱露地栽培，通常立冬后便可收获，此时气温较低，大葱葱白与叶片均已生长停滞。起出的大葱需小把捆绑，放在阳光充足、干燥通风的地方晾晒5天左右，以便于后续运输和贮藏。

（二）拱棚大葱栽培技术

1. 播种前准备

（1）拱棚建造　在德州地区一般是使用大拱棚覆盖栽培或者大拱棚+小拱棚双膜覆盖栽培。大拱棚多南北走向，棚宽10~12米、高2.1米左右，分4跨，每跨宽度（每排立柱间距）4米。大拱棚由5排呈东西向中间对称水泥立柱，并搭建粗竹竿构成横柱，中间立柱最高，地上部分2.0米，地下部分0.5米；两旁第一侧柱地上部分高1.5米，地下部分0.5米；两旁第二侧柱（即边柱）地上部分高1.0米，地下部分0.5米，水泥立柱南北间距1.8米。粗竹竿选用最小直径5厘米以上，最小长度8.0米以上的竹竿，竹竿上覆薄膜。小拱棚是用长细竹条或钢条作拱架搭建的，一般宽3米，小拱棚上用薄膜覆盖，两侧用土压实。

（2）选用良种　拱棚大葱栽培是为了延迟大葱收获期，使其在早春上市，满足消费者对大葱的需求。早春大葱栽培的关键是防止大葱春季抽薹开花，降低品质，因此，应选用耐低温、抗春化、晚抽薹的品种，例如章丘大葱、中华巨葱、日本钢葱等，这些品种除耐寒且不易抽薹外，还具有低温生长快、抗病性强、假茎组织紧密、整株色泽亮丽、加工品质好等优点。

（3）苗床准备　选用3年内未种过葱、韭、蒜的田块作为苗床，畦面宽1.2米左右，长度依育苗量而定，一般育苗面积60～80米^{2}可定植1亩。建设苗床时，要施足基肥，床土施适量充分腐熟的农家肥、三元复合肥（15-15-15），加入福美双杀菌剂，与床土充分混匀防治地下害虫。

（4）适时播种　播种时间过早，冬季葱苗绿体太大，易春化抽薹开花；播种时间过晚，葱苗太小，不能适时定植。一般在4月下旬到5月上旬露地育苗，播前畦内浇水造墒，把种子与细沙拌匀，均匀撒于畦内，覆盖湿润的细土，盖土2厘米厚。苗床要见干见湿，不能使地面干裂或积水。播种后盖膜，但要注意高温危害。当有60%种子出苗后及时揭去地膜，以防影响幼苗生长，为防大雨冲刷，要设立小拱棚，下雨前在小拱棚上覆盖薄膜，雨后把膜揭掉。出苗后定植前气温逐渐升高，光照加强，不利于葱苗生长。当平均气温高于25℃时，应给葱苗加盖遮阳网，为葱苗创造适宜的生长环境，以利培育壮苗。此期防治猝倒病、霜霉病、紫斑病、锈病和葱蓟马。

2. 移栽定植

于8月上旬进行移栽定植。选排水良好、土层深厚肥沃，前茬为小麦、玉米等粮食作物的土壤。前茬收获后结合深耕施肥，耙平后开沟。栽植沟南北朝向，可使苗受光均匀，沟宽1米左右、深25～30厘米，沟底施三元复合肥（15-15-15），划锄盖土，然后浇水，水渗下后插葱苗。起苗前1～2天苗床浇水，剔除病苗、弱苗，将葱苗按大、中、小三级分别定植，边刨边栽。定植要于早、晚进行，避开中午的高温，以利于快速缓苗。定植行距为1米、株距3厘米左右，每亩定植2.1万～2.3万株。定植时应将叶面与栽植沟呈垂直排列，利于密植与管理。

3. 田间管理

（1）温度管理　大葱定植后正值高温，可覆盖遮阳网遮阴。10月初要架设大拱棚，10月中旬大拱棚上覆盖塑料膜。当进入生长后期，遇严寒天气，有条件的可以加盖3米宽的小拱棚，实行双膜覆盖，以利保温。以白天保持在15～25℃，夜间不低于6℃为宜。

（2）浇水　定植后如果土壤不十分干旱不再浇水，遇大雨注意排水，防止葱沟积水。缓苗后浇1次小水，大葱进入旺盛生长期前要浇小水，进入旺盛生长期后要结合培土大水勤浇。总的原则是见干见湿，旱则浇、涝则排，不能有积水。入冬盖棚后要少浇水，浇小水，以免使地温下降太快，影响大葱正常生长。收获前一周停止浇水。

（3）追肥　大葱缓苗后，应追提苗肥，结合浇水每亩施尿素15千克左右；葱白生长初期，生长逐渐加快，应追攻叶肥，主要施用三元复合肥（15-15-15）；葱白旺盛生长期，需肥量大，应追攻棵肥，氮磷钾肥并重，每亩大约施三元复合肥（15-15-15）60千克、尿素10千克、磷酸钾10千克，结合培土分2~3次追入。生长后期，根据大葱长势可随浇水冲施三元复合肥（15-15-15），以满足大葱的生长需要，有利于提高大葱的抗病、抗寒能力，提高大葱品质。

（4）培土　培土是软化叶鞘、控制大葱茎粗和葱白长度的重要措施。当大葱的粗度达到标准，而葱白长度不够时，要及时培土至叶鞘与叶身的分界处，即只埋叶鞘、不埋叶身，此时葱白加长，粗度基本不变。当葱白长度达到标准，而茎粗不够时，可适当晚培土，茎会很快变粗，此时葱白长度则生长缓慢，待茎粗达到标准后再培土。大葱一般培土3~4次，每隔15天左右培土1次，每次培土取土总深度不宜超过开沟深度的1/2，取土宽度不得超过行距宽的1/3，否则会影响根系生长，注意培土时不能埋没葱心，不能造成葱苗弯曲，要保持葱的假茎挺直，使葱白长度在30厘米以上，这是保证大葱质量的重要措施。

4. 病虫害防治

病虫害防治应以预防为主。大葱育苗期间先喷药，对常发病虫害进行预防，起苗时剔除病害苗，并且将根茎浸泡在60%吡虫啉悬浮种衣剂150倍液中，以防附着在根茎部分的幼虫发育危害。在种植过程中要加强田间管理，中耕培土，清除菜园的杂草，合理施肥浇水，雨天及时排水，发现病株、毒株及时清理等。发现病虫害时，及时明确病虫害种类并对症治疗。在选择化学药剂时，尽量选择高效、无毒、易分解的化学药剂，同时要根据病虫害的特点和规律，选择相应的化学药剂，以免增加病虫害的抗药性，严格遵守用药安全间隔期。

5. 收获

翌年1月开始采收。先岔开垄台的一侧，露出葱白，轻轻拔出，使产品不受损伤，抖去泥土。根据价格情况，收获期可以延迟到3月。

三、大蒜

大蒜栽培技术

1. 播前准备

（1）准备良种　大蒜要高产，首先要有好的种蒜。获取好种蒜的方式主要有2种：第一，自留种。自留种应该从上茬大蒜收获时即开始着手准备，留种田应该推迟收获，收获后选择直径较大的、无机械损伤、无明显病虫害的蒜头作为种蒜，一般不再削蒜须，蒜头放在通风处，避免雨淋和阳光直晒。第二，远距离异地调种。为了防止大蒜种性退化及病害累积，选择优质异地（如聊城蒜区、商河蒜区）大蒜作为种蒜也是一种好的办法。

（2）合理施肥　大蒜是喜肥作物，因此底肥施用要充足。一般每亩施农家肥如粪尿肥、厩肥等3 500~4 000千克，施腐殖酸类有机肥或饼肥80~100千克，施肥量折合纯氮22.5千克、五氧化二磷9.6千克、氧化钾11.2千克，并配合施用1千克锌肥，0.2千克硼肥等微量元素肥料。

（3）精耕土地，整地作畦　大蒜属于浅根系作物，因此，精耕土地对大蒜生长发育尤为重要。德州地区以旋耕为主，一般旋耕2~3遍，以无明显坷垃为准。旋耕后的土壤过分疏松，不利于浇水、覆膜和保水保墒，因此，需要耙地2~3遍，达到上松下实的效果，利于大蒜生长。耕翻土地耙平后，要作适当面积的畦，一般地畦长40~50米、畦宽4米或6米。播种前蒜地要达到畦块整齐、土壤疏松、无明显坷垃、无明显上茬作物根系的效果。

2. 播种

（1）播前种蒜的处理　在播种前10~15天将种蒜放入恒温保鲜库中，0℃存放10~15天，可打破种蒜休眠期。播种前将种蒜在阳光下晾晒2~3天，萌芽早，出苗整齐。根据种植面积，播种前5~10天进行蒜头掰瓣，即去掉外部蒜皮，将蒜头掰开后，挑出伤瓣、黄瓣、软瓣及蒜芯，剥掉木质化茎盘，分二级播种。先播一级种子（百瓣重500克左右），再播二级种子（百瓣重400克左右）。注意尽可能推迟掰蒜瓣时间，以防脱水，若种植面积大时间紧，可提前把外部蒜皮扒掉。

（2）适时播种，掌握播种技巧　德州市大蒜的适宜播期为10月1—15日，最佳播期为10月5—10日，蒜苗在越冬前长到5~6片叶。此时蒜苗抗寒力最强，在严寒冬季不致被冻死，并为植株顺利通过春化打下良好基础。如果播种过早，幼苗在越冬前生长过旺而消耗养分，降低越冬能力，引起二次生长，影响大蒜品质。播种过晚，则蒜苗小，组织柔嫩，根系弱，积累养分较少，抗寒力较低，越冬期间死亡多。德州大蒜主要以收获蒜头为目的，因此种植密度应适当小些，一般每亩种2.0万~2.5万株；密度过大，蒜头小，商品性低；密度过小，蒜头大但产量低。俗话说"深栽葱浅栽蒜"，用大蒜开沟器开5厘米深的沟，之后播种，覆土1~2厘米即可。播种时蒜瓣的腹背连线与播种行的方向平行，这样蒜叶伸展方向与播种行垂直，可以减少叶片遮叠，增加光透过率。

（3）化学除草，地膜覆盖　大蒜田杂草种类主要有荠菜、繁缕、牛繁缕、猪殃殃、小蓟、田旋花、播娘蒿、婆婆纳、看麦娘、马唐等。根据地块间不同的草相、不同的杂草密度，选用不同除草剂配方，禁止超量使用。一般每亩喷施33%二甲戊灵乳油200~250毫升，或44%戊氧乙草胺乳油150~200毫升，或33%二甲戊灵乳油150毫升加24%乙氧氟草醚30~40毫升，或33%二甲戊灵乳油100~125毫升加38%噁草酮60~90毫升加24%乙氧氟草醚20毫升。地膜覆盖不仅有效减少杂草生长，最重要的作用就是保温保湿、早熟增产。覆膜时，必须将地膜拉紧、拉平，使其紧贴地面，膜下无空隙，膜的两侧要压紧。

3. 田间管理

（1）水分管理　大蒜整个生长过程中应重视"4遍水"，即覆膜水、返青水、催薹水和膨大水。覆膜水。栽种完成后需要浇大水，一般采用漫灌，按照每亩浇100米^{3}水进行，这次浇水关系到大蒜出苗率以及覆膜质量的好坏。冬前如果天气干旱，应浇一次小水，有利于土壤保温和蒜苗安全过冬。返青水。越冬后气温渐渐回升，幼苗又开始进入旺盛生长，应及时灌水，以促进蒜叶生长、假茎增粗。一般在4月上旬或者地温大于15℃时进行。催薹水。当蒜苗分化的叶片已全部展出，叶面积增长达到顶峰，根系也已扩展到最大范围，蒜薹的生长加快，此期是需水需肥量最大的时期，应及时浇灌催薹水。一般在蒜薹刚出尖3~4厘米时浇催薹水。膨大水。为了补充拔薹伤口呼吸消耗的水分，延长叶片绿色时间、促进蒜头的膨大，蒜薹采收后立即浇一遍透水。为了保证蒜头收获时适宜的土壤含水量，蒜头收获前可适量浇水。

（2）养分管理　大蒜是喜肥作物，前期施用底肥，后期应随水追肥，以促进幼苗生长，增大植株的营养面积。由于大蒜根系吸收水肥的能力弱，故追肥应施速效肥，以免脱肥而出现叶尖发黄。大蒜追肥应按照浇水分为3次，返青肥、催薹肥和膨大肥。返青肥。返青后，蒜苗生长旺盛，需要大量的养分进行营养生长。结合返青水，应冲施腐殖酸类冲施肥5~8升，促进幼苗长势旺，茎叶粗壮，到烂母时少黄尖或不黄尖，同时减少病害发生。催薹肥。种蒜烂母后，花芽和鳞芽陆续分化，蒜苗进入营养生长和生殖生长同时进行的阶段，根系二次生长，蒜薹开始伸长，蒜头也开始缓慢膨大。此时是蒜苗需要养分最多的时期，可结合催薹水冲施水溶肥（20-20-20）5~7千克，促使蒜薹快速抽生、植株旺盛生长。膨大肥。蒜薹采收后，养分逐渐向蒜头聚集，此时，充足的养分可以有效促进蒜头的膨大。结合膨大水，冲施水溶肥（16-8-34）5千克，可延长光合时间，促进蒜头膨大。

4. 病虫害防治

大蒜为覆膜栽培，一定程度上加重了病虫害的发生。大蒜常发生的病害有大蒜紫斑病、叶枯病、病毒病、软腐病、茎腐病等病害，虫害主要有蒜蛆、蓟马和蚜虫等。病虫害主要以预防为主，根据病虫害发生规律综合防控。

（1）病害防治

①农业防治。采取推广优良品种、优化作物布局、精耕细作、增施有机肥、测土配方施肥、高畦栽培、科学运筹肥水等技术措施培育壮苗，并结合农田生态工程、轮作、间套种、天敌诱集带等生物多样性调控与自然天敌保护利用技术，创造有利于蒜椒生长而不利于病虫滋生的环境条件，增强自然控害能力和大蒜抗病虫能力。

②物理防治。重点推广昆虫信息素、杀虫灯、诱虫板、食饵诱杀等理化诱控技术。采用糖醋盆诱杀种蝇，费洛蒙性引诱剂、黑光灯捕杀虫蛾，蓝板或黄板诱杀蚜虫等。

③生物防治。推广应用以菌治菌的生物防治技术，加大复合微生物菌剂的示范推

广力度。使用生物有机肥预防大蒜土传病害的发生。

④化学防治。推广高效、低毒、低残留、环境友好型农药，优化集成农药的轮换使用、交替使用、精准使用和安全使用等配套技术。播种前1天，进行拌种。可用苯醚咯噻虫浸种，晾干后播种。大蒜软腐病、茎腐病多在3—4月发生，一般选用细菌性杀菌剂（中生菌素或水合霉素）+真菌性杀菌剂（异菌脲、吡唑·代森联或硫酸铜钙）+叶面肥进行防治，杀菌剂应交替使用，5~7天喷1次，连喷3次。大蒜生长中后期是叶枯病、紫斑病、病毒病发生期。以叶枯病为主的地块可用75%百菌清可湿性粉剂600倍液或40%多菌灵600倍液喷雾防治；以紫斑病为主的地块可用70%代森锰锌可湿性粉500倍液喷雾防治。此期若蚜虫或蓟马较多，可同时混入菊酯类农药喷雾防治，以预防大蒜病毒病。

（2）虫害防治　蒜蛆是大蒜主要的虫害，可采用藜芦碱、鱼藤酮等生物制剂防治蒜蛆。根据蒜蛆发生规律采取措施。大蒜处在"烂母期"，若发现有蒜苗发黄，极可能有蒜蛆危害，应及时用50%辛硫磷乳油1 500倍液专用灌根喷头在蒜头位置灌根；蒜薹收获后，也是蒜蛆高发期，可结合浇水，冲施5%高效氯氟氰菊酯乳油400倍液灌根。

5. 适时收获

（1）蒜薹采收　一般蒜薹抽出叶鞘并开始甩弯时，是采收蒜薹的适宜时期。蒜薹采收最好在晴天中午和午后进行，此时植株有些萎蔫，叶鞘与蒜薹容易分离，叶片有韧性，不易折断，可减少伤叶，并且能加速伤口愈合。

（2）蒜头采收　蒜薹采收后15~20天即可收蒜头。叶片大都干枯，上部叶片褪色成灰绿色，叶尖干枯下垂，假茎处于柔软状态，是采收蒜头的适宜时期。采收的大蒜后一排的蒜叶搭在前一排的头上，只晒秧，不晒头，防止蒜头灼伤或变绿，并在大田就地晾晒1~2天，然后剪秆、削根、装袋。

四、洋葱

（一）洋葱栽培技术

1. 品种选择

选择优质、丰产、抗逆性强、商品性好的品种。德州地区栽培洋葱，应该选用适宜的中日照类型品种。如秦红宝、吉星、珍星、红叶三号、锦球、地球、大宝、黄金大玉葱、泉州中甲高黄。

2. 洋葱育苗

（1）播种

①整地施肥。洋葱根系吸收水肥的能力较弱，故需选土壤肥沃、有机质丰富的沙壤土为好，黏土不利发根和鳞茎膨大，沙土保水保肥力差。洋葱忌连作，最好选择

施肥较多的茄果类、瓜类、豆类蔬菜作前茬。定植前要深耕施肥，整地作畦。每亩均匀施腐熟农家肥4 000千克、过磷酸钙50千克或磷酸二铵20千克，每亩可加入1%联苯·噻虫胺颗粒剂4～5千克或5%吡丙醚颗粒剂5千克以防治地下害虫。德州地区一般作宽1.5～2.0米的平畦。

②播种期和播种量确定。选择合适的播种期是培育壮苗的关键，播种过早或过晚都会影响洋葱的生长，导致质量和产量下降。如播种过早，翌年可能会因早期抽薹而减产；如播种过晚，虽然不会发生早期抽薹，但越冬能力降低，也会影响产量。具体播种因各地气候条件不同，播种时期也不同，德州中日照地区大都采用秋季（9月初）播种育苗，露地越冬。在正常情况下，每亩大田的用种量为150～200克，考虑到要淘汰和间除20%的弱苗和劣苗，如果发芽试验的发芽率低于70%，则应酌情增加播种量。

③播种技术。一般采用撒播方式，有些地方采用条播方式。先将苗床灌足底水，待水将要渗下时用木板等工具将苗床刮平，将洋葱种子与细沙土按1∶10的比例掺匀，均匀地撒播在苗床上，然后覆盖过筛细土，覆土厚度为1.0厘米左右。在种子未出苗以前，不再浇水。如果播种后再浇水，会使畦面板结，反而不利于出苗。

播种后，在苗床上插小拱搭建防雨防晒设施，将厚度为0.1毫米的薄膜覆盖在拱架上，再覆盖密度为50%的遮阳网，薄膜下端与床埂之间留10厘米的通风口，然后用绳子固定薄膜和遮阳网。播种后5～6天开始出苗，当出苗率达60%时，浇一次小水，将覆盖物撤除。

如果育苗量较大，可以用专用精量播种机条播，铺设微喷带喷灌。条播或撒播，只要播种量适当，对幼苗的质量没有明显影响。

（2）苗期管理　苗期浇水应根据土壤墒情和不同播种方式而定。一般齐苗以前不必浇水。其他播种方式，则在子叶未伸直之前要浇水，在"直钩"时期还要再次浇水，此后，直到生出第1枚真叶时要适当控制浇水。揭除覆盖物后，视天气情况及时洒水，防止苗床板结。苗出齐后，保持土壤见干见湿，适当控制水肥。当生出2枚真叶以后，可结合浇水每亩追施硫铵25千克或尿素10～15千克。定植前10～15天可根据洋葱苗长势进行叶面施肥，可喷施0.2%磷酸二氢钾溶液。中后期结合浇水追施少量尿素，通过肥水调控培育适龄壮苗。另外，在育苗过程中不要急于间苗，须提防立枯病和猝倒病，直到生出2枚真叶后，在追肥之前再除草和间苗。如果幼苗徒长过大，可将叶片刈去1/3来进行控制。

3.定植及田间管理

（1）定植前的准备

①整地和施基肥。德州地区栽培洋葱多采用平畦。根据不同种植习惯，窄畦宽度1.2米左右，宽畦1.7米以上。整地时翻耕深度不宜小于20厘米，为加深耕作层和改善土壤结构，有条件的最好再深耕30厘米以上。结合整地，每亩均匀施入腐熟有机肥4～5米^3、三元复合肥（15-15-15）50千克，同时每亩均匀施入5%吡丙醚颗粒剂3千克或2%联苯·噻虫胺颗粒剂1.5～2.0千克，耙细整平，作畦。在定植前浇水灌畦，

待水下渗后，二甲戊灵除草剂喷雾，然后覆盖地膜，地膜要平整铺设，紧贴畦面。

②选苗。在起苗之前2~3天，根据苗床墒情可在起苗前轻浇一次小水，当床土干湿适度时，用苗铲起苗，尽量避免用手拔苗，防止伤根，降低成活率。洋葱定植前先要选苗，剔除无根、无生长点、过矮、纤弱的小苗和叶片过长的徒长苗及分蘖苗、受病虫危害苗。幼苗按大小分级，分别栽植，可使田间植株生长整齐一致，便于管理。适宜的壮苗标准是苗龄在55~60天，生长至三叶一心或四叶，假茎粗0.6厘米左右，株高25厘米左右，单株重4~6克。对叶鞘直径接近1厘米的大苗，定植前可将叶部剪掉1/3，以减少先期抽薹，但剪叶不可过量。定植前的幼苗要在湿润条件下保存，以保护根系。

（2）定植技术

①定植期。德州地区一般立冬（11月初）前后定植，必须在严寒以前使幼苗缓苗并恢复生长，这样才不致因冬前幼苗根系未充分恢复（由于水分供需不平衡）而引起死苗。因早熟品种苗期生长较快但易老化，晚熟品种生长较慢但苗期长、不易老化，在适期定植的基础上，早熟品种的定植期应稍早于晚熟品种。

②定植密度。洋葱植株直立，叶部遮阴少，适于密植。适当增加株数，合理密植是一项有力的增产措施。定植密度每亩栽30 000~35 000株为宜。适宜的株行距为15厘米×15厘米。早熟品种可稍密些，晚熟品种可稍稀些。定植时按确定的株行距地膜上扎孔栽苗。土壤的肥力是密植增产的重要保证，必须与肥水管理相配合。

③定植方法。洋葱幼苗起苗时已损伤一部分根系，定植后要靠这些已受伤的根来完成缓苗，定植之前要使幼苗在湿润的条件下保存，栽苗时也不要使根系再受到更大的损伤。为了保墒、抗冻，栽苗的深度宜稍深些，但须使叶鞘顶部露出地面。定植过深，不仅不利于发根、缓苗，而且对将来鳞茎的膨大生长也有影响。定植过浅，容易倒伏和鳞茎变绿而影响品质。按照预定的株行距用洋葱定植器（德州市农业科学研究院申请并获得授权的实用新型专利，专利号ZL2018208672405；通过边操作边插孔的方式，在实现批量打孔的同时，使得洋葱定植的株行距更加规范，同时可根据种植洋葱品种或地质条件的差异调整株行距，大大提高了洋葱的定植操作效率和质量）穿膜打孔深3厘米左右，孔的直径以刚好放入葱苗为宜。定植过程中，按孔插苗，埋住根部2~3厘米，并将葱苗根部的土压实。

（3）定植后的管理

①追肥。洋葱定植以后，首先是根系的生长，此后转向地上部的生长，当地上部分充分生长后才进入鳞茎肥大生长时期。根据洋葱的生长发育特性，做好分期追肥是洋葱丰产的关键之一。早春返青以后，应进行第1次追肥。追肥的目的是在为根系的补充养分的同时为地上部的生长进行准备。覆盖地膜前，可结合浇水每亩追施磷酸二铵10~15千克和硫酸钾10千克。此后再追施1次"提苗肥"，以保证地上部功能叶生长的需要。因为叶部营养体的大小对以后鳞茎的大小关系十分密切，前期促进叶部生长是为后期鳞茎的肥大生长奠定基础。提苗肥多以氮肥为主，每亩可追施硫酸铵

10~15千克。当植株生有8~10枚管状叶后，鳞茎开始肥大生长，此后应进行2~3次追肥，一般每亩每次追施硫酸铵10~20千克。催头肥应以鳞茎膨大生长中期为重点，在鳞茎刚开始肥大生长时不能过多追施氮肥，鳞茎膨大生长后期如氮肥追施过量会发生"贪青"而影响采收。如果基肥中钾肥施量不足，在追施催头肥时应再增加5~10千克硫酸钾。在鳞茎膨大生长期，缺钾不仅会使产量降低，而且会影响鳞茎的耐贮性。

②浇水和蹲苗。定植后一定要浇水，通过灌水使根系和土壤紧密结合。从定植到缓苗一般10天左右。缓苗期主要是促使发根，需水量有限，若水量过大，会降低土壤温度而不利于根系生长。越冬前必须进行冬灌，以便顺利越冬。

早春浇返青水时，应在10厘米深土壤温度稳定在10℃时，适时、适量地浇灌。返青水如浇得过早，因土壤温度尚低对洋葱生长不利；过晚又会抑制生长，甚至使叶部发生干尖。为了促使地上部生长，洋葱生长期都不能缺水。根据气候和土质，每隔15天左右浇灌1次，以土壤表层见干见湿、深层保持湿润为原则。如果在这一时期因缺水而使地上部不能充分生长时，必将影响鳞茎的大小和重量。

当幼苗达到充分生长的高度以后，将转向以鳞茎膨大为主的生长阶段，在这个转化过程中，还要控制水分，促使转化。大约经过10天即可完成生长阶段的转化，此后配合追肥进行浇水，一般每隔10天左右浇1次，促使鳞茎膨大生长。直到田间个别植株开始倒伏时要停止浇水，否则鳞茎中含水量过多，不耐贮藏，还会因过量供水导致外皮崩裂而影响商品品质。一般从定植到收获共浇水10次左右，地上部生长期占2/3，鳞茎膨大生长期占1/3。

在鳞茎膨大前进行10天左右的蹲苗。蹲苗时间的长短，要根据土壤、气候和植株生长状况灵活掌握。沙质土和天气干旱时，要适当缩短蹲苗期；黏质土和地势低洼地，则应适当延长蹲苗期。不论在什么条件下，都应根据植株的形态进行判断，即当洋葱成熟的管状叶转变成深绿色、叶肉肥厚、叶面蜡质增多且嫩的心叶颜色加深时，就应结束蹲苗，进行浇水。

4. 收获

洋葱成熟的标志是下部第1~2片叶枯黄，第3~4片叶尚带绿色，假茎变软并开始倒伏，鳞茎停止膨大进入休眠阶段，鳞茎外层鳞片变干，此时为收获适期。早收减产；晚收遇雨，鳞茎外皮破裂，不耐贮藏。在鳞茎肥大生长的后期，植株将叶鞘的颈部倾倒，这是因为鳞茎内形成的鳞叶再没有新的叶片充实叶鞘而发生中空，当不能承担叶片重量时便发生倒伏。若遇到风雨或干热天气，会促使提前发生倒伏。倒伏是鳞茎趋于成熟的象征，从某种意义上说，是鳞茎将进入休眠的前奏，也是收获的标志。

不同洋葱品种的收获期相差很大，所以要根据洋葱的生长状况来决定。另外，还要考虑到当时的天气状况，最好是在收获后有几个晴天，以便进行晾晒。休眠期短、耐贮性较差的品种，收获期应适当提早，在30%~50%植株倒伏时就可收获。中、晚熟休眠期较长的品种，在自然倒伏率达到70%左右，第1、第2叶已枯死，第3、第4

叶尖端部变黄时,是适宜收获期。收获过早,鳞茎养分积累少,影响产量和品质;收获过晚,则萌芽早,腐烂率也较高。收获时尽量不碰伤鳞茎,也不折断叶片,这样既便于编辫或扎捆,也可减少贮藏期间因伤口感染而导致腐烂。

5. 病虫害防治

(1)立枯病、猝倒病　防治技术:①洋葱育苗床土要选择禾本科作物或水田土,播种前对种子进行消毒处理,防止种子携带病菌。可选用种子量0.2%的50%福美双可湿性粉剂拌种消毒。②播种前对地面喷洒药剂新高脂膜对土壤进行消毒,同时形成一层保护膜,防止病菌侵入,抑制土壤病虫害的繁衍。③化学防治。发病初期,可用20%咯菌腈1 000～1 500倍液、20%甲基立枯磷乳油1 200倍液、36%甲基硫菌灵悬浮剂500倍液、5%井冈霉素水剂1 500倍液等喷雾防治。

(2)霜霉病　防治技术:①实行2～3年轮作,并注意清理和烧毁病残组织。定植前严格选用健壮秧苗,淘汰病苗。②合理密植,适量浇水,加强田间雨季排水。在发病初期,及时进行药剂防治,可用25%氟吗啉·唑菌酯悬浮液、68.75%氟菌霜霉威水剂800～1 000倍液、68%甲霜·锰锌水分散粒剂600倍液、50%烯酰吗啉可湿性粉剂1 000倍液,或72%霜脲·锰锌可湿性粉剂600倍液,或64%噁霜·锰锌可湿性粉剂600～800倍液,或72.2%霜霉威水剂700倍液等喷雾防治,每7～10天喷1次,以上药剂交替使用,连续防治2～3次。

(3)紫斑病　防治技术:①清洁田园,实行轮作。加强管理,多施基肥,增施钾肥,雨后及时排水,使植株生长健壮,增强抗病力。生长期浇水不宜过勤,发病后控制浇水。②及早防治葱蓟马,以防造成伤口,传入病害。③发病初期喷10%苯醚甲环唑水分散粒剂1 000～1 500倍液、75%百菌清可湿性粉剂600倍液,或64%噁霜·锰锌可湿性粉剂600倍液,或50%异菌脲可湿性粉剂1 500倍液可与防治霜霉病结合,各种药剂轮换使用。

(4)菌核病　防治技术:发病严重的地段应与非葱蒜类作物实行3～4年轮作。因病菌可附着在种子上传播,播种时可用50%福美双、50%多菌灵或50%甲基硫菌灵可湿性粉剂,按种子重量的0.2%进行拌种。在发病初期,可喷洒75%百菌清可湿性粉剂、64%噁霜·锰锌可湿性粉剂、70%代森锰锌、58%甲霜·锰锌500倍液,或50%异菌脲可湿性粉剂1 500倍液喷雾防治。

(5)灰霉病　防治技术:在栽培管理方面,要注意清除病残体和适时收获。病害发生初期可用43%氟菌·肟菌酯悬浮剂1 000倍液,50%腐霉利可湿性粉剂25～33克、或50%异菌脲可湿性粉剂15克、或50%嘧霉胺悬浮剂25～33克或50%腐霉利可湿性粉25～33克+50%嘧霉胺悬浮剂20～25克。兑水15千克喷雾,每7～10天喷1次,连续防治2～3次。

(6)疫病　防治技术:①轮作倒茬。发病地块2～3年内不要种植葱蒜类蔬菜,以减少菌源,降低田间发病率。②加强水肥管理。洋葱进入鳞茎膨大期需水量较大,应小水勤浇,以免造成田间湿度过大。基地周围要开挖排水沟,5—6月如遇大雨,及时排水防涝。选择排水良好的地块栽植，合理密植，雨后及时排除积水，加强栽培管理，合理采用配方施肥，增强寄主抗病力。收获后及时清除田间病残体。③药剂防治。可选用72%霜脲·锰锌可湿性粉剂800~1 000倍液、72.2%霜霉威水剂800倍液、58%甲霜·锰锌可湿性粉剂800倍液、69%烯酰·锰锌可湿性粉剂1 000倍液喷雾，重点控制发病中心，每隔7~10天喷药1次，视病情连喷2~3次。由于洋葱叶外表皮覆盖蜡质，较为光滑，药液不易附着，施药时可加入有机硅，从而提高药剂的防治效果。

（7）软腐病　防治技术：注意肥、水管理，防止氮肥过量，除治害虫以减少侵染条件。发病前、或发现零星病株后，及时将其拔除，并用25%络氨铜水剂悬浮剂兑15千克水喷淋。重点喷洒植株基部。结合灌水，每亩冲施30%甲霜·噁霉灵悬浮剂500毫升和25%络氨铜水剂200毫升。在田间发病初期，喷洒50%琥胶硫酸铜、46%氢氧化铜水分散粒剂1 000~1 500倍液、20%噻菌铜悬浮剂500倍或77%可湿性粉剂硫酸铜钙600倍液或90%新植霉素可溶性粉剂4 000倍液，视病情连续进行2~3次防治。

（8）锈病　防治技术：增施有机肥，增加磷、钾肥，培育健壮植株，增加抗病性。发病初期，喷施15%三唑酮可湿性粉剂1 500~2 000倍液或40%氟硅唑乳油8 000~10 000倍液，或12.5%烯唑醇可湿性粉剂2 000~3 000倍液+70%代森锰锌可湿性粉剂800倍液或30%氟菌唑可湿性粉剂2 000~3 000倍液等，以上药剂交替使用，隔7天喷1次，连续防治2次。

（9）葱蓟马　防治技术：在若虫发生高峰期，喷洒10%吡虫啉可湿性粉剂2 000~2 500倍液、2.5%多杀霉素悬浮剂1 200倍、2%甲维盐乳油2 000倍或50%杀螟丹可溶性粉剂1 000倍液，每7~10天喷1次，交替使用，连续防治2~3次。在蓟马发生高峰期利用蓟马的趋蓝色习性，在田间设置蓝色粘虫板，诱杀成虫。

（10）葱潜叶蝇　防治技术：做好田园卫生，及时清除残株、杂草，可压低下代及越冬的虫源基数。当幼虫开始危害时，及时用20%灭蝇胺可溶性粉剂600倍液、1.8%阿维菌素乳油1 500倍或10%吡虫啉乳油1 500倍喷雾防治。

（11）葱地种蝇　防治技术：提倡使用绿色生物技术综合防治葱地种蝇。①加强水肥管理，不使用未腐熟的有机肥。在葱蛆已发生的地块，要勤灌溉，必要时可大水漫灌，能阻止种蝇产卵，抑制葱蛆活动及淹死部分幼虫。②成虫发生盛期，可用25%噻虫嗪水分散粒剂5 000~6 000倍液或75%环丙氨嗪可湿性粉剂3 000倍液，或25%噻虫胺水分散粒剂1 250倍液灌根。也可每亩用1.8%阿维菌素乳油300~400毫升、40%辛硫磷乳油700~1 000毫升，随浇水灌根。

第六章 根菜类蔬菜栽培技术

根菜类蔬菜是指以肥大的肉质直根为产品的蔬菜。主要包括萝卜、胡萝卜、根芥菜、芜菁等。根菜类蔬菜的肉质根属于变态器官，具有贮藏养分的功能，营养丰富，食法多样。该类蔬菜起源于温带地区，喜冷凉气候，适宜在春秋两季栽培，以秋季栽培为主。

山东德州秋季气温适宜，湿度适中，适合种植根菜类蔬菜。常见的蔬菜品种包括萝卜、胡萝卜、根芥菜等。

一、萝卜

萝卜是十字花科萝卜属一年或二年生草本植物，高20～100厘米，直根肉质，长圆形、球形或圆锥形，外皮绿色、白色或红色，茎有分枝，无毛，稍具粉霜。总状花序顶生及腋生，花白色或粉红色，果梗长1.0～1.5厘米，花期4—5月，果期5—6月。萝卜的原始种起源于欧、亚温暖海岸的野萝卜，萝卜是世界古老的栽培作物。远在4 500年前，萝卜已成为埃及的重要食品，中国各地普遍栽培。萝卜根作蔬菜食用，种子、鲜根、枯根、叶皆入药，种子消食化痰，鲜根止渴、助消化，枯根利二便，叶治初痢并预防痢疾，种子榨油工业用及食用，同时具有药食兼用的功效，因其具有化气、消食、解渴、利尿等功能而深受人们喜爱。萝卜轻简化栽培主要应用了精量播种技术、机械化耕作与栽培、机械化采收及清洗，仅后期包装采用人力完成。

（一）生物学特征

1. 植物学特征

（1）根　萝卜的根为肉质直根，形状有长圆形、圆形、圆锥形等。根的颜色因品种而异，有白色、红色、绿色、紫色等。肉质根由根头、根颈和真根三部分组成。根头是由子叶以上的上胚轴发育而成，上面着生芽和叶；根颈是由子叶以下的下胚轴发育而成，为肉质根的主要部分；真根是由胚根发育而成，上面着生侧根。

（2）茎　萝卜的茎在营养生长时期为短缩茎，在生殖生长时期抽生花茎。短缩茎上着生叶片和芽，花茎高可达1米以上，上面着生分枝和花。

（3）叶　萝卜的叶有板叶和花叶之分。板叶的叶片较宽，边缘较平滑；花叶的叶片较窄，边缘有锯齿。叶片的颜色有深绿、浅绿、黄绿等。叶序为互生，叶形有倒卵形、长圆形、披针形等。

（4）花　萝卜为总状花序，花为十字形花冠，花瓣 4 片，颜色有白色、黄色、紫色等。雄蕊 6 枚，四强雄蕊。雌蕊 1 枚，柱头 2 裂。

（5）果实和种子　萝卜的果实为角果，成熟时开裂。种子为不规则的球形，颜色有棕色、黄色等。种子较小，千粒重为 7~15 克。

2. 生长发育周期

（1）发芽期　从种子萌动到第一片真叶显露，一般需 5~7 天。此期主要依靠种子自身贮藏的养分和外界的温度、水分等条件进行生长。要求土壤保持湿润、疏松，适宜温度为 20~25℃。

（2）幼苗期　从第一片真叶显露到"破肚"，一般需 15~20 天。此期叶片生长缓慢，根系开始生长。"破肚"是指萝卜肉质根开始膨大，表皮破裂的现象。应保持土壤湿润，适当控制浇水，进行间苗、除草等管理。适宜温度为 18~23℃。

（3）莲座期　从"破肚"到"露肩"，一般需 20~30 天。此期叶片生长迅速，肉质根开始膨大。应加强肥水管理，促进叶片生长，为肉质根的膨大奠定基础。适宜温度为 18~25℃。

（4）肉质根生长盛期　从"露肩"到收获，一般需 30~60 天。此期肉质根迅速膨大，应保持土壤湿润，充足供应肥水，防止叶片早衰。适宜温度为 13~20℃。

3. 对环境条件的要求

（1）温度　萝卜为半耐寒性蔬菜，适宜生长温度为 18~25℃。种子在 2~3℃即可发芽，发芽适温为 20~25℃。幼苗能耐 -3~-2℃的低温，肉质根在 18~20℃生长良好，温度过高或过低都会影响肉质根的品质和产量。

（2）光照　萝卜为长日照植物，充足的光照有利于植株生长和肉质根的形成。在生长过程中，光照不足会导致叶片徒长，肉质根细小，品质下降。

（3）水分　萝卜根系较发达，入土深，耐旱性较强。但在生长过程中仍需充足的水分供应，尤其是肉质根生长盛期，土壤湿度应保持在 70%~80%。土壤过干或过湿都会影响肉质根的品质和产量。

（4）土壤　萝卜对土壤要求不严，但以土层深厚、肥沃、疏松、排水良好的沙壤土或壤土为宜。土壤 pH 值以 5.8~6.8 为宜。

（二）播种前准备

1. 品种选择

萝卜种植，要选择适合本地群众口感、产量高、抗病性强、耐抽薹的品种。德州地区主要以白萝卜和青萝卜为主，白萝卜可以用九斤王、白玉大根，青萝卜可种植潍县萝卜、春玉、德高东山萝卜等。

2. 整地施肥

萝卜主要以肉质根作为商品出售，肉质根需要种植在土壤疏松、土地肥沃、排灌方便、地势平坦的地块上。大田种植要考虑运输便捷、方便销售等问题，地块应选择在交通方便、前茬未种植十字花科植物的地带。选定地块后，每亩施入腐熟的有机肥 200 千克、三元复合肥（15-15-15）53 千克为底肥，深耕细耙，整平后待用。耕地作业要在适宜的农期内及良好的墒度情况下进行。机型大小根据地块大小而定。翻耕深度为 25～30 厘米，均匀一致，耕直，耕平，不重耕，不漏耕（可选用 1SZL-350 型整地机）。

3. 起垄

将整平后地块起成小高垄，双行种植。大个型品种，垄高 20～30 厘米，垄面宽 60～70 厘米；中个型品种，垄高 20～25 厘米，垄面宽 50～60 厘米；小个型品种，垄高 15～20 厘米，垄面宽 40～50 厘米。

（三）播种

1. 机械播种

萝卜播种常用与拖拉机配套的悬挂式播种机，可一次完成起垄、开沟、施肥、播种、覆土等作业工序。该技术使用 2BMQ-6 型萝卜联合播种机，以垄距 50 厘米、垄高 25 厘米、株距 10 厘米、1 穴 1 粒米为种植标准，将旋耕、起垄、精量播种、覆土 4 个生产环节一次性完成，大大减少了人力用工。每亩用种量为 50～150 克，直播深度以 0.5 厘米为宜，每垄播 2 行，大个型品种行株距 25 厘米 ×30 厘米、中个型品种行株距 20 厘米 ×25 厘米、小个型品种行株距 10 厘米 ×15 厘米。播行宜直，株行距合格率不小于 90%。

2. 编绳播种

种子编绳的过程是通过真空泵将作物种子吸起来，按照一定的速度放入匀速运行的纸带中，同时使用可降棉绳将纸带捆扎起来。作物种子存放在种子盒中，种子吸盘内部有真空，吸盘的边缘有微小的气孔，在种子吸盘转动的时候，每一个微小的气孔会吸取一粒种子，种子随着吸盘顺时针转动，当种子到达低点的时候，种子脱落，在重力的作用下，落入下方的纸带上。随后用线缠绕起来，形成纸绳，种子被牢牢固定在纸带中，形成种子绳。种子绳是经过编织的纸带，内部有种子，被收卷在同样大小的收线盘上。根据种子大小，每个种子线轴能收卷的种子绳从 500～1 200 米不等。种子编绳中使用的纸带厚度 0.03 毫米，采用特殊工艺制作，要求纸绳在遇水之前比较结实，不易扯断，在遇水之后较快的破碎且不产生有害物质不影响种子发芽。纸绳应不含细菌、真菌及其他病虫害，不含或者少含荧光增白剂，不含漂白剂及其他有害物质。绳中种子间距可以根据需要调节，一般商品用萝卜株距在 20 厘米左右，繁种用萝卜种子间距 5 厘米左右。播种时用铁钩在垄上划沟，深度 1.5 厘米，将种子绳捋直铺到沟内，覆土。德州地区露地萝卜播种时间从 7 月中下旬开始，最晚可至 8 月中下旬。

（四）田间管理

1. 肥水管理

在萝卜播种前，先将滴灌带铺在起好的垄上，播种完成后，打开滴灌带进行浇水，第一次要完全浇透。水分对萝卜生长影响很大，水分过多会造成烂根黑心；水分较少、土壤干旱会导致肉质根生长受限，产量降低、品质变差，因此在萝卜管理过程中要做到见干见湿，尤其是在后期肉质根开始膨大时，一定要保证充足的水分。子叶拉十字前尽量少浇水；幼苗期土壤含水量以60%为宜，选傍晚浇水，结合浇水施1~2次液体有机肥；叶片生长盛期遵循地不干不浇、地发白才浇的原则，需浇水时一次性浇透；萝卜破肚时，根据其田间长势每亩施45%硫酸钾型复合肥（15-15-15）12.5~15.0千克、尿素5千克，同时结合预防霜霉病叶面喷施0.2%磷酸二氢钾溶液；根部生长盛期应保证水分供应充足且均匀，切忌大水漫灌，雨水多时及时排水；生长后期可结合防病治虫喷施0.3%硼砂溶液，收获前6天左右停止浇水。萝卜需肥量较大，尤其对氮磷钾吸收最多，在萝卜生长过程中主要以底肥为主，追肥为辅。在幼苗长至7~8片真叶时进行第一次追肥，一般每亩追加复合肥（15-15-15）3~5千克，在肉质根膨大时进行第二次追肥，可使用高钾的复合肥每亩需15~20千克。

2. 杂草处理

杂草不仅会与萝卜争夺土壤中的养分，还会挤占萝卜生长空间。发现有杂草时要及时清理，同时也要做好预防。萝卜播种之后，及时在垄间铺设防草地布，防草地布平整铺到垄间，用地钉插入土中固定。防草地布通过阻挡阳光照射，使杂草不能进行光合作用，以此来达到防止杂草生长的作用。垄面上发现杂草要及时拔除，清理干净。

（五）病虫害防治

萝卜病虫害防治以预防为主、综合防治为原则，通过采取与农作物、非十字花科蔬菜进行轮作，提前对种植地块进行清洁等农业措施来减少病虫害，必要时可采取化学防治。化学防治时要尽量选用对土壤损害较小、残留物较少、毒性较低、效果较好的农药。苗期病害主要有猝倒病，虫害主要有黄曲条跳甲、小菜蛾、甜菜夜蛾、斜纹夜蛾。生长期病害主要有黑腐病、霜霉病和病毒病等，虫害主要有蚜虫、小菜蛾、菜青虫、斜纹夜蛾、甜菜夜蛾。

1. 农业防治

选用抗病性强的优质萝卜新品种，如春美；实施轮作制度，与非十字花科的作物进行轮作种植；采用深沟高畦，可以有效防止积水，合理密植，当发现有感病植株时要及时清出种植地，注意清洁田园。

2. 物理防治

建议采用黄板和杀虫灯诱杀。黄板悬挂高度高于蔬菜植株30~50厘米，间隔5~8

米；杀虫灯安装高度以 1.3~1.5 米为宜，单灯辐射半径为 120 米，每天 20:00 开灯，第 2 天 7:00 关灯。

3. 生物防治

利用有益生物或生物产生的活性物质及分泌物，控制病、虫、草群体的增殖。如利用赤眼蜂防治菜青虫；利用瓢虫防治蚜虫；利用白僵菌、苏云金杆菌防治食叶害虫。

4. 化学防治

施基肥时，每亩选用金龟子绿僵菌颗粒剂（活孢子含量 2 亿／克）4~6 千克、2% 噻虫嗪颗粒剂 3~4 千克拌入复合肥料撒施，可杀灭地下害虫；播种前，用 70% 噻虫嗪悬浮种衣剂、48% 溴氰虫酰胺悬浮种衣剂按药种比 1∶400 拌种，可防治蚜虫、黄曲条跳甲。植株生长期，选用 0.6% 苦参碱水剂 2 000 倍液、1.5% 除虫菊素水乳剂 2 000 倍液、3% 啶虫脒乳油 1 000~1 500 倍液、25% 噻虫嗪水分散剂 1 000 倍液喷雾防治蚜虫；选用 0.3% 印楝素乳油 250 倍液、5% 甲氨基阿维菌素苯甲酸盐乳油 2 000 倍液、2.5% 高效氯氰菊酯乳油 2 000~3 000 倍液、10% 溴氰虫酰胺悬乳剂 1 000~1 500 倍液喷雾防治菜青虫、黄曲条跳甲幼虫。霜霉病发病初期，可选用 75% 百菌清可湿性粉剂 500 倍液、72.2% 霜霉威水剂 600~800 倍液、58% 甲霜·锰锌可湿性粉剂 500 倍液喷雾防治。

（六）采收

萝卜生育期一般为 60~80 天，德州地区 10 月中下旬开始采收。具体收获时间要根据萝卜品种、播种时间综合确定，一般当肉质根充分膨大，根的基部圆腔，叶片颜色变淡变黄时即为采收期。采收过早，肉质根没有完全膨大，影响产量；收获过晚，萝卜易老化、糠心，影响质量。露地栽种的萝卜最晚要在小雪节气前收获，避免发生霜冻。萝卜采用人工或萝卜采收机械（CM-1 000 型）采收，收获的萝卜要及时出售。

二、胡萝卜

胡萝卜是伞形科胡萝卜属一年生或二年生草本植物，高 15~120 厘米，根肉质，为长圆锥形或圆柱形，呈橙红色或黄色。胡萝卜原产于亚洲西部，12 世纪经伊朗传入中国，《本草纲目》中记载"元时始自胡地来，气味微似萝卜，故名"，胡萝卜由此得名。现分布于全国各地。胡萝卜是人们餐桌上常见的蔬菜，含有丰富的维生素、胡萝卜素以及钙、铁、磷等人体所需的微量元素，其做法多样，营养丰富，而且价格便宜，深受广大消费者喜爱。胡萝卜除了作蔬菜食用之外，还是农产品深加工原料，胡萝卜能制成胡萝卜泥和胡萝卜汁，发展胡萝卜种植对于促进农业产业结构调整、发展高效农业以及促进农民增收至关重要。随着人们对胡萝卜需求量的增加，胡萝卜种植面积不断增加。为提高胡萝卜产量，减少病虫害发生，结合胡萝卜在不同阶段的生长需求，制定了胡萝卜轻简化栽培技术。

（一）生物学特征

1. 植物学特征

胡萝卜为伞形科胡萝卜属二年生草本植物。根肉质，长圆锥形，粗肥，呈橙红色或黄色。茎单生，高 60~90 厘米，有钝棱，具白色粗硬毛。基生叶薄膜质，长圆形，二至三回羽状全裂，末回裂片线形或披针形，长 2~15 毫米，宽 0.5~4.0 毫米，顶端尖锐，有小尖头，光滑或有糙硬毛；叶柄长 3~12 厘米；茎生叶近无柄，有叶鞘，末回裂片小或细长。复伞形花序，花序梗长 10~55 厘米，有糙硬毛；总苞有多数苞片，呈叶状，羽状分裂；伞辐多数，结果时外缘的伞辐向内弯曲；小总苞片 5~7，线形，不分裂或 2~3 裂，边缘膜质，具纤毛；花通常白色，有时带淡红色；花柄不等长，长 3~10 毫米。果实圆卵形，长 3~4 毫米，宽 2 毫米，棱上有白色刺毛。花期 5—7 月。

2. 生长发育周期

（1）发芽期 从播种至子叶展开，真叶露心，一般需 10~15 天。此期主要依靠种子自身贮藏的养分和外界的温度、水分等条件进行生长。要求土壤保持湿润、疏松，适宜温度为 20~25℃。

（2）幼苗期 从真叶露心至 5~6 片真叶，一般需 25 天左右。此期根系开始生长，叶片生长缓慢，应保持土壤湿润，适当控制浇水，进行间苗、除草等管理。适宜温度为 18~23℃。

（3）叶生长盛期 从 5~6 片真叶至肉质根开始膨大，一般需 30 天左右。此期叶片生长迅速，根系继续生长，应加强肥水管理，促进叶片生长，为肉质根的膨大奠定基础。适宜温度为 18~25℃。

（4）肉质根生长盛期 从肉质根开始膨大至收获，一般需 40~60 天。此期肉质根迅速膨大，应保持土壤湿润，充足供应肥水，防止叶片早衰，适宜温度为 13~20℃。

3. 对环境条件的要求

（1）温度 胡萝卜为半耐寒性蔬菜，适宜生长温度为 18~25℃。种子在 4~6℃即可发芽，发芽适温为 20~25℃。幼苗能耐 -3~-2℃ 的低温，肉质根在 18~20℃ 生长良好，温度过高或过低都会影响肉质根的品质和产量。

（2）光照 胡萝卜为长日照植物，充足的光照有利于植株生长和肉质根的形成。在生长过程中，光照不足会导致叶片徒长，肉质根细小，品质下降。

（3）水分 胡萝卜根系发达，入土深，耐旱性较强。但在生长过程中仍需充足的水分供应，尤其是肉质根生长盛期，土壤湿度应保持在 70%~80%。土壤过干或过湿都会影响肉质根的品质和产量。

（4）土壤 胡萝卜对土壤要求不严，但以土层深厚、肥沃、疏松、排水良好的沙壤土或壤土为宜。土壤 pH 值以 5~8 为宜。

（二）播种前准备

1. 品种选择

胡萝卜种植容易受气候等外部环境的影响，品种选择对胡萝卜栽培成效极为重要，若品种选择不当，将影响胡萝卜品质。因此，要加强对品种选择的认识，不断调整优化，进而改善本地胡萝卜种植情况。选择胡萝卜品种时，需要综合考虑各种因素，选择和本地自然条件相适宜的品种；选择抗病性好、抗虫性强的品种；选择适应力强的品种。在德州地区市场上常见的胡萝卜品种有红深胡萝卜、新五寸胡萝卜、红芯胡萝卜、日本杂交胡萝卜等。胡萝卜有春季和秋季栽培，根据种植区域的气候条件选择适合的胡萝卜品种，有早熟和晚熟两种类型。春季播种胡萝卜，品种选择不当，往往会出现先期抽薹现象，先期抽薹后肉质根不会继续膨大，肉质根中的纤维则会慢慢增多，导致胡萝卜产量及品质下降，严重影响菜农的收益。春季种植选择耐低温、抗抽薹、高产优质、多抗广适的胡萝卜品种，如春红一号、红芯四号、红芯五号等。为满足消费端市场的需求，要选择口感好、颜色漂亮、条形顺直、韧性强、耐裂、耐贮运、抗病性强的品种。

2. 整地

选择地势较高、土壤有机质含量较高、疏松透气，具有良好的排水性能的地块进行种植，pH值5～8的土壤均能良好生长，因为胡萝卜是收获根茎为主，所以最好选择沙壤土，如在质地较黏重的土壤种植胡萝卜时，要增加农家肥的用量，或在翻耕时施入一定量的草木灰、砻糠灰，这样有利于后期胡萝卜的收获。在播种之前，要对地块深耕30厘米左右，同时将肥料混合之后耙平土地，向土中施入腐熟农家肥或者草木灰。正常地块使用高畦深沟的方式种植较好，土壤排水性不好的地块则应当起垄种植。用于春季种植胡萝卜的地块，冬初后进行深耕，耕深23～25厘米，采取只耕不耙的方式，通过冬季低温冻垡，及冬季日照晒垡，改善土壤理化性状，增强土壤通透性，减少土壤中越冬的害虫虫蛹及致病菌数量，为胡萝卜生长发育创造良好的土壤环境。

3. 施肥

增施发酵农家肥及生物菌肥有利于提高胡萝卜产量及综合抗性，改善胡萝卜的综合品质，结合冬耕每亩撒施完全发酵的农家肥2 000～2 500千克、发酵生物菌肥木质素100～150千克、12%过磷酸钙100千克作基肥，春季结合耙耱起垄，每亩施用64%磷酸二铵15～20千克、三元复合肥（15-15-15）50～75千克。

4. 起垄

按照90厘米的垄距起垄，垄高50～55厘米，垄顶宽40～45厘米，垄以南北向为宜，要求垄顶、垄背平，无大土块，垄心实。也可采用4L-8H型多功能一体机（开沟、起垄、播种、覆滴灌带，潍坊市成帆农业装备有限公司），按垄距80厘米、垄宽50厘米、垄沟宽30厘米、垄高20厘米一次起4条垄，每垄播2行种子带、铺1条滴灌带。按大行距 65 厘米、小行距 15 厘米、株距 4 厘米播种，播种深度 1 厘米，每亩留苗 4.1 万株左右。

（三）播种

1. 种子丸粒化

用种子丸粒机将种子丸粒粉有序分层地包敷在胡萝卜种子上，将种子做成表面光滑、形状大小一致的球形，便于机械化精量播种。种子丸粒化后立即用种子干燥机烘干，烘干后的丸粒化种子需放在干燥的器具中密封备用，防止种子吸潮。

2. 种子带编织

选用透水、透气、可降解的纸带，利用 NRD-07 型数控种子编织机（保定凯若特农业科技有限公司），将丸粒化种子按间距 4 厘米、粒数 1 粒封装在带内，编织成种子带后缠绕成卷，以备播种。每亩用种量 200~250 克。

3. 催芽

胡萝卜种子发芽慢，为了促进出苗，可进行浸种、催芽。为保证胡萝卜种子发芽率和成活率，在播种前将胡萝卜种子在冷水中浸泡 3 小时，浸泡后的种子装入吸水袋中，放置在温度为 25℃ 的条件下以便种子发芽，之后每隔 12 小时再浸泡、催芽，直到有 20% 左右的种子有发芽迹象，后期将种子进行晾晒，晾晒时间一般为 3 天。

4. 秋季播种

播种时间是影响胡萝卜高产的因素，秋季胡萝卜的种植时间一般在 7 月。胡萝卜播种方式一般有条播和散播，条播时要将地里的杂物清除干净，将地整平，然后按照一定比例做好高畦深沟。

5. 春季播种

播种过早，胡萝卜进入膨大期，受到低温影响，会导致先期抽薹，使胡萝卜产量降低，商品品质变差；播种过晚，胡萝卜膨大期遇高温天气，会导致营养生长与果实膨大不协调，另外，高温环境条件下，植株综合抗性会降低。德州地区春季胡萝卜播种时间一般以春分（3 月 19~21 日）后 1~2 天为宜。在垄顶上，按照 15 厘米的行距开沟，沟深 1.5~1.8 厘米，种子与过筛细土按照 1∶10 的比例混合均匀后，分 3 次均匀撒在播种沟内，搂平后，垄顶上铺设 2 条滴灌带，滴水正常后在其上用厚度为 0.008 厘米的地膜覆盖，要求地膜铺平拉紧压实。

（四）田间管理

1. 破膜出苗

春季播种的胡萝卜，出苗 50% 左右时，于晴天下午揭开垄顶上的地膜，破膜时保留垄背上的薄膜，防止栽植垄散坨的同时，也可有效保护不采取滴灌浇水时对栽植垄的破坏，为胡萝卜根系生长营造良好的土壤环境。

2. 间苗定苗

胡萝卜种植过程中，要做好疏苗处理和田间杂草的清除工作。首次疏苗在胡萝卜幼苗长到 3 叶时，按照优胜劣汰的原则，拔除弱势幼苗，密度控制在每平方米 110 株左右，若种植过于稠密，将影响胡萝卜苗的粗壮；后期当胡萝卜幼苗长到 5 叶时，进行第 2 次疏苗，密度控制在每平方米 90 株左右。为保持田园清洁，要及时将间去的幼苗及杂草带离种植田。

3. 温度管理

春季种植胡萝卜，容易遇到倒春寒天气，如果胡萝卜膨大期遇到倒春寒天气，温度低于 15℃，没有及时采取保温措施，则胡萝卜植株处于低温的时间越长，植株越容易春化并出现先期抽薹的概率就越大。如胡萝卜膨大期遇到持续高温天气，导致胡萝卜缺水严重，也容易使胡萝卜出现先期抽薹现象。

4. 合理灌溉

在胡萝卜栽培过程中，要合理进行灌溉。胡萝卜出苗期，土壤相对湿度保持在 90%～95%，有利于出苗，出苗后以控为主，以水引导胡萝卜根系下扎，土壤相对持水量以 65%～70% 为宜。出苗后，要结合当地的气候条件对胡萝卜幼苗进行合理灌溉。灌溉的时间一般选在早晨或太阳落山时，可以采取喷灌或漫灌等方式，确保土地墒情。胡萝卜播种后 2 个月内要防止土壤干旱，定期适度浇水。尤其长到 4～7 片真叶时，土壤干旱将影响根系下扎，增加裂根的概率。因此，要进行适当灌溉，但土壤浇水过量也会导致病害的发生，增加胡萝卜的须根。另外，当降雨过多时，还要做好田间排水排涝，防止雨量过大导致胡萝卜根瘤突起。

5. 科学施肥

施肥作业对实现胡萝卜高产栽培至关重要。从胡萝卜幼苗开始到收获的过程需要定期施肥，施 3 次左右，分别在胡萝卜定苗后施加尿素，满足胡萝卜幼苗生长；当胡萝卜肉质根开始长大时，追施硫酸钾肥满足胡萝卜生长；在胡萝卜肉质根生长旺盛期，再追施复合肥满足胡萝卜后期营养生长需求，预防因土壤干燥、水肥供应不足、偏施磷肥等导致胡萝卜营养生长不良，提前进行生殖生长，出现先期抽薹现象，导致胡萝卜产量低、食用品质差。对于春季播种的萝卜，当幼苗旺长时，叶面喷施 0.4%～0.5% 磷酸二氢钾溶液。

6. 中耕培土

在胡萝卜出苗时期，常因灌溉导致土壤板结，影响胡萝卜幼苗后期生长。因此，要做好中耕工作，保证土质松软、透气、不板结。为实现胡萝卜高产，在胡萝卜肉质根膨大期，还要做好培土工作，避免出现青肩。胡萝卜生长期间应进行 2～3 次中耕。第一次中耕在间苗后进行，深度为 3～4 厘米，以破除土壤板结，促进根系生长。第二次中耕在定苗后进行，深度为5~6厘米，同时结合中耕进行培土，防止肉质根外露。第三次中耕在肉质根开始膨大时进行，深度为7~8厘米，以促进肉质根的生长。

7. 除草

胡萝卜生长期间应及时进行除草，可采用人工除草或化学除草的方法。人工除草要及时、彻底，避免杂草与胡萝卜争夺养分和水分。化学除草可在播种后出苗前，每亩用50%乙草胺乳油100~120毫升，兑水50~60千克，均匀喷洒在土壤表面；或在胡萝卜生长期间，每亩用10.8%高效盖草能乳油30~40毫升，兑水50~60千克，均匀喷洒在杂草上。

8. 科学化控

化控与预防胡萝卜早衰相结合，根据胡萝卜植株田间长势，针对施策，有旺长趋势的胡萝卜种植田，叶面喷施0.45%~0.50%磷酸二氢钾溶液，每7天1次，连续喷施2~3次；出现旺长的胡萝卜种植田，每亩使用5%烯效唑可湿性粉剂40~50克喷施于胡萝卜上部叶片，采用烯效唑化控尽量减少药液落地量，防止烯效唑使用不当，影响下茬作物生长发育。化控剂喷施6小时后降雨，雨后酌情减量再喷1次，做到不重喷、不漏喷，化控效果不明显的地块，7天后再次喷施1次。

9. 植株调整

胡萝卜生长过程中，应及时清除残枝败叶、伤残叶及老化叶，并带离胡萝卜种植田，远距离深埋或销毁。既要保持胡萝卜种植田清洁，又要保持株行间具有良好的通透性，以降低田间空气相对湿度，预防各种真菌、细菌病害的发生及危害。

（五）病虫害防治

1. 物理防治

在胡萝卜种植田每公顷悬挂1盏频振式杀虫灯，以诱杀蛴螬、地老虎成虫；通过在田间悬挂蓝色及黄色粘虫板的方式，防治刺吸式口器害虫。

2. 化学防治

（1）黑斑病　在发生初期，及时喷洒农药，可用代森锰锌、百菌清等药剂适量喷洒，防止病害进一步发展，每隔8天左右喷洒1次，连续喷2~3次；或使用甲基硫菌灵可湿性粉剂，按照一定比例混合，每隔8天喷洒1次，连续喷3~4次，可达到防治病害的效果。

（2）软腐病　一般使用一定比例的络氨铜水剂，每隔8天左右喷洒1次，连续喷洒2次。

（3）黑腐病　发病后用浓度为75%的百菌清可湿性粉剂稀释600倍液，或用浓度为20%的噻唑锌悬浮剂稀释500倍液，或用浓度为50%扑海因可湿性粉剂稀释1 500倍液进行喷洒防治，每隔8天左右喷洒1次，注意交替用药，效果较好。

（4）菌核病　发生后及时清理田园，将病株残体深埋于地下；适当降低田间湿度；发病后可使用25%啶酰菌胺悬浮剂1 500倍液喷雾防治。

（5）黄曲条跳甲　主要危害叶片和肉质根。幼虫发生期可用每亩40%辛硫磷100毫升随浇水灌根。成虫发生期可用4.5%高效氯氰菊酯乳油1 000～1 500倍液、5%啶虫脒乳油1 500～2 000倍液等药剂进行喷雾，喷雾时要注意叶片正反两面都要喷到，因为跳甲会在叶片两面活动。

（6）根结线虫　发生后可用阿维菌素在定植前或定植后将药剂按照适当的比例兑水，进行穴施或灌根，或用氟吡菌酰胺在定植前或定植后将药剂按照适当的比例兑水，进行穴施或灌根。也可利用对根结线虫有拮抗作用的生物制剂进行土壤处理或根部处理，以抑制或消灭根结线虫的活动。

3. 农业防治

种植胡萝卜，一般选择2种以上的农作物进行轮作，使土地得到有效的休养。田间容易积水的地块，应该做好排水工作。及时清理田间有病害残株、杂草和长势较弱的胡萝卜幼苗，防止病害残株影响正常幼苗生长。要及时对深层土壤进行翻耕晾晒，利用阳光杀灭土壤中的有害菌落及虫卵，避免胡萝卜出现大面积病虫害。

4. 生物防治

生物防治是天然、无污染的病虫害防治方法，它主要利用食物链特征，通过释放害虫天敌防治害虫，如在防治蚜虫时，可利用蚜虫的天敌七星瓢虫，通过释放天敌减少蚜虫数量，避免胡萝卜蚜虫危害。但在选择害虫天敌时，要避免所选天敌对胡萝卜产生影响。也可以采用性干扰剂影响害虫繁殖，减少害虫的数量，从而减轻害虫对胡萝卜的影响。为实现胡萝卜高产目标，需要对胡萝卜种植技术不断调整优化，在病虫害防治过程中按照预防为主、综合防治的植保方针，积极探索推广统防统治与绿色防控融合，促进胡萝卜种植绿色发展。

（六）采收及贮藏

1. 采收

根据胡萝卜品种和种植时间，选择适当的收获时间。一般情况下，胡萝卜在根部直径适中且颜色饱满时为最佳收获时间。采收过晚，胡萝卜的品质也会下降，影响经济效益。把收获完的胡萝卜储存在湿度适中、通风良好且温度低的地方，以延长其保鲜期。避免与有气味的食物存放在一起，以防异味传递。春播胡萝卜成熟后，要及时采收。因春播胡萝卜采收期正处于炎热多雨的夏季，采收过晚，胡萝卜肉质根容易受病虫害感染，出现腐烂、木质化、抽薹等问题。德州地区春种胡萝卜采收时间为6月上中旬，选择晴天下午陆续采收，分批上市；秋种胡萝卜采收时间在11月中上旬，一般在小雪之前收获完成。

2. 贮藏方法

（1）沟藏 选择地势高、排水良好的地方，挖宽 1.0~1.5 米、深 1.0~1.2 米的沟。将胡萝卜根朝下、头朝上码放在沟内，码放厚度为 50~60 厘米。码放好后，在胡萝卜上面覆盖一层细土，厚度为 10~15 厘米。随着气温的下降，逐渐增加覆土厚度，最后覆土厚度达到 30~40 厘米。

（2）窖藏 选择地势高、排水良好的地方，挖深 2~3 米、宽 2~3 米、长 5~10 米的地窖。窖底铺 5 厘米湿沙，胡萝卜头朝上码成堆，码放厚度为 80~100 厘米。每层码放好后，覆盖 3~5 厘米的湿润细沙，堆至预定高度后，最上层需覆盖 5~10 厘米的湿沙。窖内温度应保持在 0~3℃，湿度应保持在 90%~95%。

三、根芥菜

芥菜（*Brassica juncea*）是原产于中国的古老十字花科芸薹属重要蔬菜，在中国起源历史悠久，种类繁多，栽培也十分广泛。在漫长的自然演变进化及人们的选择驯化栽培过程中，芥菜的各器官特别是各营养器官产生了多向而强烈的分化，形成了包括根、茎、叶、薹 4 大类 16 个变种以及众多的变异类型，在秦岭淮河以南特别是长江流域及以南地区的栽培种植及分布表现尤为普遍突出。芥菜类蔬菜产品除长期供作生产当地市民和南菜北运的时鲜特色蔬菜外，形成了以四川盆地（含重庆市）、长江中下游（华中、华东）地区为中心，并向四周迅速扩散的芥菜类蔬菜种植及众多的名特优农副产品商品化生产加工基地。

芥菜类蔬菜作为重要的鲜食蔬菜和精深加工蔬菜种类，除高寒山区（西藏）外，在全国各地均有栽培，其中以西南、华中、华东、华南地区的 15 个省份分布种植最为集中。据国家特色蔬菜产业技术体系 2019 年调研统计，我国芥菜类蔬菜栽培面积约 1 500 万亩，产量约 450 亿千克，产值约 2 000 亿元，在蔬菜产业及人民日常生活中占有十分重要的地位，更是区域性、现代特色高效农业创新发展的重要抓手。

山东省芥菜栽培面积约为 2 万亩，主要栽培区域有济南、泰安、潍坊、淄博、菏泽、枣庄、德州等地。德州市的芥菜栽培种类主要是根芥菜，根芥菜又名大头菜、大头芥、辣疙瘩、芥菜疙瘩等，属十字花科芸薹属芥菜种中以肉质根为食用器官的变种，一年或二年生草本植物，原产于中国，南北方均有栽培，用以食用的肉质根有圆锥形、圆柱形和扁圆柱形，以腌渍加工为主，制成盐大头菜，有名的山东五香疙瘩、玫瑰大头菜等就是用它加工而成的。农家也可将大头菜加工成咸菜，味道鲜美。

（一）生物学特征

1. 植物学特征

（1）根 根芥菜的根为肉质直根，形状多样，有圆锥形、圆柱形、扁圆形等。肉质根由根头、根颈和真根三部分组成。根头是由子叶以上的上胚轴发育而成，上面着生芽和叶；根颈是由子叶以下的下胚轴发育而成，为肉质根的主要部分；真根是由胚根发育而成，上面着生侧根。

（2）茎　在营养生长时期，根芥菜的茎为短缩茎，着生叶片和芽。在生殖生长时期，短缩茎抽生花茎，花茎高可达1米以上，上面着生分枝和花。

（3）叶　根芥菜的叶分为基生叶和茎生叶。基生叶呈莲座状，叶片较大，有长椭圆形、倒卵形等形状，叶色深绿或浅绿色，有光泽。茎生叶较小，无叶柄，叶片呈披针形或长椭圆形。

（4）花　根芥菜为总状花序，花为十字形花冠，花瓣4片，颜色为黄色。雄蕊6枚，四强雄蕊。雌蕊1枚，柱头2裂。

（5）果实和种子　根芥菜的果实为角果，成熟时开裂。种子为圆形或椭圆形，颜色为红褐色或棕色。种子较小，千粒重约为1克。

2. 生长发育周期

（1）发芽期　从种子萌动到第一片真叶显露，一般需5～7天。此阶段主要依靠种子自身贮藏的养分和适宜的温度、水分条件生长。适宜温度为20～25℃，要求土壤保持湿润、疏松。

（2）幼苗期　从第一片真叶显露到5～6片真叶展开，一般需20～30天。此时期根系逐渐生长，叶片生长相对缓慢。应保持土壤湿润，适当间苗、除草，适宜温度为18～23℃。

（3）莲座期　从5～6片真叶展开到肉质根开始膨大，一般需30～40天。此阶段叶片生长迅速，形成莲座状。要加强肥水管理，促进叶片生长，为肉质根膨大奠定基础，适宜温度为15～20℃。

（4）肉质根膨大期　从肉质根开始膨大到收获，一般需40～60天。此时期肉质根迅速膨大，应保证充足的水分和养分供应，适宜温度为10～15℃。

3. 对环境条件的要求

（1）温度　根芥菜属半耐寒性蔬菜，适宜生长温度为15～20℃。种子在2～3℃时即可发芽，发芽适温为20～25℃。幼苗能耐-3～-2℃的低温，肉质根在10～15℃生长良好。温度过高或过低都会影响其生长发育和品质。

（2）光照　根芥菜为长日照植物，充足的光照有利于植株生长和肉质根的形成。在生长过程中，光照不足会导致叶片徒长、肉质根发育不良。

（3）水分　根芥菜根系较发达，有一定的耐旱能力，但在生长过程中仍需充足的水分供应。尤其是在肉质根膨大期，土壤湿度应保持在70%～80%。土壤过干或过湿都会影响肉质根的品质和产量。

（4）土壤　根芥菜对土壤要求不严格，但以土层深厚、肥沃、疏松、排水良好的沙壤土或壤土为宜。土壤pH值以6～7为宜。

（二）播种前准备

1. 品种选择

选择耐霜冻、抗病虫、耐抽薹、抗重茬、商品性好的品种，如山东光头芥菜、济南辣疙瘩、诸城大辣菜等。

2. 种子处理

（1）清水选种 选择籽粒饱满、色泽橘红鲜亮的芥菜种子，放入清水中轻轻搅拌，捞去飘浮杂物和秕粒，沥去清水，留取沉底饱满种子作种。

（2）药剂浸种 用20%喹菌酮可湿性粉剂1 000倍液，或77%可杀得悬浮剂800~1 000倍液浸种20分钟左右，期间要不断搅拌，能有效降低软腐病和黑腐病的发病率。

（3）催芽 可选择低温催芽或浸种催芽，低温催芽将种子放入3~6℃的环境中2~3天，浸种催芽将消毒后的种子在清水中浸泡3~4小时。

3. 科学整地

（1）地块选择 选择地势平坦、排灌方便、疏松肥沃、pH值6.5~7.5的土壤为宜。避免与十字花科作物或当年种过芥菜的土地连作，前茬作物以豆类、瓜类、马铃薯、麦类为宜，且前茬未喷施过对十字花科蔬菜有药害的化学除草剂。

（2）整地施肥 前茬作物结束后及时整地，整地要求：土地平整、土壤细碎，不能有大土块。结合旋耕深翻每亩施入农家肥3 000千克，过磷酸钙50千克，草木灰150千克。采用小高垄栽培，垄高15厘米左右，垄宽20厘米左右。

（三）播种

1. 直播

根芥菜直播的播种时间具有地域差异，南方地区四季均可播种，北方地区主要以秋播为主。德州地区一般于8月中下旬播种。

直播可选用条播或穴播。条播时顺垄背划沟，顺沟撒播；穴播时开穴深度2~3厘米，每穴播3~4粒。播后覆细土1.5~2厘米，不宜过厚。一般每亩播种100~150克。直播后一般3~5天后即可出苗，幼苗长到两片真叶时进行间苗，每穴留苗2~3株；待幼苗三叶一心时进行定苗，除弱留壮，每穴留1株。直播的幼苗定苗时保留多余的壮苗用来补苗。补苗时带土补穴，提高补苗成活率。

2. 育苗移栽

针对同一品种，选择育苗移栽的根芥菜播种期比直播早10天左右。德州地区根芥菜的育苗播种时间一般在7月下旬至8月上旬，8月下旬至9月上旬定植。育苗时注意适当稀播和间苗，在出苗20天左右时间苗1~2次，除弱留壮。定植前苗床先浇透水，移苗时带土移栽并按一定的株行距（根据不同品种株形和开展度来确定株行距，例如光头芥菜的种植株距为35厘米、行距50厘米)定植于大田。定植时按该品种的株行距开穴定植,每穴定植一株壮苗,定植后一定要浇透定根水,到缓苗前浇水1~2次至全部成活。

(四)田间管理

1. 肥水管理

根芥菜的施肥坚持基肥为主、追肥为辅的原则。芥菜种子较小,出苗前保持土壤湿润,出苗后浇水掌握轻浇、勤浇的原则,土壤见干见湿,肉质根膨大至拳头大时,需水量较多,应适当灌溉。整个生长期一般追肥3次,第1次追肥于直播田定苗后、移栽苗成活后进行,每亩施硫酸铵10~15千克;间隔7天后用稀释有机肥液浇施(每亩追施粪水比1∶5的稀粪尿800千克)进行第2次追肥;第3次为根茎膨大期,每亩随水冲施腐熟人粪尿1 500千克或三元复合肥(15-15-15)30千克。追肥时尽量早施,追肥过晚地上部营养生长过旺,不利于肉质根膨大。

2. 摘心

秋播的根芥菜常发现有未熟抽薹现象,如遇这种现象,需把心摘掉。否则将影响肉质根的膨大。摘心时用锋利的小刀尽量靠基部把花薹割掉,使断面略呈斜面,防止积水腐烂。摘心愈早愈好,摘掉后根芥菜肉质根仍然可以膨大。

(五)病虫害防治

1. 物理防治

利用太阳能频振式杀虫灯防治斜纹夜蛾、甜菜夜蛾、跳甲、金龟子等趋光性害虫。利用黄板防治蚜虫、飞虱、跳甲成虫等,黄板设置数量每亩为20~30块,放置高度以高出芥菜叶面10~15厘米为宜。

2. 化学防治

软腐病和黑腐病,发病初期要及时拔除软腐病和黑腐病病株并深埋,用含菌量15亿CFU/克的枯草芽孢杆菌可湿性粉剂200克兑水100升灌根,或用20%叶枯唑可湿性粉剂600倍液,30%乙蒜素乳油500~1 000倍液,或77%氢氧化铜可湿性粉剂500~800倍液喷雾防治。病毒病,用种子重量0.2%的20%盐酸吗啉胍·铜可湿性粉剂拌种,5%氨基寡糖素水剂800倍液或20%盐酸吗啉胍·铜可湿性粉剂500倍液,并搭配25%噻虫嗪水分散粒剂2 000倍液喷雾防治。霜霉病,发病初期选用25%甲霜灵可湿性粉剂800倍液、57%烯酰·丙森锌水分散粒剂2 000~3 000倍液、或25%甲霜·霜霉威可湿性粉剂1 500~2 000倍液喷雾防治。小菜蛾,用2%甲氨基阿维菌素苯甲酸盐水分散粒剂5.5克/亩喷雾、1.8%的阿维·高氯45毫升/亩喷雾、300克/升的氯虫·噻虫嗪悬浮剂30毫升/亩喷淋或灌根、苏云金杆菌可湿性粉剂65克/亩喷雾、5%的氯虫苯甲酰胺悬浮剂45毫升/亩喷雾。蚜虫,用15%的啶虫脒乳油10

毫升/亩喷雾、25%的噻虫嗪水分散粒剂6克/亩喷雾，或用0.3%苦参碱水剂800倍液或2.5%鱼藤酮乳油1 000倍液喷雾防治，也可在芥菜收获前的20天内使用25%的吡虫啉可湿性粉剂800～1 000倍液等一些药效持效时间不长的药物进行防治。黄曲条跳甲、黄宽条跳甲、猿叶甲，可用300克/升氯虫·噻虫嗪30毫升/亩喷雾或灌根、20%的联苯·噻虫胺55毫升/亩喷雾、10%的溴氰虫酰胺可分散油悬浮剂26毫升/亩喷雾，发生早期可用32 000IU/毫克的苏云金杆菌G033A可湿性粉剂150～200克/亩喷雾，发生中期可用2.5%高效氯氰菊酯乳油1 500倍液喷雾或0.2%的呋虫胺悬浮剂6升/亩冲施。

（六）采收

根芥菜喜冷凉湿润气候，不耐霜冻。德州地处华北地区，雨热同季，冬季寒冷，根芥菜自播种到肉质根收获，一般在90天左右，采收时间一般在11月上中旬。在肉质根充分膨大，基部已圆，叶色变黄时及时采收。收获后用刀在根茎处将叶片削下，同时削去须根。收获后的根芥菜根据需要以散装、筐装、麻袋或编织袋包装运输。

第七章　绿叶菜类蔬菜栽培技术

绿叶类蔬菜主要以鲜嫩的绿叶、叶柄和嫩茎为产品的速生蔬菜。由于生长迅速、植株矮小、适于密植、采收灵活,栽培十分广泛,品种繁多,我国栽培的绿叶菜有10多个科30多个种。北方地区普遍栽培的品种包括菠菜、芹菜、芫荽、茴香、油菜、荠菜、茼蒿等,不需要过多的投资和耗费精力,适于与生长期长或高大的蔬菜间作、套作或混作。

山东德州秋季气温适宜,湿度适中,适合种植绿叶类蔬菜。常见的蔬菜品种包括芹菜、菠菜、芫荽、叶用莴苣等,这些蔬菜营养丰富,含有大量的维生素和矿物质,可以适当地增加人体健康所需的营养成分。

一、芹菜

优质芹菜种植是德州市陵城区宋家镇徐坊村党支部领班创办合作社打造的集体增收新项目。为了壮大村集体经济,德州市陵城区宋家镇徐坊村把发展特色农业作为重点,党支部于2020年创办了合作社,流转土地5.3万米^2,创建蔬菜种植基地,发展蔬菜种植业。合作社组织村"两委"班子到寿光、乐陵等地学习取经,并聘请了技术员来指导,引进法国皇后等优质芹菜品种,形成了以市场需求为主导的多种蔬菜种植模式,多渠道增加了集体收入。

(一)秋芹菜露地高产栽培技术

1. 选用良种

采用抗病性强的品种加州皇冠1号,该品种植株高,生长势强,抗病耐寒,生长迅速,打叶实心,品质优良。株高达95厘米以上,单株平均食用叶柄6.5个,平均单株重210克,叶片平展有光泽,无病害,叶柄淡绿色,手感鲜,耐贮运。

2. 选地施肥

选择土壤质地松软、排灌方便、保肥保水性能良好、有机质含量较高的地块种植秋芹菜,忌重茬连作,重施基肥,一般每亩施优质土杂肥5 000千克。

3. 培育壮苗

露地秋芹菜高产的关键是培育壮苗,一般要求6月下旬至7月上旬播种。直播或育苗移栽均可，育苗时苗床要求整地细、平、实，施足底肥。育苗苗床播种量为1.0～1.5千克，播后盖帘遮阴或遮阳网育苗，当出苗70%以上时，选择阴天或者傍晚分两次揭帘，早晚经常浇水降温，保持地面湿润。遇到大雨及时利用井水串灌。出苗前向地面喷洒50%利谷隆可湿性粉，亩用量50g，同时加入48%地乐胺乳油100毫升，防除杂草。当苗15～18厘米，4～6片真叶，苗龄45～55天，在立秋前后栽完为宜。一般行距20厘米，穴距10～15厘米，每穴2～3株，每亩4.5万～6.5万株。

4. 科学管理

芹菜露地秋种要采取前控后促的措施，生产前期以控为主，尽量少浇水，少追肥，控制地上部分，促进根系伸长。9月下旬之后，气温逐渐凉爽，芹菜开始旺盛生长，应由控转促，分2～3次追肥，每亩追施尿素20～30千克，并配合使用复合肥和腐熟豆饼肥。每隔2～3天浇1次水，保持地面湿润。11月上旬收获前，及时追肥浇水才能保持芹菜新鲜。

5. 收获贮藏

小雪前后收获。只要不受冻伤，尽量晚一点收获，以利于贮藏。收获时连根挖出，直立堆放在深30～40厘米、宽1.5～2.0米、长度不限的浅沟内，四周和顶部覆土4～5厘米，防冻和防止失水，在立冬前后建地上窖贮藏，元旦至春节前后出窖上市出售。

（二）温室芹菜栽培技术

1. 温室结构

温室后墙是干打垒的37厘米厚土墙，土墙外面再砌24厘米厚的砖墙，温室长度65米，跨度7米，温室内面积约400米^2，脊高2.5米，钢骨架，冬季覆盖草苫，人工拉盖苫。

2. 品种

徐坊村的优质芹菜品种为法国皇后，是从法国TEZIER公司引进的芹菜品种。中熟品种，定植后70～80天收获。抗病性及强，主抗芹菜叶斑病、芹菜软腐病。品质佳，纤维少，不空心，且叶柄比例大，单株重量高于同等大小的其他类型品种，商品性好。

3. 育苗

（1）播种期　秋冬季日光温室栽培播种期为8月6—10日，播种过早，天气炎热，芹菜出苗困难并且容易发生病害；播种过晚，则定植时间推迟，影响来年产量。

（2）作畦播种

①作畦。7月下旬开始净地，8月上旬整地，一般选择种植芹菜的温室南边棚档露地育苗。为了减轻连作障碍，有的育苗地前茬只种鲜食玉米，8月初收获完毕。夏季的育苗畦要求既要能浇水又要能排水，还要预防大暴雨，当地采用在畦内作畦的方

法，内畦为平高畦，然后在畦沟外围用畦埂把内畦围起来，作为外畦埂（用于行走和挡水），高度超过内畦的畦面，以使内畦能够浇上水，下雨的时候，内畦面的水可以流到沟里，这样就避免了雨涝的危害。按东西向作畦，一般作成内畦面宽2米的2个畦（1个外畦埂围2个内畦），每亩种植面积约需育苗面积133米^2，用种量144克。播种前平整畦面，用脚踩一遍，每亩用除草剂48%氟乐灵乳油100~150毫升兑水50千克，均匀喷施土表，喷后立即混土，然后用铁丝耙搂沟，播种，再踩一遍，搭遮阳网。然后浇水，让水慢慢浸润畦面，注意水流不可过大，否则种子会漂移。为防止蚯蚓活动使土面疏松，影响芹菜出苗，可用辛硫磷拌麸皮洒在畦面上。播种普遍采用直播的方法。

②播种。芹菜种子小且轻，具有热休眠、需光发芽、发芽时间长的特性，尤其在夏季，播种过深，种子见不到光，种子发芽延迟或不发芽；播种过浅，容易干燥，种子不能发芽或发芽过程中死亡。但芹菜种子只能浅播，这就要求播后管理要十分精细。

③穴盘育苗。近年来，徐坊村采用穴盘苗定植，效果较好，采用穴盘育的芹菜苗定植后缓苗快、成活率高、整齐度好、优品率高、商品性好、产量高，受到农户一致认可。但芹菜需进行高密度定植，用苗量大，即使穴盘苗每株售价降至0.05~0.08元，成本高仍是推广的难题。专业化育苗公司采用200孔穴盘轻基质育苗，用种量少，成苗率高，育苗的质量高，无病无虫，是以后芹菜生产发展的方向。

（3）播后管理　8月上旬天气炎热，芹菜种子小且播种很浅，播后应保持畦面湿润，覆盖遮阳网以减少光照，降低温度，减少水分蒸发，有利于芹菜出苗。视天气情况，一般2~3天在早晨浇1次水，地表稍发干时就要浇水。浇水时水要慢慢地洇湿畦面。防止干旱的同时，也要做好排涝的准备工作，以防大雨淹畦、淹苗而发生沤根、病害。苗基本出齐后，早晚揭开遮阳网，使小苗适度见光。9月天气凉爽，可逐渐撤掉遮阳网，芹菜苗进入正常生长阶段，10月上旬幼苗达到5~6片叶，即可成苗，准备移栽。

4. 整地施肥做畦

8月上旬开始腐熟有机肥，10月上旬整地，每亩均匀铺撒腐熟牛粪12~15米^3、腐熟鸡粪或鸭粪2~3米^3，用四轮旋耕机旋耕，旋耕深度20~30厘米，使肥料与土壤混合均匀。长64米、跨度7米的日光温室做8个大畦，畦长8米，宽6.7米，靠后墙留30厘米宽的走道，畦面要求平整。作大畦能减少畦埂的数量，增加种植密度，提高温室内的土地利用率，增加产量，同时对技术与管理要求也较高。大畦平整度要求高，浇水时能够使水分均匀。植株整齐度高，生长一致，不但可以增加产量，还可以提高品质和商品率。

5. 定植与定植密度

10月上旬至10月底均可定植，但定植早晚明显影响芹菜生长，早定植的芹菜前期生长期长，植株敦实，后期产量高。从苗畦中先拔大苗进行定植，每畦定植35行。

芹菜一般定植行距为20厘米，株距为15～20厘米，每亩定植2万株左右。徐坊村的芹菜定植行距为17厘米，株距为10厘米，每亩定植株数达3.3万～3.5万株，种植密度达到了生产中棵芹菜（单株质量0.4千克）的高值。

6. 定植后田间管理

（1）温度管理　芹菜喜欢冷凉湿润的气候，生长适宜温度15～20℃，一般管理上为了促进芹菜的快速生长，白天温度控制在20～25℃，夜间10℃左右，元旦至春节收获，收获延迟，则叶柄容易空心，品质变差。

温室芹菜种植密度大，管理不当很容易徒长，叶柄细，产量、品质都会受到影响。因此，整个生长期实行以控为主的低温管理，温室温度20℃左右即开始放风，夜间保持5℃左右，即每天不管是晴天或是阴天都进行充足放风，控制芹菜过快生长。植株生长缓慢，但叶柄粗壮，植株挺拔、敦实，并且能提高整齐度。实践证明，低温管理的芹菜比高温管理的芹菜叶柄比例大、单株质量大、产量高、商品性好。徐坊村的芹菜叶柄的长、宽、厚分别为47.9厘米、1.8厘米、0.7厘米，单株质量391克，净菜率84%，均高于普通品种的芹菜（40.8厘米、1.6厘米、0.6厘米、单株质量357克、净菜率80%）。

（2）水肥管理　芹菜生长喜湿润环境，应经常保持土壤湿润。视天气和土壤情况，一般10～15天浇1次水，连阴天、阴雪天不浇水。随着植株的生长，每亩每次施入尿素2.5～10.0千克（芹菜每生产1万千克，需要氮36千克、磷15千克、钾60千克。应根据基肥及土壤的肥力情况，确定化肥的施用量），70%的追肥于2月上旬至3月上旬追施，2月上旬以后每亩加入硫酸钾肥10千克，施用2～3次。

（3）病虫害防治　芹菜定植后，正是温室蚜虫高发的季节，蚜虫可使芹菜叶片卷曲收缩，并可传播病毒，应提早防治。可用20%吡虫啉可湿性粉剂2 500倍液，或25%抗蚜威水分散粒剂2 500倍液喷雾防治。采取放风控制温室温度的管理措施，不仅控制了植株生长，温室内相对湿度降低，也减少了病害的发生，但在生长后期，进入3月后，植株高大，植株间通风透气性差，浇水后土壤水分不容易散发，但此时德州气候干燥，大风频繁，可采用小水勤浇，加强通风的措施，防止根部病害发生。

7. 收获

日光温室秋冬茬芹菜按正常管理，一般在1～2月收获，正值元旦和春节，但因芹菜上市量大，所以价格往往不高。按照徐坊村种植管理模式栽培的芹菜一般在2月下旬至3月中旬收获，比一般温室芹菜晚收获1个月左右，正逢市场紧俏期，收购价往往高于1—2月收获的芹菜。

进入3月后，由于气温渐渐升高，植株越来越大，已进入产量形成的重要时节，需注意白天加大放风，晚上不放苫或放半苫，降低夜间温度、湿度，控温不控水，以控制植株缓慢生长，视植株大小及价格情况择时收获。如果收获不及时或管理不当，可能会造成植株过高，外叶空心、变黄或腐烂等现象。收获前10多天的时间每亩可形成产量 2 500~3 000 千克。如果在 3 月上旬收获，每亩产量 1.00 万千克左右；3 月中下旬收获，每亩产量可达 1.25 万千克左右，最高产量接近 1.50 万千克。

（三）芹菜双株定植轻简化栽培技术

1. 品种

（1）京芹 1 号 国家蔬菜工程技术研究中心育成的品种，早熟，苗龄 50~60 天，定植后 70~75 天即可收获。耐低温，抗病性较强，茎叶淡黄色且光滑，不空心，纤维少，植株紧凑，高产，叶柄长 30~50 厘米。

（2）文图拉 北京市特种蔬菜种苗公司选育的品种，耐低温，植株生长旺盛，株高 80~90 厘米；叶片肥大，叶色深绿，叶柄绿白色，实心，有光泽，叶柄腹沟浅而平，叶柄紧凑；品质嫩脆，纤维少，抗枯萎病，对缺硼症抗性较强，从定植到收获需 70~80 天。

2. 播种

（1）浸种 芹菜种子细小且皮厚含油腺，不易发芽，一般采用育苗移栽的方式。种子千粒重 0.5~0.6 克，每 1 克种子 2 000 粒左右，按每亩用苗 2 万株计算，应精选种子 25~30 克。选用干净的白布将种子包住，在常温下浸种，每隔 8 小时用清水冲洗并用手揉搓 1 次，后继续浸种，浸种 24 小时后如不催芽，就可播种；播前，在阴凉通风处摊开种子进行晾晒，种子不粘连时即可播种。如催芽，可在 20℃左右的恒温箱中进行，每天淘洗种子 1 遍，并揉搓，淘洗完后甩干水分，再进行催芽；7 天左右，当 30% 种子露白后即可播种，如种子已露白再清洗时不要揉搓；同时，催芽时间不能太长，因芹菜芽过长不好播种。

（2）穴盘育苗 8 月中旬播种。每亩按 200 穴穴盘 84 盘或 128 穴穴盘 87 盘准备，基质用草炭 : 蛭石 =2 : 1（体积比）混合，每立方米基质加入 50% 多菌灵可湿性粉剂 200 克消毒，同时调节基质含水量至 40% 左右，充分混合后，手轻握成团手指间有滴水即可。将配制好的基质装入穴盘中、刮平，然后堆叠进行按压，压深 0.5 厘米。手工点播，每穴播种 5~6 粒，留苗 2 株，一次成苗。单株定植的行株距为 20 厘米×20 厘米，每亩 1.67 万株，需 200 穴穴盘 84 盘；双株定植的行株距则为 30 厘米×20 厘米，每亩 1.11 万穴（或每亩 2.22 万株），需 128 穴穴盘 87 盘。

（3）播后管理 为保证出苗率，应在温室内育苗。播种后为确保及早出苗、出齐苗，要保证苗盘的湿度和温度。播种后浇透水，由于芹菜种子小，大部分种子在基质上，因此宜使用出水细小的喷头，便于控制浇水速度和出水量，防止冲走种子。浇透水后及时扣上地膜，以后视天气情况进行浇水，一般每天 10:00 前浇 1 次，保证浇全、浇透。浸种催芽的种子播种后 5 天左右即可拱土，应及时撤掉地膜，以防烤苗。

3. 定植

（1）整地 在长 50 米、宽 8.5 米的温室施入有机肥 2 吨、磷酸二铵 50 千克、硫酸钾25千克，均匀铺撒后用四轮旋耕机旋耕，旋耕深度20~30厘米，使肥料与土壤混合均匀。为方便、快捷、机械化作业，日光温室采用东西向作畦。按1.33米拉线作畦，畦面平整，畦面宽1.05米、高13厘米，沟宽约25厘米。

（2）定植　10月中旬定植。采用简易打孔器在畦面打孔，打孔器根据株行距自行焊制，焊制后可长年使用，建议焊制的打孔器株行距为30厘米×20厘米和20厘米×20厘米2种，孔的直径3厘米，深度5厘米。使用时由2人抬着在畦面上向下一压，即可形成株行距固定的24~30个定植穴，省力、省工，提高劳动效率。定植前，为利于缓苗，穴盘苗要适当浇水。双株定植的每畦定植4行，每穴双株，行株距30厘米×20厘米；单株定植的，每畦定植5行，行株距20厘米×20厘米。定植时不要埋住芹菜心，定植后穴边用土封严压实，每畦铺设2条滴灌带。

4. 定植后管理

（1）温度管理　芹菜为耐寒蔬菜，要求较冷凉湿润的环境条件。定植前铺好棚膜，定植后为促进缓苗，密闭棚膜提高地温、气温，因采用穴盘育苗，定植后缓苗较快。缓苗后，为了促进芹菜快速生长，白天温度控制在20~25℃，夜间温度在10℃左右，白天如超过25℃则应放风换气、降温。11月中旬上好保温被，视天气情况随时放下保温被进行保温。

（2）水肥管理　芹菜根系虽然发达，但分布较浅，耐旱性较差，土壤宜长期保持湿润。定植后及时浇定植水，7~10天后浇缓苗水，以后视天气和土壤情况，结合施肥进行浇水；浇缓苗水后土壤表层干时进行中耕，以保水保墒。之后20天左右浇1次水。在芹菜生长中期11月下旬和生长后期12月下旬，浇水前每亩各撒施尿素15千克，并随滴灌追施中疏丰产菌2升。

5. 病虫害防治

（1）虫害　虫害主要有蚜虫、潜叶蝇等。蚜虫可使芹菜叶片卷曲皱缩，严重时影响新叶生长，并发生煤污病，且传播病毒。如发现蚜虫，应及早进行防治，用20%吡虫啉可湿性粉剂2 000倍液喷雾2~3次，每7~10天1次。潜叶蝇幼虫取食叶肉，严重时整株叶片仅留上下薄壁组织，呈叶脉状，使植物不能正常进行光合作用。用0.9%爱福丁2号（阿维菌素）乳油2 000倍液喷雾2~3次，每7~10天1次。悬挂黄板可有效防治蚜虫、白粉虱等害虫。定植后及时悬挂黄板，每亩均匀悬挂100张，要求板面朝南北方向，底边距离芹菜顶部20厘米，随着芹菜生长，每隔15天提高板面高度1次，每次提升20厘米。

（2）病害　日光温室内白天温度高、夜间温度低，昼夜温差大，空气湿度大，芹菜易发生病害，主要病害有斑枯病、叶斑病、软腐病等。斑枯病选用75%甲基硫菌灵可湿性粉剂1 000倍液和70%多菌灵可湿性粉剂600倍液交替喷雾2~3次，每7~10天1次。叶斑病选用75%百菌清可湿性粉剂和80%代森锌可湿性粉剂500倍液交替喷雾2~3次，每7~10天1次。软腐病拔除病株后撒石灰于病穴内及病穴周边进行消毒，同时用 25% 络氨铜水剂 400 倍液和 77% 可杀得（氢氧化铜）可湿性粉剂 1 000 倍液交替喷雾 2~3 次，每 7~10 天 1 次。

6. 收获

为保证春节供应市场，1 月中下旬开始收获。单株定植的芹菜根系直，双株定植的根系有点弯，收获去根时可以进行修直。

（四）浅液流水培芹菜栽培技术

芹菜无土栽培技术，主要包括栽培架、设备系统等配置及管理，选择合适的种植模式、高产优质的品种、良好的水肥管理、优化的病虫害防治措施等，实现了营养液利用率 95% 以上，节肥率达到 30%，产量提高 15% 以上，产品价格也比普通栽培高，品质好，同比增收 10% 以上，且符合农业绿色、高效发展的要求。

1. 无土栽培设施设备

（1）栽培架　无土栽培一般选用常见的日光温室，要对种植系统和水肥系统进行专业的改造，每个栽培架宽 1.6 米，架子腿高度 70 厘米，每组有 8 排水培槽，槽中心距 2 厘米，种植槽宽度 9 厘米，种植孔中心距 10 厘米。大圆为栽培孔，孔的直径为 3 厘米，右侧小圆为营养液输送管的进液孔。栽培架上有输送营养液的管道系统，排列在小孔下方，左侧有出水孔，可以使营养液直接流入到回水管内。

（2）设备系统　水培叶菜采用 NFT（营养液膜技术）叶菜栽培系统，循环供液的液流呈膜状，以浅液流流经栽培槽底部，水培作物的根垫底部接触浅液流吸水、吸肥，上部暴露在湿气中吸氧，为管道式浅液流形式的栽培模式。浅液流系统主要由贮液池、水泵管道系统和回水系统 3 个部分组成。贮液池的主要作用是将肥料混合均匀，一般是下挖式，能够起到保持营养液温度适宜的作用，贮液池的长宽高为 2.5 米 × 2.0 米 × 2.0 米；贮液池设计过程中要根据种植的面积，考虑到进出水系统平衡，建造过程中要做好防水，防止渗漏；此外，贮液池上面要有盖子，防止营养液中水分蒸发和杂物落入贮液池。

水泵是为无土培养提供营养和水分的核心，将水肥从贮液池中抽出来运送到管道系统中，再由进液管流入水培槽内，水培槽整体倾斜 5° 左右，方便营养液流回液管内，最后所有的回液流回贮液池旁边的小回水池内，回水池和贮液池上部分相通，下部分隔开，以保证沉淀杂质不会进入贮液池。

2. 品种选择

芹菜的品种很多，基本都可以用于水培生产，考虑到产量、生产周期和栽培设施等原因，一般选择西芹进行种植，主要品种有文图拉和皇后。

3. 定植前准备

（1）消毒　定植前要提前检查好施肥机，保证水肥系统正常运行，不能正常运行要及时维修；贮液池和供液系统要清理干净并提前做好消毒，一般用百菌灵或多菌清等广谱性杀菌剂。棚室也要在定植前进行消毒，并在上下通风口处安装防虫网，可选用广谱性杀菌剂和杀虫剂，夏季歇棚时高温闷棚。

（2）育苗　育苗一般在育苗温室中进行，采用草炭土进行育苗，选择128孔的育苗盘播种育苗，点种后保持育苗土湿润，7天左右会出苗。苗期尽量保持白天温度在22~25℃，温度过高则采用遮阳网或加大通风来降低温度，夜间温度在15℃左右，保证出芽率。苗期注意湿度不要过高，尽量保持在80%以下。

4. 移栽后的种植管理

（1）缓苗期管理　一般在芹菜苗长到5片叶左右进行移栽定植，轻轻拔出小苗，直接放到水培槽内，这种浅液流栽培模式行株距为15厘米×15厘米。营养液不要高于草炭土的高度。移栽后要注意温度的管理，白天最适宜温度为25℃，夜晚温度15℃，空气湿度在60%~80%。采用叶菜专用的A肥和B肥将EC值调至2.0左右，溶解肥料时一定要确认肥料完全溶解；用磷酸将pH值调至6.0~6.5，酸碱度过高或者过低容易造成肥料沉淀，影响肥料的吸收，甚至造成烂根。因此，需要每天定时检查回液EC值和pH值。

（2）缓苗后管理

①营养液的管理。叶菜在整个生长周期只采用一种叶菜用肥料，在芹菜长出新根后，可以调高营养液的高度，使芹菜能够更好地生长。EC值和pH值同苗期的生长管理即可。

②营养液的循环控制。流动的营养液可以增加水中的氧气含量，使肥料混合均匀。一般来说夏季需要循环的时间为6:00—18:00，即12小时左右的供液时间；其他季节为8:00—18:00，10小时左右的供液时间。这样的循环条件基本可以满足叶菜生长的需要，夜间一般不需要供液。

③营养液的更换。营养液在经过一段时间的吸收后，营养液中的肥料和芹菜根系会产生一些有毒有害物质，因此要定期更换营养液。在冬季15天左右更换1次营养液；春夏季节，由于蒸腾量大，需要更换时间较短，为7~10天。注意要根据营养液的消耗量及时更换，减少病害的发生。

④温湿度管理。芹菜属于半耐寒性植物，喜欢冷凉的气候条件，在缓苗期以后，白天温度控制在20~25℃，夜晚温度在10℃以上，即可保证芹菜的良好生长。对水培芹菜生长期的湿度控制在80%以下，湿度过高要及时通风，减少病害的发生。

5. 病虫害防治

浅液流水培叶菜种植发生病虫害情况较少，但由于连年种植，生产多茬以后会有粉虱和蚜虫，若换茬消毒不好也会造成烂心病、灰霉病等病害。粉虱可选用悬挂黄板或用22.4%螺虫乙酯悬浮剂2 500倍液进行喷雾防治；烂心病可选用防治细菌性病害药剂进行防治，如叶面喷施1%氯化钙；灰霉病一般选用10%多抗霉素可湿性粉剂600倍液或40%嘧霉胺悬浮剂800~1 000倍液进行喷雾防治。

6. 采收

芹菜定植 50 天后可以采收，每株的质量在 350 克以上，为了获得最大的经济效益，每株 500 克左右采收。每亩产量为 3 750 千克左右。

二、菠菜

菠菜又名波斯菜、赤根菜、鹦鹉菜，还有个浪漫的称呼"红嘴绿鹦哥"，属藜科菠菜属一年生草本植物，以叶和茎供食用，其营养丰富，含有较多的蛋白质、维生素和膳食纤维等营养成分，深受广大消费者喜爱。从德州市的栽培时间上来看，一般分为春菠菜、夏菠菜、秋菠菜和冬菠菜。

（一）春季露地菠菜栽培技术

1. 品种选择

春菠菜宜选择不易抽薹，产量高，品质优，品相好，抗病强，深绿色的中早熟品种，同时具有一定耐热能力；德州常用的 3 个春菠菜品种为趴地笨菠菜品种世美、直立性好的菠菜品种丰胜一号和丰胜 999。

2. 整地施肥

（1）选地　菠菜的根属于直根系，耐水性差，要求土壤通气性好，且不耐酸，适合中性偏微酸性土壤，适合生长的土壤 pH 值为 6~7，低于 5.5 则菠菜生长不良。因此在地块选择上，要尽量选择土质疏松，透气性好，保水保肥的壤土。

（2）整地施肥　前茬净地后及时整地，施足底肥，做到均衡施肥。底肥以有机肥为主，化肥为辅，即每亩施入腐熟农家肥 2 500~3 000 千克、三元复合肥（17-17-15）30~45 千克。然后深翻，深翻 20~25 厘米即可，接着耙糖，使肥料与土壤混匀，平整土地，开沟作畦，一般畦宽 1.2 米左右，同时为了应对春季雨水天气，做好排水设施。

3. 播种

当土壤解冻后表层 5 厘米地温 4~6℃时，进行播种，也称"顶凌播种"；适宜在 3 月上旬至 4 月中旬播种，也可根据当地气候条件确定播种时间；播种时可以采用干籽，干籽一般 15 天左右出苗。也可以采用湿籽，在井水中浸泡 12 小时催芽，或置于 4℃左右冰箱处理 24 小时，20~25℃条件下变温催芽，经 3~5 天出芽后播种。播种后 5~6 天齐苗，以行距 15~18 厘米，株距 3~5 厘米为宜。大面积播种时建议选择精量播种机或编种方式进行，这样可以提高播种效率，减少用种量，一般每亩用种 1.0~1.5 千克，同时避免后期间苗；小面积播种时，可以采用撒播或条播，条播沟深 2.0~2.5 厘米，一般每亩用种 1.5~2.5 千克，但要注意当菠菜 2~3 片真叶时适当间苗，4 片真叶时定苗。由于春季温度相对较低，菠菜播种后要注意保温，可以直接覆盖薄膜，以提高温度，促使出苗，同时在苗出土前后注意观察天气，防止中午高温烧苗。

4. 田间管理

主要为肥水管理。菠菜为浅根性蔬菜，根群多分布在30厘米土层中，直根发达，粗而长，侧根不发达，不宜移栽，对水肥要求较高，喜氮肥。从播种到齐苗需保持土壤湿润，生长期间要及时供给充足的肥水。菠菜早期管理以保温为主，少灌轻灌。当幼苗长出2～3片真叶后灌第1水，第2次灌水时每亩可随水施尿素10千克左右，以后根据苗情和天气追施水肥，以追施速效氮肥为主。

5. 病虫害防治

春菠菜播种时，温度相对较低，但伴随着菠菜的生长，温度逐渐升高，此时就很容易发生病虫害，其主要病虫害为霜霉病、根腐病、蚜虫和潜叶蝇等。

（1）农业防治　坚持"预防为主、综合防治"的植保方针，优先采用农业防治、物理防治，配合使用化学防治。选择抗病品种，加强田间管理，及时清除病株和失去功能的病残叶片，改善田间通风透光条件。

（2）物理、生物防治　采用黑光灯、高压汞灯、双波灯等，每50亩地设1盏，距离植株8米左右，以诱杀鳞翅目蛾类迁飞性害虫；因地制宜利用微生物、天敌防治病虫害，可利用捕食螨、寄生蜂等天敌抑制害虫大量繁殖，每亩投放寄生蜂1 500～2 000头。

（3）化学防治　可采用广谱、低毒、低残留、高效的化学药剂，采收前10～15天停止打药。

6. 适时采收

根据生长情况和市场需求，于晴天适时采收。收获时一般用菜刀沿地割起或连根拔起，一般留根0.5厘米；较直立或直立型菠菜，收获株高25厘米左右为宜，作精品小菠菜或大菠菜捆扎销售；趴地笨菠菜，一般精品小菠菜6叶左右采收，普通散菠菜12叶左右采收，分别装袋销售。

（二）越夏菠菜栽培技术

1. 选地

夏季菠菜生长期短，一般从播种到收获30～35天。最好选择沙性土壤，沙质土地通透性好，播种后出苗快，出苗后死苗少，前期易起苗。黏质土地田间管理相对困难，出苗后死苗严重。

2. 设施

夏季菠菜生产解决好防雨水和降温是生产的关键。必须采用大棚拱架、棚膜、遮阳网双层覆盖。覆盖棚膜可防止雨水，覆盖遮阳网（50%～60%遮光率）可起到降温的作用。雨天必须把棚膜放下封严，防止雨水流入棚内引起烂根死苗。在大棚四周挖排水沟，避免积水。

3. 品种

越夏菠菜必须选择相对耐热、耐抽薹、生长快、产量高的品种。京菠 6 号和夏王 2 个品种比较好，适宜越夏栽培。

京菠 6 号的特征特性：耐热，耐抽薹，植株长势强，株型直立，叶柄长，有韧性，易捆扎，耐运输，株高 30 厘米左右。

夏王的特征特性：耐热，抗病，不易发生霜霉病，容易栽培。抽薹较晚，叶色鲜绿、叶肉厚、叶形呈舌状，叶面皱缩小圆叶，长势旺盛，株高 25 厘米左右。

4. 催芽

夏季菠菜播种前必须催芽，先将种子在冷水中浸泡 12 小时，中间换 1 次水，用湿布将种子包好，放在 5℃左右的条件下进行催芽，一般要 24 小时左右出芽。待大部分种子发芽后就可进行播种。若是新种子，须用浓度为 1∶5 000 的赤霉素（先用 50 克 55% 的酒精溶解 1 克赤霉素，然后兑水 5 千克，混匀）浸泡 8 小时，然后用水清洗 2～3 遍，再用清水浸泡 12 小时，中间换水 2 次，并进行搓洗。用湿布包好，放入 5℃环境下催芽，一般 18～24 小时即可播种。

5. 整地施肥

播种前将地整好，施足底肥，一般每亩施优质腐熟农家肥 2 000～2 500 千克，或三元复合肥（15-15-15）50 千克即可。播种前 2 天浇足底水，以后不再浇水追肥。

6. 播种

夏季菠菜因死苗问题相对严重，应加大播种量，每亩用种量 2.5～3.0 千克。播种采用开沟条播，沟距 12 厘米。夏季菠菜采用分期播种，错开播种期，可分批上市。

7. 田间管理

菠菜播种后的田间管理主要是遮阴、防雨、除草。播种后棚膜、遮阳网要及时覆盖。目前没有比较好的菠菜化学除草药剂，采用条播的方式便于人工除草。降雨时要勤检查，防止棚膜漏雨，还要防止雨水倒灌菠菜畦内，若有雨水进来要及时排水，晴天四周、顶风口打开加大通风。遮阳网采用移动式覆盖，晴天 9:00 以后覆盖，16:00 撤掉。阴天不覆盖遮阳网。

夏季菠菜田间管理中特别值得注意的是，菠菜生长期间不能浇水追肥，夏季菠菜浇水追肥会造成严重的死苗和烂叶现象，甚至绝产绝收。最佳的浇水时间是采收前 2～3 天，浇水以后及时进行采收，这样就不会造成产量损失。

8. 病虫害防治

越夏菠菜易发生猝倒病、霜霉病，一般在出苗后 7～10 天，可用百菌清、代森锰锌等药剂交替使用预防病害发生。

9. 适时采收

菠菜夏季生长期不能超过 35 天，一定要及时采收。高温的生长条件下常会抽薹，为保证采收鲜嫩食用叶片，生长期不能过长。

（三）秋菠菜优质高效栽培技术

1. 品种选择

菠菜是日照敏感型作物。中日照、短日照区域可选长日照品种，短日照区域选中日照和长日照品种，长日照区域长日照季节不能选择中日照和短日照品种。另外，选择品种还应考虑消费者对菠菜的消费喜好和品种的抗病性。德州本地秋季种植品种多为墨玉抗热王、威菠7号、黑优亮和快绿等。

2. 选地

所选地块应符合绿色食品生产产地环境；且地势平坦、地下水位低、排灌方便、土层深厚、肥力较高、疏松、理化性状良好。

3. 种植模式

根据需要可直接露地生产，也可根据需要选择经济效益高的模式，如烟草—秋菠菜、早春西葫芦—秋菠菜、春甜瓜—夏芹菜—秋菠菜；春玉米—早熟白菜—菠菜；大棚4膜早春黄瓜—夏秋黄瓜—秋延菠菜；秋菠菜—早春白菜—越夏冬瓜等。

4. 整地施肥

清理上茬作物所留植株残体等后，播种前15~20天，每亩施腐熟有机肥3 000~5 000千克，三元复合肥（15-15-15）40千克左右，混匀人工或机械撒施后，旋耕1遍，作成宽1.2~1.5米、长10~15米平畦。畦面必须平整。有地下害虫危害地块，在整地时对地块进行高温翻晒，以达到杀灭虫卵的效果，或在整地时撒施生石灰等进行土壤消毒。

5. 播种

根据生产需要，进行种子处理及播种方法选择。小面积种植采用人工播种方法，一般采用干籽直播，也可以湿播，湿播直接浸种，不需催芽。在凉水中浸种24小时左右即可播种，撒播或开沟条播均可，每亩用种量1.5~2.0千克。在立秋附近早秋菠菜播种时间较早的，以催芽播种为好。

（1）撒播　播前先浇足底水，若土壤墒情较好也可不浇水，将种子撒于畦面，用齿耙轻梳耙表土2~3遍，并轻轻镇压即可。

（2）开沟条播　在整平的畦面内顺畦开沟，沟距12厘米，沟深2厘米，将种子顺沟均匀播种后覆土，镇压或用脚踏实再浇水，此法节约用种量，出苗整齐一致。种植面积较大地块，可用菠菜精播机播种，或用蔬菜种子编线机编线后播种，出苗整齐均匀。菠菜发芽适宜温度为5~20℃，高温和低温下发芽差。早秋菠菜播种时温度高，菠菜难以出土，播前须低温浸种催芽，播前7天将种子用井水浸泡12小时催芽，或置4℃左右冰箱处理24小时，20~25℃变温催芽，经3~5天露白后播种。种子出芽的长度不要超过种子长度。播后用草苫或遮阳网遮盖。

6. 田间管理

（1）苗期管理　菠菜出土长出真叶后，及时查苗补苗，保证苗全、苗齐。当苗长至2~3片真叶时，趁浇水后墒情良好，中耕除草，除草深度3厘米左右；同时进行间苗，间苗原则为间弱留壮，间密留稀，间病苗，留健苗。苗距和留苗密度根据生产需要而定。

（2）水肥管理　菠菜长出真叶后，若土面干燥，应浇1次小水，以保持田间湿润，降低田间温度；当苗长至2~3片真叶时，畦土发白浇水1次。随水追肥，每亩施尿素7千克左右。根据生产需要也可选择水肥一体化灌溉技术。如雨水较多，注意做好清沟排水，避免因雨水浸泡导致死根。浇水后，如不及时划锄，会导致地面苔藓过多，出现死苗和烂叶，因此1~2叶1心时，一定要开展划锄工作。在管理过程中，避免施过量的P、Mn肥等。如施肥技术不当易造成缺素症，应及时查找原因，进行补施。

7. 病虫害防治

菠菜病害主要有霜霉病、猝倒病、根腐病和白叶斑病；虫害主要有蚜虫、潜叶蝇、夜蛾、菜青虫等。病虫害防治坚持预防为主、综合防治的植保方针，优先采用农业防治和物理防治措施，以生物防治和化学防治为辅。农业防治实行2~3年轮作、合理密植、科学灌水、清洁田园，及时清除病残体。物理防治可用灭蝇纸、不同颜色粘虫板等诱杀。药剂防治要注意科学用药，宜选用高效、低毒、低残留药剂，所选药剂要交替使用，以免产生抗药性，一般每隔6~7天喷1次药剂。收获前15天禁止使用化学农药。

8. 适时采收

秋季菠菜一般株高在25~28厘米即可采收。采收前若土壤干旱过度，应提前1天或当天浇1次水，以便于采收。也可根据市场价格适当提前或拖后1~2天收获，但不宜拖延太久，否则易引起烂根，影响商品价值。

（四）保护地冬菠菜高效栽培技术

1. 品种选择

选择抗寒性好的速生大叶菠菜品种，如菠奥168、全能菠菜等，生长势好，叶色绿，有光泽，叶柄粗、须根发达，适应性、耐寒性强，高抗霜霉病，高产，每亩产量2 500~3 000千克。

2. 整地施肥

速生大叶菠菜根系发达，生长速度快，且越冬茬口保护地栽培生育期长，因此要求底肥充足，一般每亩施腐熟有机肥3 000千克、三元复合肥（15-15-15）50千克、钙镁磷肥30千克。撒施均匀，深翻整地。

3. 播种

播种时间为 11 月中下旬，播种前对土壤浇透水，浇水后 2～3 天土壤不粘镐头时开沟播种，沟深 3～5 厘米，沟距约 15 厘米，可直接播种或将种子在温水中浸泡 24 小时，捞出沥干后播种，不需催芽。

4. 温度管理

菠菜生长正值低温期，注意保持设施内的温度能满足菠菜的生长。菠菜生长适宜的温度为白天 15～20℃，高于 25℃时及时放风；夜间不低于 8℃，当气温 4～5℃时，要加盖棉被等保温措施，以免影响菠菜正常生长。每天按时放风，以降低棚内湿度，减少病害的发生。

5. 肥水管理

播种后保持土壤湿润，保证出苗整齐。待幼苗长到 3～5 片真叶时中耕松土，促进根系生长；6～7 片真叶时结合追肥浇水。菠菜整个生长期内温度较低，蒸发量较小，应适当控制浇水。整个生长期视天气情况和棚室内湿度酌情浇水，以保持棚内土壤湿润为原则。浇水应选择晴天中午进行。结合浇水可每亩追施硫酸钾型三元复合肥 15～20 千克。

6. 异常天气管理

如遇大雪天气，及时清除棚上积雪，以免压弯大棚；大风天气，压紧四周棚膜，必要时可使用压膜线、竹竿或木棍压膜，避免透风降温；低温天气，利用草苫、棉被、旧塑料等覆盖棚膜，加强保温；持续连阴天气，要尽量争取散射光，或将草苫间隔覆盖，以提高棚室内温度。异常天气下停止浇水追肥，以免发生病害。注意及时更换和修补棚膜。棚膜如有灰尘，要及时除尘清洗，以免影响透光。

7. 病害防治

越冬茬菠菜常见病害为霜霉病，合理选用高效低毒、低残留农药。常用药剂有 58% 甲霜灵可湿性粉剂 1 000 倍液、80% 代森锰锌可湿性粉剂 500～700 倍液等广谱性药剂。每次每亩用 45% 百菌清（烟渊）烟剂 200～300 克熏蒸，每隔 7～10 天 1 次，连续 2～3 次。注意药剂轮换使用，叶面喷施、烟熏交替进行，以防产生抗药性。

8. 适时采收

当速生大叶菠菜长到 20 厘米左右，达到商品要求时，即可分期分批收获。采收时清理枯叶、黄叶和烂叶，以提高商品外观品质。

三、芫荽

芫荽又名香菜、盐荽、胡荽等，是伞形科芫荽属的一年或二年生草本植物。芫荽属耐寒性蔬菜，喜冷凉气候，并且耐寒性较强，对土壤的要求不高，疏松深厚的土壤都可以种植芫荽，而肥沃、疏松透气的沙质土壤为佳。芫荽全株可入药，有发表透疹，健胃、起表，又可开胃消郁，还可止痛解毒。芫荽嫩茎和鲜叶有种特殊的香味，常被用作菜肴的点缀、提味之品。

（一）庆云大叶香菜栽培技术

庆云大叶香菜是山东省德州市庆云县特产，全国农产品地理标志。庆云大叶香菜在庆云县有着悠久的栽培历史，并且栽培面积大，品种独特。据县志记载，庆云县在明代就有香菜的栽培，因品质甚佳，被定为皇宫贡品。2019 年 9 月 4 日，中华人民共和国农业农村部正式批准对庆云大叶香菜实施农产品地理标志登记保护。地域范围为德州市庆云县所辖东辛店镇、庆云镇、常家镇、尚堂镇、崔口镇、严务乡、中丁乡、徐园子乡、渤海路街道共计 9 个乡镇（街道）181 个行政村。地理坐标为东经 117°17′44″～117°35′59″，北纬 37°38′55″～38°00′00″。庆云大叶香菜茎长、叶大、其色泽青绿、香气浓郁、质地脆嫩；含有丰富的维生素 C、蛋白质、胡萝卜素等成分，尤其是钙、磷的含量极高；中医认为大叶香菜味辛、性温，归肺、脾经，具有发表透渗、消食开胃、止痛解毒、醒脾和中的功效。株高 60 厘米左右，单株重 90 克左右，茎粗可达 0.3 厘米，抗病，一般每亩产 3 000 千克以上。双悬果有两粒种子，同果两粒种子易分离。耐寒性强，不易抽薹，品质好，风味极佳。春、夏、秋季均可种植，适合秋季生产，冬、春供应市场。

1. 土壤选择

香菜对土壤质地要求不严格，但以土层深厚、肥沃、通透良好、排灌方便、pH 值 7～8 的壤质土生长最好。庆云属黄淮海冲积平原，土壤条件和光、温、气、热等自然资源非常适宜，为生产优质香菜区域之一。

2. 整地

冬储香菜需植株积累大量糖分等营养物质以利贮藏，所以栽培上要注重施基肥。一般每亩需优质农家肥 5 000 千克以上，磷酸二铵 30～40 千克，硫酸钾 30 千克。浇水造墒后深翻 25～30 厘米，整细耙平，作宽 1.2～1.5 米、长 35～40 米平畦。

3. 播种

（1）种子选择　选择籽粒饱满，无霉变、无病虫的当年采收的新种子。一年陈种也可使用，但须加大播种量。一般每亩需种子 2 千克。

（2）播种时期　冬贮大叶香菜播期在 7 月下旬，播种与苗期处在高温季节，种子必须进行处理才能保障发芽率。

（3）种子处理　香菜果实为双悬果，内有种子二枚，处理前须搓开；用 20～30 毫克/千克赤霉素浸泡 8～12 小时，捞出用清水冲洗 1～2 遍，至于阴凉处保持湿度催芽；每天用井水冲洗 2～3 遍，4～5 天种子 50% 露白即可播种。

（4）播种方法　分为撒播和条播。条播时先开沟，沟深 5 厘米、宽 8～10 厘米，沟距 20～25 厘米。

（5）播后处理　杂草为主要危害对象。播后每亩用10%草甘膦150克，喷洒地面。

4. 田间管理

（1）间苗　保持土壤湿润，一般播后4～5天幼苗出土。苗高3～4厘米时结合浇水，按3～5厘米第一次间苗；苗高8～10厘米，结合浇水，按6～8厘米第二次间苗；苗高12～15厘米时，结合浇水，按10～15厘米第三次间苗，此时间掉的苗可作为商品菜出售。

（2）肥水管理　香菜需肥以氮、钾为主，但因前期根系较弱，土壤中肥料足以供给，不必追肥。植株封地后，结合浇水每亩追施尿素10～12千克；9月中旬以后，植株进入旺盛生长期，每10～12天结合浇水每亩追施尿素10千克+三元复合肥（15-15-15）12～15千克。并每10天叶面追肥1次，肥料为0.1%硝酸钾+0.1%硝酸钙+0.1%稀土，以增加耐储性；11月中旬后，停止浇水施肥。

5. 病虫害防治

庆云大叶香菜病虫害很少，在生长期内不进行化学防治。

6. 采收

11月下旬，第一次寒流来到，叶顶部变为紫红。天气转暖，叶色恢复青绿色及时带宿根采收，捆把，每把1 500克左右。

7. 贮藏

庆云大叶香菜一般就地收获后就地贮藏，方法是就地挖沟、扎风障、覆土、覆草等简易措施。

（1）贮藏沟规格　沟宽1.2～1.5米，沟深50～55厘米，方向为东西走向，长度不限。一般每亩香菜产品需宽为1.2米沟长为100米。

（2）择菜捆把　将收获的香菜摘除黄叶、挑出细弱植株、淘汰带病或带虫咬或有机械损伤植株，在距根部40～45厘米处捆把，每把重量500～750克。

（3）风障设置　在贮藏沟南部支风障，以利香菜迅速降温，减少发霉和呼吸跃变带来的损失。

（4）摆放　浇少许水于沟中，沟底不黏时将沟底土壤松动5～10厘米，将菜摆在沟中，沟内40～45厘米，沟上为20～25厘米，避免积压过紧；每摆放1.8～2.0米，放入20厘米粗玉米秸隔开，可起到增强散热、避免烂菜、便于取菜等目的。

（5）封土　12月上旬后，温度迅速下降，等菜上部有变色现象时及时覆土，覆土要循序渐进，先覆土盖住菜不露叶即可，12月底前逐渐加厚至30厘米，并覆盖地膜。元月上旬后，视温度情况，覆盖玉米秸或麦秸。

（二）日光温室芫荽高效栽培技术

1. 品种选择

选择抗病性强、耐热、高产品种，如四季香芫荽、韩国大棵芫荽、泰国大粒芫荽等。

2. 播种

根据当地气候条件，确定合适的播种期，一般德州地区在10月中旬至11月上旬。每亩施腐熟的有机肥5 000千克，耕耙整平，作成1.3米宽的平畦。播种前把果实搓开，使种子分离，然后通过温汤浸种进行种子消毒，晾干后播种。采用撒播，播后搂平、踩实、浇水，10天左右即可出苗。

3. 管理要点

苗高4~5厘米时，及时间苗、除草，剔除并生苗、过密苗及病弱苗，保持苗间距4~5厘米。一般苗期不浇水，进入生长盛期浇水2~3次，宜小水浇，不宜大水漫灌。随水追肥，一般冲施腐熟的人粪尿或有机复合液肥。温度控制：白天室温不超过25℃，温度过高要及时放风，夜间保持在10~15℃，不能低于10℃。

4. 病虫害防治

日光温室芫荽病害主要有立枯病、叶斑病、灰霉病等，除注意通风透光，并加强棚室温湿度管理外，还要在发病初期及时喷药防治。可于傍晚用45%百菌清烟剂，每亩用药250克，暗火点燃熏一夜；喷洒50%硫磺悬浮剂200~300倍液、2%的武夷菌素水剂或2%的农抗120水剂150倍液等防治，隔7~10天1次，连续防治2~3次。另外，还要加强对蚜虫的防治，以防传播病毒病，可喷10%的吡虫啉可湿性粉剂1 500倍液或20%的杀灭菊酯2 000~3 000倍液防治。注意采收前7天停止用药。

5. 收获

当株高约40厘米，具有18~20片叶时，可按需要分批采收，日光温室芫荽也可一次性收获，收后扎把，装入塑料袋内上市销售。

四、叶用莴苣

叶用莴苣即生菜，是菊科莴苣属一年生或二年生常见速生蔬菜，可生食，富含蛋白质、糖类、多种矿物质和维生素，其茎叶含有莴苣素，故微苦。具有适应性广、生长周期短、见效快、病虫害少、好管理、易栽培等优点，是安全、高效的优质蔬菜。

由于经济效益好、发展前景广阔，德州叶用莴苣种植面积逐年递增。禹城市伦镇的德州燧禾生物科技有限公司园区种植的叶用莴苣，在农业增效和农民增收中发挥了重要作用。随着栽培技术的不断优化，叶用莴苣逐步实现了全年栽培生产，露地种植以早春和晚秋栽培为主。

叶用莴苣选择前茬为非菊科作物的壤土地种植，要求地平、土厚、排灌方便、疏松肥沃。土壤pH值以6~7最为合适，如果土壤pH值>7则可采用多次喷雾硫酸亚铁稀释液的方法来进行降低。叶用莴苣是喜凉、耐肥的忌高温蔬菜，适宜生长温度为15~25℃，低于10℃必须采用保护地育苗。如冬、春季低于10℃时使用拱棚、高温季节采用遮阳网遮阳等手段调控温度，调控温度是叶用莴苣优质、高效栽培的关键，更是实现全年栽培生产的关键。叶用莴苣忌缺水，喜肥沃、湿润的土壤环境。栽前需多施有机肥，栽后按需配方施肥，适度高氮、富钾。

（一）露地叶用莴苣栽培技术

1. 品种选择

优选丰产、抗病、适应性强、商品性好的优良品种，如奶油生菜、紫叶生菜、凯撒等。夏、秋季栽培要挑选耐热、耐抽薹的品种。

2. 播种

（1）精耕细作　整地时将土壤耕翻30厘米左右，整平备用。要求松土晒垡后耙平、整细，按1.0米起畦，畦高25厘米，注意土壤及棚内消毒。

（2）施足基肥　每亩深施优质腐熟的有机肥3 000千克、普钙20千克或重过磷酸钙10千克、钾肥10~20千克、三元复合肥（15-15-15）50千克作基肥。

（3）浸种催芽　在正常条件下，叶用莴苣种子发芽率不高，需要催芽处理。筛选籽粒饱满、无虫害的种子晒干备用。常用快速催芽方法：①醒种催芽。将种子放入30~36℃水中淘洗，使种子受热均匀，待水温降到35℃以下停止搅拌，浸水4~6小时醒种，盖干净湿毛巾，在16~20℃条件下催芽2~3天，待种子露芽后备用。②低温催芽。高温季节，深井水泡4~6小时，挂在深井水面上方20厘米经2~3天催芽即可。

3. 育苗

（1）苗床　栽植一亩叶用生菜需苗床30米^2。苗床用优质腐熟农家肥300~600千克作基肥，深翻、混匀、整平、耙细。

（2）苗后管理　种植抱球生菜每亩需用种量25~35克、散叶生菜用种量40~60克，播种前大水漫灌苗床，等水渗下后将种子拌等量湿细沙土混匀后均匀撒播，用过筛后的细土覆盖0.5~1.0厘米，并每天淋水1次。白天温度控制在16~20℃，夜间10℃左右，在2~3片真叶时进行分苗，采用分苗床或营养钵分苗，间苗、分苗前后要浇水促根保苗。在育苗期间，夜间温度低于10℃时要注意保温，随时调节浇水量，防止湿度过高徒长。夏季非保护地育苗使用遮阳网，每天淋水1~2次，充分保持苗床湿润。

（3）炼苗　春季定植前5~7天，在气温10℃左右进行适当通风炼苗，以适应露地环境。冬春栽培可采用大棚+地膜覆盖的方式，白天将温度控制在12~22℃，温度过低时要注意保温，温度高于24℃时应揭膜通风降温，一般情况下可将大棚裙膜敞开。

（4）定植　严格选用5叶及以上有心壮苗，剔除弱苗、无心苗、病残苗。高温定植要遮阳，创造弱光条件提高定植成活率。散叶生菜育苗20天左右，4~5叶时即可移植，株行距15厘米×20厘米，每亩用苗7 500～8 500株。结球生菜育苗6～30天移植，栽植株行距18厘米×30厘米，每亩用苗5 000株左右。定植时做到深不埋心、浅不露根、苗心与地平齐。栽后及时灌水。

4. 田间管理

（1）中耕除草　缓苗中、后期各人工除草1次，注意松土适度，严防伤根。

（2）温度管理　分阶段进行温度管控。棚室栽培，白天温度控制在12～22℃，夜间8～10℃。温度过高（24℃以上）要通风、降温、排湿，过低要注意保温。结球生菜生长适温白天18～22℃，夜间12～15℃，最适宜夜间温度较低、昼夜温差大的环境。但低于下限温度时要及时采取保温措施，高于24℃则不易结球，超过25℃易出现心叶腐烂、叶苦、口感差等现象。散叶生菜适应性稍好，对温度要求不高，但是超过30℃则生长停滞、叶片变色且出现干边，商品性降低。

（3）肥水管理　提倡配方施肥，每生产1 000千克叶用莴苣，需吸收氮2.5千克、磷1.2千克、钾4.5千克，其中结球生菜需钾更多。推荐使用水肥一体化技术，具有节肥、节水、节约人工、施工方便等优点。勤施肥水，苗期连续淋水3～4天，保持畦面湿润；5天后随水追施少量速效氮肥，雨天及时排积水；栽植10天后，可以少量多次施肥，每隔15天施1次，中后期禁用人粪尿等有机肥，每亩可用三元复合肥（15-15-15）10千克随水冲施。叶用莴苣需水量大，应根据缓苗后土壤、天气状况适时浇水，一般每5～7天浇1次水。注意：防止施氮肥过多，否则不易结球；结球期勤浇水，防止缺水导致叶球发育滞缓、商品性变差；结球生菜中后期忌浇水过量，防止叶球开裂，影响销售。

叶用莴苣缺素会引发叶片发黄等症状，导致叶用莴苣外观等级指标下降，带来经济损失。可施用瑞德络合钙、硫酸亚铁稀释液或捷农鼎效能量等中微量元素水溶肥补充微量元素，防止叶片黄化等各种病变，改善叶用莴苣的外观品质，提升叶用莴苣商品性。叶用莴苣收获前10天不要施用任何肥料，以免降低品质。

5. 病虫害防治

（1）病虫害　主要病害有灰霉病、霜霉病等，虫害主要为蚜虫。

（2）防治方法　选用良种，采取培育壮苗、轮作、合理密植、通风降湿等措施提高叶用莴苣抗病虫性。悬挂黄板诱杀蚜虫，在放风口安装防虫网防止害虫侵入。按照绿色食品生产要求，使用低毒、低残留农药。霜霉病可用30%噁霉灵1 200～1 500倍液喷雾防治；灰霉病可用多菌灵、百菌清、多霉灵等轮换用药防治；蚜虫选用吡虫啉可湿性粉剂喷雾防治；细菌性病害可用加瑞农喷雾防治。施药后必须在安全间隔期后才能上市。

6. 采收

按照上市标准，适时采收，保证叶用莴苣品质提升商品性。散叶生菜在未老化前按需采收；结球生菜一般在结球触摸有实感后收获，口感及品质最佳。叶用莴苣生育期短，定植后30～50天即可采收。正常情况下散叶生菜的亩产量为1 000～1 500千克，中、晚熟品种的亩产量为2 500千克左右。采收用的刀具、贮运工具要清洁卫生，以防污染。

（二）温室叶用莴苣静止水培技术

1. 品种选择

在北方地区，无土栽培一般使用半结球或散叶品种，选择时应选择产量高、出芽率整齐的优良品种，如美国大速生菜、意大利生菜、红宝等。

2. 育苗

（1）种子消毒与催芽　莴苣种子小，发芽快，一般可用干籽直播。也可选用晾晒消毒灭菌。如浸种催芽，可先用凉水浸泡5～6小时后放于16～18℃条件下见光催芽，2～3天即可出芽。

（2）配制育苗土　方法一，采用土壤培养，取田园土50%与50%腐熟马粪或草炭，每立方米再加20克尿素和40克磷酸二铵，过筛后混匀。方法二，利用基质配制育苗土，将草炭与蛭石按体积比3∶1混匀，每立方米加20克尿素和60克磷酸二铵，过筛混匀，装于长宽高为60厘米×30厘米×5厘米的育苗盘中。

（3）播种　将苗土或基质浇足底水，水渗后半小时播种。每平方米播种量为5～10克，播种后，盖细潮土0.5～0.8厘米，保持土温15～18℃。冬季可加盖塑料薄膜，夏季用无纺布覆盖保湿降温，一般经3～5天可出土。

（4）苗期管理　出苗后保持环境温度在20℃左右，冬季要做好保温，保持通风控制浇水，湿度不易过大，置于采光较好地方。夏季注意遮阴，减少强光照射，控水并防蚜虫。一般出苗后7～10天苗长至2片叶，株高在2～3厘米即可包苗。

3. 包苗

（1）岩棉的准备　包苗用的岩棉可向专业生产农用岩棉的公司购买，也可去当地的岩棉厂或保温厂购买价格较便宜的散棉。将岩棉置于水桶或水盆中浸泡24小时以上，中间换水1～2次，去除岩棉中的有害物质，即可用于包苗。

（2）苗的准备　将高2～3厘米的苗用铲从育苗盘中连根取出，去掉根部土壤或基质，未去掉的土壤或基质用水冲洗。

（3）包苗　将浸泡好的岩棉撕成宽度2～3厘米、长5～6厘米、厚2～3毫米长方状，以缠绕的方式将莴苣根系包住，插入直径为2.5厘米的定植钵。

4. 栽培床准备

栽培床可根据当地条件，用土挖成深度在12～20厘米的长方体或用砖和水泥砌成长条状水泥槽，也可用木板钉成长方体。里面铺上塑料布，防止漏水。液面上部可使用板体较坚硬的白色聚苯乙烯板，厚度为2～3厘米，原则是保证不吃水，又能保证一定的硬度。在苯板上按定植钵的尺寸打成圆孔，用来承载定植钵。孔间距为

15厘米×20厘米。

5. 营养液的配制

（1）营养液配方选择及母液的配制　许多营养液配方均可用于生菜生产，如山崎莴苣配方、园试配方等。莴苣的营养液中要有植物生长必需的13种元素。配制方法有两种：一种是先将营养液配制成100倍的浓缩液，置于遮光的塑料桶内，其中钙盐要与硫酸盐和磷酸盐分开盛放，微量元素可单放一个桶内，酸另外存放。避免因浓度过高产生沉淀，影响稀释后该元素离子的浓度；另外一种是根据栽培床容纳的营养液体积，直接称量溶解，在定植前加入栽培床中。

（2）母液稀释及固体药品溶解　使用前按母液浓度及栽培床容积大小量取母液。加入栽培床前应先在栽培床内注入1/2～2/3容积的水，并依次加入母液，一种母液搅拌均匀后再加另一种母液及酸。固体药品在称量时也要将钙盐与含有硫酸根和磷酸根的药品分开称量，分开溶解，均匀洒入栽培床后加酸，搅匀。

6. 定植及营养液管理

先在栽培床里注入一定的水，加入母液或称好的营养液，用酸调整营养液的pH值在5.8～6.5。EC值：冬季在1.6～1.8毫西/厘米，夏季在1.4～1.6毫西/厘米。定容深度为12～15厘米。将打好孔的苯板铺在栽培床上，再将包好苗的定植钵插入到打好孔的苯板上，即可进行生产。如夏季蒸发量大，待到生菜要成熟时，栽培床中营养液液面较低时，可少量补充清水，补充量以足够生菜到采收时吸收即可。

7. 生长期管理

定植后，3～5天根系即可长出定植钵，此时，若有个别苗根系因没有接触到营养液而死掉，可进行更换，保持营养液温度在20℃～25℃，pH值在5.8～6.5，EC值在1.4～1.8毫西/厘米，在生产后期如有枯黄老叶出现，尽快摘除，夏季后期可往栽培床补充适当水分。

8. 病虫害防治

因为利用水培技术，不使用粪肥等有机肥，大大减少了土传病害的发生，所以应确立以预防为主，综合防治的原则。定植前，可用高锰酸钾500倍液进行栽培床的消毒。另外，对定植钵也可用高锰酸钾浸泡半小时，可防止根系发病。叶部易生蚜虫，如发现蚜虫可用蚜虱净熏蒸防治，或使用50%抗蚜威可湿性粉剂2 000～4 000倍液叶面喷雾防治。也可采用生物防治、黄板诱杀等手段。

9. 采收

水培生菜有生长快，产量高，产品整齐度好，商品性高的特点。一般从定植后，夏季35～40天、冬季55～65天，每株莴苣重量在50克左右就可进行采收，亩产量可达1 000～1 500千克。

（三）叶用莴苣深液流水培高效栽培技术

叶用莴苣无土栽培多以水培形式生产，水培根据营养液层的深度、设施结构和供氧、供液等管理措施不同，分为深液流水培技术（DFT）和营养液膜技术（NFT）。DFT技术营养液层较深，一般5～15厘米，营养液的浓度、温度、pH值等相对稳定，根际环境缓冲能力大，较适合我国北方季节温差较大的地区。自2022年开始，禹城市伦镇的德州燧禾生物科技有限公司园区开展水培叶用莴苣工厂化试验示范工作，采用深液流水培模式，实现周年生产。

1. 设施

温室檐高4.85米，脊高5.75米，东西长70米，南北长50米，占地面积3 500米^2，栽培面积约2 460米^2，屋面为中空PC板。加温保温设备有暖气、内保温幕，降温设备主要有湿帘、风机、内遮阳、外遮阳，空气循环设备为循环风扇。温室采用自动环境监测及控制系统，实时监测温室内温度、湿度及光照强度，可通过电脑及手机调控相关环境控制设备，保证了整个栽培过程的准确性。

2. 生产设备

深液流水培叶用莴苣栽培（育苗）系统主要包括贮液池、栽培床、供液系统等。生产采用2种模式：支架槽深液流栽培模式，采用铝合金床架式液池栽培，液池距地面65厘米，长22.8米，宽2米，深20厘米，液深8～10厘米；落地式槽深液流栽培模式，采用地面砖砌液池的方式栽培，液池长22.8米，宽2米，深20厘米，液深10～15厘米。2种模式均采用双层黑白膜防渗，营养液循环利用。

3. 品种

根据市场需求及气候特点，选择高产、优质、抗病、美观、适口性较好的品种。主要包括奶油生菜、橡叶生菜、皱叶生菜、散叶生菜、意大利生菜等。

4. 播种育苗

（1）育苗基质　育苗基质采用可分割小块（每块上有一小孔）组合而成的具有良好透气性、保水性、缓冲能力的海绵，用以提供种子萌发和幼苗生长及根系固定。

（2）播种期及播种量　按生产计划可每日播种，周年生产。每个海绵播1～2粒种子，一般丸粒包衣种子播1粒，其他种子播2粒。

（3）播种方法　将整块育苗海绵浸湿后放入育苗盘，加清水至高出海绵底部0.5厘米，进行手工播种或机械播种，将已播种的育苗盘放入催芽室进行催芽。

（4）分苗　当叶用莴苣长到子叶展平，真叶露心时开始第1次分苗。分苗时，将海绵分开固定在聚苯乙烯育苗板（60厘米×40厘米，96孔）的孔中，每个海绵约1/3在育苗板上方，分苗后把育苗板浮在栽培床的营养液上，注意保证根系完全浸在营养液中。植株长至2～3片真叶时进行第2次分苗，及时将海绵移至更大的育苗板（100厘米×60厘米，60孔）中，扩大其伸展空间及根系营养面积。

5. 定植

当小苗长至 4~5 片真叶并充分展开时，进行定植。定植时注意避免伤根，植株定植在定植板（长 × 宽为 100 厘米 ×60 厘米，15 孔）上，插满整个定植板后立即放入栽培床营养液中。定植密度以 25 株 / 米² 为宜，密度过高植株生长空间狭小，互相挤压容易发生病害，密度过低则浪费空间，降低产量。

6. 栽培管理

（1）水肥管理　生产前对水样进行检测，根据检测结果，结合基础配方制定营养液配方。生产中每天对营养液 EC 值、pH 值进行监测，每季度对营养液成分进行检测。

（2）EC 值及 pH 值管理　水肥管理的核心就是调控 EC 值及 pH 值，播种到分苗前，植株只需清水即可完成发芽过程。在分苗期，营养液 EC 值控制在 1.2 毫西 / 厘米；在定植期，定植 1 周内的幼苗，EC 值控制在 1.5~1.6 毫西 / 厘米，定植 1 周后，EC 值控制在 1.8~2.0 毫西 / 厘米。采收前 3~5 天，EC 值可降低至 1.5~1.6 毫西 / 厘米。水培叶用莴苣生长的最适 pH 值是 5.5~6.5，当 pH 值 > 6.5 时，用稀硝酸或磷酸调整，当 pH 值 < 5.5 时，用 NaOH 或 KOH 溶液进行调整。

（3）环境管理

①温度管理。叶用莴苣属半耐寒蔬菜，喜冷凉，稍耐霜冻，怕高温，炎热季节生长不良。生长期白天温度控制在 15~25℃，最适温度为 18~22℃；夜间温度控制在 10~18℃，最适温度为 10~15℃。夏季可利用天窗、风机、湿帘和遮阳网进行降温，通过自动控制系统控制。冬季温度低时温室需要加温。

②湿度管理。播种到出苗阶段，要维持湿度在 90%~100% 范围，促进发芽。出苗后，湿度控制在 60%~75% 为宜。夏季可通过地面洒水、天窗调整控制湿度，冬季通过升温及适当开启天窗降低湿度。

（4）营养液温度及水溶氧含量　营养液温度及营养液溶氧量和植物根系生长状况密切相关，水培叶用莴苣适宜的液温为 18~22℃，溶氧量为 4~5 毫克 / 升。夏季高温季节，当营养液水温超过 30℃时，水溶氧量会下降到 0℃水温时的 50%，如果没有氧气补充，根系周围容易缺氧造成烂根。需适时调整温室环境创造合适液温条件，有条件可以采用冷水机降温技术将营养液温度控制在合理的范围。采用营养液循环及水泵或增氧仪方式增加水溶氧含量。

7. 采收

根据市场需求及植株长势及时采收，一般定植后 28~40 天采收，温度高时，植株生长迅速，不满 30 天即可达到采收标准；若温度较低，植株生长缓慢，定植 40 天后才可进行采收。由于营养液清洁卫生，故水培叶用莴苣可选择连根包装上市的措施，用无纺布将根部包裹缠绕固定，浸水处理后放入包装袋，连根包装可增加蔬菜新鲜度，缓解叶菜短时间容易萎蔫的问题。包装后若不立即上市，应预冷保存，贮存温度为

0~1℃，相对湿度为 95% 以上。

8. 病虫害防治

水培叶用莴苣生产周期短，环境条件相对可控，病虫害发生较少。病虫害防治应依照"预防为主、综合防治"的原则，天窗处设置防虫网，温室入口处配备风淋消毒间，以减少病菌及虫卵的进入，温室内悬挂黄板、蓝板等措施可对粉虱、蓟马等害虫进行有效监测和防治。作业时避免植株损伤染病，及时清除老、弱、病苗，摘除老叶、黄叶、枯叶，清理营养液表面的绿藻，控制初侵染源。

第八章 薯芋类蔬菜栽培技术

一、马铃薯

马铃薯（*Solanum tuberosum* L.）是茄科茄属的一年生草本植物。地上茎呈菱形，有毛。马铃薯初生叶片为单叶，逐渐生长出奇数不相等羽状复叶，小叶大小相间，呈卵形至长圆形；伞房花序生长在顶部，花为白色或蓝紫色；果实为浆果；块茎扁圆形或球形，无毛或被疏柔毛；薯皮白色、淡红色或紫色；薯肉有白、淡黄、黄色等色。花期夏季。马铃薯因似马的铃铛而得名。

马铃薯轻简化栽培技术

1. 选地整地

种植马铃薯一般选择地势较高、土质疏松、排水良好的地块，前茬为玉米或小麦，马铃薯不宜重茬；前茬作物除草剂若使用三氮苯类的西玛津、阿特拉津，磺酰脲类的绿磺隆、甲磺隆除草剂，则需要测定土壤残毒量，以免产生药害。深松处理对于土壤理化性状有明显的改善作用，秋整地，用联合整地机深松40厘米以上，旋耕20厘米左右，土壤细碎，起90厘米大垄，翌年春播种。

2. 选种困种

品种选择和种薯处理方面，首先是选择适销对路的马铃薯品种。其次是选择质量合格的脱毒种薯。播种前进行种薯处理，包括种薯精挑细选、困种催芽、人工切块、药剂拌种等。困种催芽要在播种前20天左右进行，堆放种薯室内温度保持在15～18℃，散射日光照射，使芽均匀粗壮，长至1厘米左右即可切块。切块时要准备两把刀、一桶消毒水。切块时要淘汰具有环腐病、疮痂病、晚疫病和干腐病等病害的种薯。切到病薯，要立即更换切刀，避免病菌的传染；种薯切块大小应均匀一致，以50～70克为宜，每个种块上要保证有1～2个芽眼。选择微生物菌剂替代化学药剂进行种薯药剂拌种。

3. 精细播种

在当地气候条件下，4月下旬至5月上旬，10厘米土层温度稳定通过7℃以上后，使用马铃薯专用播种机播种。播种前调试好播种机，确保播种质量精准无误。播种株距根据品种调整，一般为 15~18 厘米，播种深度在 12~15 厘米。同时选择新型马铃薯专用缓释肥料（22-10-22），施肥量 800 千克/公顷，其中 60% 作种肥、40% 作追肥。配合增施有机肥和肥料增效剂，肥料增效剂与化肥充分混合后，随播种施入，施肥深度在 15~18 厘米。种肥分层施用。

4. 动力中耕

播种后一般 7~10 天进行封闭除草，封闭除草剂一般用 96% 精异丙甲草胺 +70% 嗪草酮。随后 15 天左右，注意检查田间马铃薯发芽情况，当马铃薯种芽即将出土时，使用动力中耕机进行中耕培土作业，也称"闷耕"，一般垄上覆土 5~8 厘米。随机械中耕作业，追施总量 40% 的化肥。出苗后，当植株不超过 10 厘米时，视田间杂草情况进行苗后除草，苗后除草剂用 23.2% 砜·喹·嗪草酮。

5. 系统防病

马铃薯晚疫病防治应以预防为主。一旦发现疫情，立即防治。一般中心病株要及时去除，并交替使用烯酰吗啉、银法利等药剂，同时配合使用杀虫剂，每 7~10 天进行一次田间药剂喷施。

6. 收获

在马铃薯收获前，要提前 10 天左右杀秧晒田，以利于后期的机械收获作业。收获一般使用两垄马铃薯收获机，将马铃薯起出土、人工捡拾。

二、甘薯

甘薯又称番薯、地瓜、红薯，是旋花科番薯属植物。块根为白、红或黄色；茎生不定根；叶呈宽卵形或卵状心形，叶色有浓绿、黄绿、紫绿等，前端渐尖，基部呈心形；花冠为粉红、白、淡紫或紫色，呈钟状或漏斗状，无毛；果呈卵形或扁圆形；由于甘薯是异花授粉，自花授粉常不结实。

甘薯轻简化栽培技术

1. 选种

根据当地气候条件、土壤状况、市场需求等选用高产优质、综合抗性强、市场需求量大的甘薯品种。对引进的新品种要做好小面积试验，经大面积示范，综合表现确实优秀的再进行推广。

2. 培育壮苗

选择疏松沙壤土，3 年以上没有种植薯芋类作物，无除草剂残留的地块建造育苗床。育苗设施包括阳畦、电热温床、酿热温床、大拱棚、小拱棚以及简易日光温室等。选择具有所选品种特征，无病、无伤的薯块气生根、无病虫危害、株高在 20 厘米左右，苗龄 30~35 天。壮苗比弱苗一般增产 10% 以上。

3. 冬耕春耙

大雪前后深耕，深度 25～30 厘米，采取的措施是耕而不耙，充分增加土壤受光面积，通过冬耕，起到晒垡、活化土壤，改善土壤理化性状，提高土壤储水保水能力的同时有效杀灭越冬虫卵、降低寄生在病残体上致病菌活性。开春后精细耕地，机械化起垄施肥一次性完成。

4. 施肥起垄

甘薯为喜钾作物，一般每亩施用腐熟有机肥 2 000～2 500 千克，硫酸钾型复合肥（15-15-15）50 千克，50% 硫酸钾 10.0～12.5 千克。其中有机肥全部撒施，复合肥以及钾肥 2/3 撒施，1/3 起垄时条施。垄距 85 厘米，高 20～30 厘米。

5. 栽植

根据苗情及时栽植。

（1）合理密植　栽植时间在 4 月 20 日前后，栽植密度：早熟品种 3500 株/亩左右，其他品种 3 000～3 500 株/亩。

（2）高剪苗栽植　能够有效防止病虫害通过种苗传播，减少病虫害发生，省工、省时、省药。方法是：在苗床内距离地表 2.5～3.0 厘米处用剪刀剪断秧苗，秧苗当天不栽植的以 100 株为一体垂直放入有散射光的地窖内贮藏。每亩使用 70% 吡虫啉水分散粒剂 50 克、80% 多菌灵 250 克与过筛黏土充分混合后，加水搅拌成泥浆形成药浆，边用药浆蘸根边栽植。栽植时穴施 3% 氟氯氰·噻虫胺颗粒剂，每亩用量 1.0～1.5 千克，防治金针虫、地老虎等地下害虫。栽植采用船形栽插法，地上部留 2～3 片叶。

（3）黑色地膜覆盖　采用黑色地膜覆盖可起到提高地温、保墒，改善土壤理化性状，防止土壤板结，减轻杂草危害等作用；同时减少化学除草环节；还可将春薯栽插时间提前 7～10 天。覆盖黑色地膜的方式有两种，一是起垄后喷施除草剂再覆膜，通过覆膜提高地温后栽插；二是栽插缓苗后结合中耕查苗补苗，在晴稳天气的下午覆盖薄膜，做到覆膜、压实。栽植 3 天后查苗补苗。

6. 田间管理

苗子栽植到田间后正常管理。

（1）化学调控　塑造理想株形，减少秧蔓生长量，省去翻秧环节，适宜机械收获。一般情况下，在甘薯定植后 50 天，薯秧接近封垄时，叶面喷施 25 毫克/千克烯唑醇溶液，间隔 7～10 天用同浓度药液重复 1 次，若与 0.3% 磷酸二氢钾溶液混合使用在一定程度上可以规避甘薯早衰现象。

（2）追肥　7 月地表出现裂缝时，根据植株长势进行追肥。茎蔓长势弱的地块可叶面喷施 0.4%～0.8% 尿素溶液，茎蔓长势强的地块可喷施 0.3% 磷酸二氢钾溶液。采用每桶水（15 千克）中加入尿素 0.5 千克、硫酸钾 1.0 千克、磷酸二氢钾 0.5 千克、硼砂 200～250 克等，完全溶解后再加入一定量的 40% 辛硫磷乳油，往甘薯根茎旁的裂缝中灌施（每亩用 4～5 桶）的方法，最好选在下雨前进行，施肥后通过雨水渗透，起到追肥、杀灭地下害虫的双重效果。

（3）提蔓　地膜阻碍了甘薯茎蔓不定根的形成，一般不需要提蔓。未用地膜覆盖的地块，可采取提蔓措施，既能防止不定根的形成，又能确保光合面积，减少茎叶损伤。

（4）排水防涝　甘薯属于耐旱怕涝作物，土壤水分过多，容易造成通气不良，影响薯块膨大并促使茎蔓徒长。雨季来临之前，挖好排水沟，若遇大雨及时排出田间积水，防止渍涝危害。

7. 病虫害防控措施

（1）茎线虫病

①轮作。与非薯芋类作物实行 1~2 年的轮作。

②选用种薯。无病种薯育苗，并做好种薯处理。

③高剪苗栽培。采取高剪苗栽培，防止该病由秧苗传播蔓延。

④栽植施药。穴施 10% 噻唑磷颗粒剂，每亩用量 1.0~1.5 千克。

（2）黑斑病

①轮作倒茬。实行 2~3 年的轮作倒茬。

②留种田。建立无病留种田。

③栽培方式。采取高剪苗栽培。

④药剂处理。用 70% 甲基硫菌灵可湿性粉剂 500~700 倍液或者 50% 多菌灵可湿性粉剂 2500 倍液，将秧苗根底部 6~10 厘米部分浸入药液中泡 2~3 分钟。

⑤种薯入窖。入窖前用 80% 福美双可湿性粉剂 400~500 倍液浸种 3~5 分钟，完全晾干后再入窖。

（3）根腐病

①选用抗病品种。淀粉型有济薯 21 等，鲜食型有济薯 26 等。

②轮作。与非薯芋类实行 2~3 年的轮作，清洁田园，将田间病残体远距离销毁或者深埋。

③栽培方式。采取高剪苗栽培。

④药剂处理。用 80% 福美双水分散粒剂 400~500 倍液蘸根处理秧苗。

（4）病毒病　重点防止刺吸式口器害虫，如蚜虫、红蜘蛛、飞虱，消除病毒传播媒介。可用 25% 吡虫啉可湿性粉剂 1500~2000 倍液与 1.8% 阿维菌素乳油 2000~2500 倍液混合喷雾防治。

8. 收获

应进行机械收获。一般在霜降来临前，日平均气温 15℃时开始收获；先收春薯、后收夏薯，先收种薯、后收食用薯；日平均气温在 12℃时收获基本结束。

9. 贮藏

影响甘薯贮藏的因素主要有温度、湿度、品种等。贮藏甘薯的适宜温度为

10℃±1℃，湿度在85%以上；不同品种的甘薯对低温的敏感性也有差异，其中对低温不敏感的甘薯品种耐贮藏。

三、姜

姜（*Zingiber officinale* Roscoe），是姜科姜属的多年生草本植物，又名生姜、姜根、地辛等，为一年生或多年生单子叶草本植物。姜是我国重要的调味蔬菜和出口创汇蔬菜。全国姜的种植面积约为400万亩，山东省是姜主要产区，年种植面积120万亩左右。

姜露地栽培技术

1. 播前准备

（1）精细整地，配方施肥　宜选择土质肥沃，水浇条件好，无姜瘟病地块，在进行冬耕的基础上，春季及早进行精细整地，使土壤达到无明暗坷垃，上松下实。增施有机肥，以优质鸡粪、无病残体圈肥、饼肥和草木灰配合施用，结合整地撒施优质腐熟鸡粪3～4米^{3}或优质圈肥5 000～10 000千克做基肥。在高肥水地块按60～65厘米行距开沟，沟施豆饼100千克，三元复合肥（15-15-15）50千克，硫酸钾50千克，锌肥2千克，硼肥1千克做种肥。

（2）精选姜种，培育壮芽

①精心播种。于适期播种前30天左右，从窖内取出，用清水冲洗，去掉姜块上的泥土，选用块头肥大、丰满、皮色光亮、肉质新鲜不干缩、不腐烂、未受冻、质地硬、无病虫的健康姜块作种。严格淘汰瘦弱干瘪及发软、有赖皮的种姜，要求块头重达75克左右，每亩用种500千克左右。

②晒姜困姜。3月上旬选晴天上午8:00—9:00，将精选好的种姜放在阳光充足的地上晾晒，晚上收进屋内，重复2～3次，使姜皮发白发亮，晒困结束。还应注意病症不明显的姜块，经失水后，严格淘汰表皮干瘪皱缩，色泽灰暗的姜块，确保质量。

③炕姜催芽。对精选的姜种，用姜瘟散等农药200倍液进行浸种10分钟，起到杀菌灭菌作用，晾干后上炕催芽，催芽温度掌握在22～25℃，并掌握前高后低，20天后，姜芽生长至0.5～1.0厘米时，按姜芽大小分批播种。

2. 播种至出苗期管理

（1）短期早播，地膜覆盖　根据当地气温、地温和晚霜时间，进行地膜栽培可比常规播种提早出苗20～30天、于4月上旬开始播种。盖膜前每亩应用除草剂100～150克兑水喷施，免除膜下杂草。地膜可选用厚度0.008毫米、宽240～340毫米规格。地膜栽培较不盖地膜栽培增产42%以上。

（2）适当稀植，增大姜块　适当降低种植密度，提高单株产量，促使块头大而整齐。高产地块适宜种植密度每亩种植5 500株左右。中肥水地块每亩5 500～6 000株，用种量一般每亩掌握在 500 千克左右。

（3）适时遮阴，促进生长　姜出苗达 50% 时及时进行姜田遮阴，促进苗子健壮生长。采用遮阳网遮阴，其遮阴均匀一致，不破坏地膜的完整，便于田间管理，苗子生长势旺，具体方式有：①高位棚式遮阳网。利用水泥柱、竹竿扎成 2 米高拱棚架，扣上遮阳网，宜选择遮光率为 30% 的遮阳网。②条幅立式遮阳网。将遮阳网成幅立式拉于姜行间，用竹、木固定，幅宽 60～65 厘米，可选择遮光率为 40% 的遮阳网。③农膜打孔遮阳网。选用黑色带孔农膜，于姜行间，用竹、木固定。

3. 生长中后期

（1）合理施肥　于 6 月上中旬结合浇水，每亩顺水冲施尿素 25 千克，以促进姜苗生长。7 月上中旬揭去地膜，每亩施用三元复合肥（15-15-15）50 千克。至 8 月 20 日前每亩补施硫酸钾 30 千克，追肥后及时浇水。9 月中旬可根据姜苗长势，适量追施钾肥或氮肥，并对地上部进行叶面追肥，每 7～10 天喷 1 次，连喷 3～4 次，起治病防早衰作用，延长生育后期叶片功能期。

（2）及时浇水，分次培土　为保证姜顺利出苗，在播种前浇透底水的基础上，一般在出苗前不进行浇水，而要等到苗子 70% 出土后再浇水。苗期不宜浇水太勤，且以膜下浇小水为宜。夏季浇水以早晚为好，不要在中午浇水。同时，要注意雨后及时排水。立秋前后，姜进入旺盛生长期需水量增多，此期 4～5 天浇 1 次水，保持土壤的湿润状态。施用分枝肥后，应根据姜生长情况，及时进行分次培土 2～3 次，确保姜不露出土面，促进姜块迅速生长。

（3）延时收获，提高产量

①初霜收获。当秋末气温在 8～18℃ 时，秋高气爽，光照充足，昼夜温差大，正是形成产量的关键时期，适当延长生长期，提高产量。据试验，霜降后，每晚收一天，平均亩增产 30～60 千克。大田收获姜的最佳收获期应在初霜后 10～15 天。

②拱棚延时。初霜前在姜田架起拱棚，扣农膜保护延时，使姜生长期延长 20～30 天收获，亩增姜 1 000 千克以上。高产地块亩产在 6 000 千克以上。

4. 收获贮藏期

姜贮藏多采用挖窖贮藏，一般深 5～7 米，挖 2～3 个贮姜洞，窖内温度保持 11～13℃，空气相对湿度保持在 90% 以上。姜入窖前，应彻底清扫。姜入窖结束后，用一块 1 米^2 的农膜平铺于窖底，堆放 3～5 千克麦草，倒入 0.25 千克 80% 敌敌畏原液，熏杀姜蛆成虫。姜入窖 20～25 天，于小雪前封住窖口。人员入窖前要注意先通风，防止发生伤亡事故。

5. 姜病虫害防治

（1）姜瘟病　发病初期可用 5% 硫酸铜液，或 14% 络氨铜水剂 300 倍液防治。

（2）茎基腐病　发病期，及时清除病株残体，病果、病叶、病枝等；拉秧后彻底清除病残落叶及残体；对保护地、田间做好通风降湿，保护地减少或避免叶面结露；

不偏施氮肥，增施磷、钾肥，培育壮苗，以提高植株自身的抗病力。适量灌水，阴雨天或下午不宜浇水，预防冻害；揭膜后，主防茎基腐病，喷雾+喷施茎基部，青枯立克 50~100 毫升+大蒜油 5~7 毫升稀释使用，连用 2~3 次，间隔 7 天左右。

（3）叶斑病　发病初期，可用 10% 苯醚甲环唑水分散粒剂 1 000 倍液+75% 百菌清可湿性粉剂 600~800 倍液，视病情 7~10 天喷 1 次。

（4）枯萎病　发病初期，可用 30% 甲霜·噁霉灵 800~1 000 倍液灌根，每株灌药液 200~300 毫升，视病情 7~10 天灌 1 次。

（5）姜螟　要及时进行化学防治，在螟虫未进入茎秆之前用药剂喷洒植株，可以叶面喷施 2.5% 溴氰菊酯乳油 1 500 倍液，或 2.5% 吡虫啉 1 000 倍液等。防治钻心虫进入茎秆，增加防治难度。该幼虫在 2 龄前抗药性最强，所以应提倡治早治小，适时进行喷药防治。可选用 24.3% 甲维·丙溴磷 1 500 倍混用防治能取得优异的防治效果。

（6）姜根结线虫　发病初期可用 1.8% 或 2.0% 的阿维菌素乳油 800~1 000 倍液灌根，可有效抑制线虫。全田间发病时，每亩用 5% 阿维菌素微乳剂 0.5 千克，或 1.8%（或 2%）阿维菌素乳油 1 千克，随水冲施，全生育期可使用 2~3 次。

四、山药

山药（*Dioscorea opposita* Thunb.）是薯蓣科薯蓣属的多年生缠绕藤本植物。山药块茎中含有淀粉、纤维素、多糖、蛋白质、氨基酸、多巴胺、黄酮类、多酚类等多种营养成分和功能性成分，具有滋补脾胃、增强免疫力、延缓衰老等重要药理作用，其独特的功效和风味深受广大消费者喜爱。

山药轻简化栽培技术

1. 选地与整地

选择土壤疏松、排水良好的冲积土或沙壤土的平地和坡地种植。深耕碎土整地，一般深耕 40~50 厘米，机耕可深耕 60~70 厘米。

（1）平地种植　在旱地上可双行种植，也可单行种植。双行种植整地畦底宽 260 厘米，畦面宽 30 厘米，斜面宽 100 厘米并与水平面成 30°，畦间排灌水沟宽 30 厘米。单行种植整地按行距 150 厘米起高畦，畦面宽 20 厘米，斜面宽 100 厘米并与水平面成 30°，畦间排灌水沟宽 30 厘米。

（2）坡地种植　坡地单行种植，按行距 150 厘米等高梯形起高畦，畦面宽 20 厘米，斜面顺自然坡度，畦间排灌水沟宽 30 厘米。

2. 定向栽培材料的准备

滴灌带，银黑膜，半管形（底部为半圆形）塑料槽（形如"U"，半径 10~15 厘米，长 100~150 厘米，槽底部每隔 20 厘米并排打有约 1.5 毫米的 3 个小孔以透气透水）。

3. 基肥施用

在整地和材料铺设时施足基肥，每亩施用腐熟有机肥 1 500～2 000 千克、过磷酸钙 100 千克、三元复合肥（15-15-15）30 千克。其中，畦面沟施 70%（与土壤拌匀），定向设施内施 30%（与填充基料混匀）。半管形塑料槽口定向设施内填充甘蔗渣或椰糠混合牛粪（体积比为 1∶1）等基料，基料施用前需要加基料质量 2%～3% 的生石灰和 5%～6% 的过磷酸钙，混匀后用黑膜盖好避雨水沤制 2～3 个月，待完全腐熟后备用。

4. 定向栽培材料的放置

将滴灌带放置于 20 厘米或 30 厘米宽的畦面，每畦山药铺一条滴灌带，与半管形塑料槽相交叉；半管形塑料槽根据种植密度相隔一定距离（35～40 厘米）摆放于畦斜面，槽沿与畦斜面的土壤表面持平，然后盖上银黑膜备用。

5. 种子选择与处理

选择健康山药的零余子、栽子（藤蔓和块茎结合部有潜伏芽的部分）和段子（块茎中除栽子外的其他部分）作种。

（1）零余子处理　选用粗大、无病虫的零余子，播前用 50% 多菌灵粉剂 500～600 倍液浸种 30 分钟，捞起晾干，在 25～28℃ 下催芽，萌动后播种。

（2）栽子和段子处理　块茎段切成 4～5 厘米长的薯块，质量为 50～100 克，用草木灰或石灰涂伤口，防止病菌感染，经催芽萌动后播种或直接播种。

（3）播种前处理　播前用 50% 多菌灵粉剂 500～600 倍液浸种 30 分钟，然后捞起晾干备用；同时，在每亩田块中用 20% 三唑酮乳油和农家肥 10 千克的混合物撒施于播种穴中以防地下害虫。

6. 播种

（1）播种密度　肥水条件较好的田块每亩种植 2 000～2 200 株，肥水条件一般的每亩播种 2 200～2 500 株。

（2）播种方法　播种时，将处理过的零余子或栽子、段子种在事先埋设好并填充有基料的半管形塑料槽口（喇叭口）上，零余子或栽子、段子顺着塑料管方向摆放。

7. 田间管理

山药生长发育一般可分为 5 个阶段，幼苗期、生长前期、生长中期、生长后期、收获期。

（1）幼苗期管理　在播种 10～15 天后，注意检查种子发芽出苗情况，幼苗长出后，要及时破膜引苗出膜。出苗后定期查苗补苗。苗高 30 厘米时，若单株茎蔓数过多，需去除弱苗、病苗，每穴留壮苗 2～3 株。出苗后及时搭架引蔓，及时将茎蔓引上篱笆。苗高 30 厘米时进行第 1 次追肥，施农家有机液肥，促进幼苗生长。

（2）生长前期管理　在生长前期，若叶片厚、浓绿，则植株生长健壮，否则相反，需每亩追施三元复合肥（25-6-9）10 千克左右，将肥料追施到播种穴旁，或者溶成水肥通过滴灌带加入。该期雨水较多，注意排水，加强病虫害防治。

（3）生长中期管理　山药生长中期为营养生长至生殖生长过渡并开始原基分化结薯期，需要积累贮存较多的营养，每亩追施三元复合肥（15-15-15）15千克左右。每株保持有2～3条粗壮健康茎蔓，若叶多、叶色过绿，则植株生长过旺，应适当修剪和摘心，并把病枝、枯叶剪掉。

（4）生长后期管理　生长后期是块茎膨大的关键时期，因气温较低，叶片薄、色淡，需用块茎膨大肥，每亩追施三元复合肥（16-6-23）40千克左右，畦面揭膜后（根系主要处于畦面，斜面不揭膜）撒施；此外，植株长势弱的还可根外施肥，可叶面喷施0.2%～0.5%磷酸二氢钾。

（5）收获期管理　在块茎休眠期内进行收获。收获期若遇到霜冻，露出地膜和地面的薯块要注意及时覆盖地膜，以防冻伤薯块；且要切实做好排水，保证地下块茎安全。

山药耐旱不耐涝，播种前要求有湿润的土壤环境：地表干湿相宜，松软，脚踢表土易碎；土表下5～10厘米处的土能手握成团，但不出水，落地即散。此时，沙壤土的田间持水量为14%～18%；中壤土为22%～27%；黏土为41%～47%。

8. 病害防治

（1）褐斑病　种植后生长期间用58%甲霜·锰锌可湿性粉剂500倍液均匀喷雾防治。

（2）炭疽病　出苗后用1∶1∶150波尔多液，每隔10～15天喷1次，连续喷2～3次；发病后摘除病叶，然后用65%代森锌500倍液或50%甲基硫菌灵可湿性粉剂1 000～1 500倍液喷雾防治，每隔7天喷1次，连续喷2～3次。

（3）枯萎病　除发病植株需及时清除外，发病初期用50%多菌灵可湿性粉剂600～700倍液，或50%苯菌灵可湿性粉剂1 500倍液喷雾防治，每隔15天左右喷1次，共5～6次。

9. 虫害防治

（1）斜纹夜蛾　在害虫发生初期可用5%抑太保乳油3 000倍液，或40%辛硫磷乳油800～1 200倍液交替喷雾防治，连续喷2～3次。

（2）叶蜂　用2.5%高效氯氟氰菊酯乳油1 500～2 000倍液，或2.5%溴氰菊酯乳油1 500～2 000倍液进行喷雾防治，交替用药2～3次。

（3）叶螨　发生初期，可喷施20%哒螨灵可湿性粉剂1 500倍药液和2%阿维菌素乳油2 000倍液混合或交替防治，连续2～3次。

（4）其他　茶毛虫、松毛虫可采用防治斜纹夜蛾的方法进行防治。

第九章 水生蔬菜栽培技术

水生蔬菜是指适合在淡水环境生长，其产品可作为蔬菜食用的维管束植物，是独具特色的经济作物，主要包括莲藕、茭白、荸荠、慈姑、菱、水芹、芋、芡实、莼菜、水蕹菜、豆瓣菜、蒲菜、蒌蒿等十三类。德州常见的水生蔬菜主要包括莲藕和茭白。

水生蔬菜多数以茎或嫩茎叶为食用器官，且对人体有滋补保健之功效；多利用低洼水田和浅水湖荡、沼泽、池塘等淡水水面栽培，占用耕地面积较少；与陆生蔬菜相比，水生蔬菜宜水湿、不耐干旱，且生育期较长，多喜温暖气候，不耐霜冻，要求在肥力较高的土壤上生长；植株组织疏松多孔，茎秆柔弱，栽培中要注意防风挡浪；虽能开花结果，但实生苗生长缓慢，且后代分离严重，不宜在生产上采用。生产上多为无性繁殖，用种量大，繁殖系数低。

一、莲藕

（一）莲藕轻简化栽培技术

针对德州地区莲藕栽培管理粗放、机械化应用率低、用工多、生产成本高等问题，集成缓释肥一次性追肥等精准肥水管理、机械化施肥和采收、病虫害绿色防控等轻简高效栽培技术，大幅度减少了用工成本和化肥、农药用量，为德州地区莲藕产业的提质增效提供技术支撑。

1. 品种选择

莲藕的栽培种可分为藕莲、子莲和花莲 3 种类型。其中，藕莲以其肥大的根状茎（藕）供食用，植株叶片较大、叶脉突起，开花较少，莲籽结实率低。德州生产上应用的莲藕优良品种主要有美国雪莲 3 号、黄府、章字号、大渔号、泰国花奇莲、南斯拉夫雪、莲春一号、莲春二号、沃杂、飘花、科丰一号、鄂莲 9 号、鄂莲 10 号、新 6 号、3735 等。

2. 栽种前准备

（1）整地　宜选择避风向阳、保水性好、富含有机质的肥沃田块。湖荡应选择水流平缓、水位稳定，最高水位不超过 100~120 厘米，淤泥层较深厚的地方栽种。栽种莲藕前，先耕翻田块、筑固田埂，施足有机肥，一般每亩施商品有机肥 400~500 千克，或腐熟土杂肥2 000~3 000千克，或绿肥、厩肥5 000千克以上，多施有机肥可明显提高莲藕的产量和品质。

（2）种藕选择　选择完整、无破损，具两节以上，芽壮，无病虫害，后把粗短，且符合品种特征的成熟藕作种。种藕大、生长发育旺盛，有利于早熟、丰产。

3. 莲藕栽种

种藕一般于临栽前挖起，随挖随栽，不宜暴露在空气中过久，以防叶芽失水干枯。栽藕密度视藕田情况、品种及上市期而异，一般田藕比塘藕密度大，早熟品种比晚熟品种密度大，早采收比晚采收密度大。每亩种藕用量一般为300~400千克。栽藕时为了操作方便，田水宜浅，保持在3~5厘米即可。各行栽植穴宜交错排列，定植在藕田四周的种藕顶芽一律朝向田内，定植在藕田中间的种藕顶芽应左右相对，分别朝向对面行的株间，种藕顶芽及各节应埋入土中8~10厘米深，种藕最后一节露出水面，这样可使后期长出的立叶和结出的新藕分布均匀，同时有利于后期机械化施肥和采收。

4. 田间管理

（1）中耕除草　莲藕栽种后到荷叶封行前，可视杂草生长情况进行中耕除草。除草前应先排浅田水，除掉的杂草随即深埋到土中作为肥料。除草时在田间走动脚步要轻，尽量避开莲藕的地下茎，以免踩伤地下茎。荷叶基本封行后，避免人、畜下田碰伤荷叶及地下茎。每次除草后立即恢复水层。

（2）追肥　莲藕喜肥，除施足基肥外，生长期间还应分期追肥。一般在田间长出少数立叶时追施发棵肥，每亩施入沼液肥或腐熟粪肥1 000~1 500千克，或尿素10~15千克，以促进分枝和出叶。田间荷叶基本封行时重施第2次追肥，一般每亩撒施尿素20千克、过磷酸钙15千克，缺钾土壤还应补施硫酸钾15~20千克。莲藕膨大初期进行第3次追肥，即催藕肥，每亩撒施三元复合肥（15-15-15）40~50千克。施肥应选择晴朗无风的天气，在清晨露水干后进行，以防肥料黏留在叶面上灼伤叶片。每次追肥前停止灌水，降低田间水层或尽量放干田水，以便肥料融入土中，提高肥料利用率，施肥后第2天恢复原水层。

莲藕缓释肥一次性追肥栽培技术是在莲藕定植后20~30天、开始进入立叶生长期时进行一次性追肥，即每亩追施缓释周期为90天或120天的缓释肥（$N-P_2O_5-K_2O$为18-7-15）50~70千克。为减少追肥用工，提高追肥效率，无水层或浅水田块可用无人机进行追肥；针对莲藕栽培地块为浅水圩荡且有一定深度的水层时，使用船式气压施肥机及配套追肥技术；采用缓释肥可减少追肥用量30%以上，满足了莲藕生长中后期对肥料的需求，提高了莲藕产量和品质，莲藕商品率提高10%以上，且减少了肥料流失，解决了传统施肥技术追肥利用率低、莲藕生长中后期需肥但施肥困难等生产难题；利用无人机或船式气压施肥机一次性追施缓释肥，可以减少施肥用工60%以上。

（3）水层管理　莲藕萌芽生长期田间保持2~3厘米浅水层，以提高土壤温度，促进萌发。植株长出1~2片立叶后，生长势逐渐转旺，气温亦很快升高，水层要逐渐加深到15~30厘米，以促进立叶逐片高大；后期立叶满田并开始出现后把叶时，逐渐将水深降至5~10厘米，到莲藕膨大初期水深再降至4~5厘米，以促进结藕。在莲藕整个生长期间，水位的涨落要保持和缓，不能猛涨暴落、时旱时涝。湖荡种植莲藕要防止水面上涨淹没荷叶，造成减产。

（4）转藕头　在莲藕旺盛生长期，莲鞭生长迅速，两侧产生分枝，呈扇形向前伸展。当新抽生的卷叶距田边1米左右时，表明莲鞭的顶芽已逼近田埂，为防止莲鞭穿越田埂，应及时将莲鞭顶芽拨回田内。转藕头宜在中午以后茎叶柔软时进行，先找到莲藕顶芽，用周围泥土包裹着莲鞭顶芽小心拨转向田块内部，拨转后再用泥压稳。转藕头时还应注意莲鞭生长的稀密情况，尽量将过密处的莲鞭顶芽向稀疏的方向调整，以使莲鞭分布均匀，提高产量。

（5）病虫害防治　莲藕的主要病害有腐败病和僵藕，虫害主要有食根金花虫、夜蛾类害虫和蚜虫等，集成推广莲藕主要病虫害绿色轻简化防治技术。

5. 采收与采后处理

（1）采收　当终止叶的叶背呈微红色、基部立叶叶缘枯黄时表明莲藕已基本成熟，成熟藕可以陆续采收至翌年萌芽前。莲藕采收主要有人工采收、高压水枪系统辅助人工采收、莲藕采收机（挖藕机）采收3种方式。人工采收费时费力、效率低，1个壮实劳动力每天采收5~6小时、采收200~250千克，且人工采收对莲藕有较大的损伤；高压水枪辅助采收系统的应用在一定程度上提高了采收效率，平均1个劳动力每天可采收5~6小时、采收450千克左右，但仍需人工手持水枪冲挖，劳动强度仍然较大；采用船式挖藕机每天可采收8~10小时、采收800千克左右，采收效率较人工采收和高压水枪辅助采收系统提高180%~320%、减少采收用工44.4%~68.8%，大幅度减轻了劳动强度。高压水枪系统辅助人工采收因成本相对较低、采收过程可控、效率高于人工采收等优势，成为莲藕采收的主要方式。

（2）采后处理　莲藕采收后剔除破损和有病虫害的个体，带泥不洗，立即调运市场，上市时用高压水枪辅助清洗。莲藕还可经盐渍加工成咸莲藕，或经90~95℃的水漂烫加工成水煮藕，或经破碎压榨制成莲藕汁饮料，或制成藕粉等。莲藕加工企业进行加工前都采用机械化清洗，极大地节约了人力和成本，提高了经济效益。

（二）莲藕—小龙虾共生高效种养技术

德州许多莲藕种植大户为了提高经济效益，在莲藕田里套养小龙虾，形成了以莲藕为主、小龙虾为辅的共生模式。该模式不仅节省了种藕成本，为莲藕提供底肥，还增强了莲藕底泥的透气性、增加了莲藕的产量；莲藕和水草则能为小龙虾净化水质、提供天然饵料，提升了小龙虾的品质，达到增产增收的效果，取得了显著的经济、生态和社会效益。

1. 品种选择

食用莲藕的品种很多，按对水层深浅的适应性可分为浅水藕和深水藕。共生模式一般种植浅水藕，品种主要有鄂莲9号、鄂莲10号、新6号、3735等。

藕种要选择藕头饱满、顶芽完整、藕身肥大、藕节细小、后把粗壮和色泽光亮的种藕或充分成熟的子藕。种藕一般3节，宜随选、随挖、随栽，也可先挖起催芽后栽植。挖藕时应注意保护顶芽。

2. 定植前准备

（1）整地　藕田在冬季要排水深翻，深度50～70厘米，而后施基肥，每亩施用腐熟农家肥1 000～1 500千克、腐熟鸡粪100～150千克。最后灌水，翌年春季栽植前耙平并清除杂草，作好畦埂。

（2）藕种处理　种藕用0.1%适乐时（咯菌腈）水剂1 000倍液浸种15分钟，随即覆盖塑料薄膜密封24小时，稍晾后即可播种。

3. 藕种定植

藕种一般在"五一"前后3～5天定植。定植时最好选择晴天上午，温度适宜。栽植密度因品种而异，一般行距2～3米、株距1米左右，每亩下藕种250～300千克。采用湿栽法。栽植时池水不宜过深，保持7～10厘米即可。先按一定距离耙1条斜形浅沟，将种藕藕头朝下倾斜埋入泥中，后把稍微露出水面。栽藕的方向要交互排列，1株向南，1株向北，第2行与第1行株间应相对栽植，使其分布均匀。靠田埂的边行，藕头应向田内，以免莲鞭伸出埂外。

4. 定植后注意事项

（1）水位调节　浅水藕一般应保持水深20～25厘米，不需换水，水可有微小流动，但不可过大，以防肥料流失。若天气干燥，可以叶面喷水，以增加空气湿度，促进生长，增加分支。暴雨后，若水面漫过荷叶，须立即排水，并保持原有水位。

（2）追肥　莲藕根系弱，须供应充足的肥料。施足基肥后，在生长期间一般还需追施2次肥料。第1次在藕长出3～5片立叶时每亩施用三元复合肥（15-15-15）25～35千克，进一步壮苗；第2次在后把叶出现时施用，用量与第1次相同。花蕾期要结合防病叶面喷施硼肥、磷酸二氢钾等叶面肥。

施肥应选晴朗无风的天气，清晨或傍晚进行。每次施肥前应放浅田水，让肥料渗入土中，然后再灌至原来的深度，追肥后泼浇清水冲洗荷叶。

5. 病害防治

莲藕病害主要有腐败病、叶枯病等。首先要做好综合防治，及时清除发病藕田病株及病残体，并深埋或集中烧毁，同时合理施肥、科学管水。出现病害时要及时用药防治，2种病害发病初期用50%多菌灵可湿性粉剂600～800倍液或50%甲基硫菌灵可湿性粉剂800～1 000倍液，或用50%多菌灵可湿性粉剂600倍液+75%百菌清可湿性粉剂600倍液喷雾，能有效减轻或控制病害的蔓延。

6. 去除浮萍新技术

藕田中有浮萍覆盖,会降低水温,影响藕芽的发芽和正常生长。可采用尿素喷洒有效去除浮萍。喷前关注天气预报,选择1周内无雨的天气进行,喷前把水位加到最高,如果水深30~50厘米,每亩施用普通尿素50千克左右,水深70厘米以上则加大用量;将尿素溶解后用喷枪喷洒,再用清水喷洒1遍,防止伤害荷叶,基本6~7天就能将浮萍去除干净。需要注意的是,水温低于20℃时不施尿素,且6~7天内不能进水,水位不能增加,这也是选择1周内无雨天气进行的原因。

7. 采收与留种

当终止叶出现,叶背呈微红色时,表示藕已成熟。德州一般6月底开始收获。收藕时要先把水排浅而不宜排干,找到终止叶和后把叶,其下便是新藕,把藕身下面的泥掏空后,将整藕慢慢向后拖出。留种田一般每挖4.0米留1.2米藕种,并且应保持10~20厘米深的水位,以利于藕种安全越冬。

8. 种虾投放管理

藕虾共生种养模式以莲藕为主、小龙虾为辅。小龙虾的放养,通常在每年的清明(4月4—6日)前后,即藕芽刚长出来后进行,每亩放养规格为每25~30只/千克的亲虾(抱卵)15千克。放养后,定时、定量投喂,一般喂食米糠、豆饼、麸皮等。因小龙虾的生长速度比较快,一般喂养2个月左右就可以捕捞上市。捕捞的原则是捕大留小、分批收获,一般多以晚上昏暗时捕捞最好。后期要留存亲虾,选择体质健壮、肥满结实、规格一致的虾种,以便来年自繁。

(三)旱地藕高产栽培技术

旱地种藕是一项比较复杂的种植活动,对种植的要求较高,首先要建造合适的藕池,保证阳光的充足,其次要选择优秀的种藕,掌握科学合理的种植技术和施肥技术,同时在后续管理过程中,要注意除草和追肥,保证莲藕可以正常的生长。

1. 藕池的筑造技术

(1) 藕池位置的选择　藕池的建筑位置关系着未来莲藕的生长状况,进而影响到莲藕的产量,因此,在位置的选择上一定要格外注意,藕池一般要处在地势平坦、向阳、避风、取水方便的地方,所在地的土质要较为柔软,富含有机质,在涵养水分、提供养料方面具备一定的优势。

(2) 建造藕池　为了涵养水分、增加藕池的牢固程度,藕池的建造一般会有一半处在地下,形状以长方形和正方形居多,藕池的面积不宜过大,一般在200~400米^2,这样能够为建造过程提供方便,在建筑的前期,要先画好建筑的轮廓,然后按照轮廓向下挖土,挖至30厘米时即可,然后利用夯土设备将土层压实,再使用混凝土注入其中,混凝土的厚度在4厘米左右,然后抹平,在混凝土凝固之后,可以进入围墙的建造环节,建造围墙的材料以空心砖为主,建造至合适的高度之后,用混凝土将围墙表面抹平，避免出现缝隙。最后将之前挖出的池土回填，注意围墙四周要留下防水。

2. 选种及种植技术

在藕池建造好之后，可以进入种植环节，首先要选择优秀的种藕，在旱地进行莲藕的种植，使用优良品种的产量要远远高于种植户自己培育的种藕的产量，增产的程度可以达到20%～40%，给种植户带来非常可观的效益。一般情况下，在650米^{2}的藕池内种植，要使用二节以上节间完整、顶芽完好、无病虫害、无碰伤的合格种藕250～300千克。当种藕出现溃烂腐败的问题时，则不能种植，种藕要在扒出之后尽早种植，如果在扒出7天左右还不种植，就会导致发芽迟缓，降低出芽率。

选择合适的时机种植，种植的密度要适中。一般情况下，莲藕生长的温度要在15℃以上，在温度低于5℃时，莲藕会出现冻烂的情况，根据以往的种植经验，在谷雨前后种植效果最佳，如果种植的时间过早，温度相对就低，不利于莲藕的生根发芽，不能有效地抵御严寒的侵害，如果种植的时间过晚，就会导致顶芽生长得太长，容易出现折断的情况，导致莲藕生长不良，产量也就随之降低。莲藕的种植密度要视具体情况而定，一般会与莲藕的品种、土壤的肥力、栽培方式和栽培季节有关，同时，成熟较早的莲藕，种植的密度要高，成熟较晚的莲藕，密度要适当降低，大种藕种植密度要小，子藕、藕头种植的密度要高；土壤肥沃的藕池要降低种植的密度，土壤贫瘠的藕池要提高密度。只有选用优秀的种藕，掌握种植的关键技术，才能保证莲藕的种植效果最佳，才能取得尽量多的产量，才能为种植户创造更多的经济效益。

3. 施肥技术

科学合理的施肥技术是保证莲藕正常生长的关键环节，因此，种植户一定要掌握关键的技术，通过合理的施肥，保证莲藕的产量。莲藕的生长规律具有周期长、需肥量大的特点，要在种植环节使用适量的基肥，基肥的选择主要是腐熟的农家肥和氮、磷、钾复合肥，每亩藕池需要使用5 000千克的优质农家肥，三元复合肥（15-15-15）50千克。基肥的处理要在莲藕种植前进行，保证基肥能够均匀的与池土融合，使池土富含养分，在莲藕的基叶长至20厘米时，每亩藕池要追施三元复合肥（15-15-15）30～50千克。

莲藕的生长对氮的需求是非常强烈的，因此，要在种植环节保证氮元素的供应，主要的方法为增加基肥的比重，在后续的追肥过程中，再增加氮肥的量，同时要保证氮肥与磷、钾肥配合施用，氮、磷、钾肥的施放比例为1.0∶0.7∶0.8左右。

4. 科学的管理

（1）保持藕池清洁　由于藕池内基肥较多，容易产生较多的杂草，因此，在种植开始之后，就要重视除草操作，在第一次施肥之后开始除草，到封行前结束，杂草可以圈成团再放入藕池中，经过分解发酵也可以成为养料，除草与植株调整工作可以同时进行，把浮叶、黄叶、枯叶也捺入泥中，但要注意在植株封行之前，不要过早地把浮叶除去，以免影响莲藕的光合作用。

（2）重视后续施肥　莲藕的后续施肥过程只需要一两次，第一次追肥的时间是在种植之后的20～25天，当莲藕长出1～3片立叶时就可以进行，追加的肥料也是以腐熟好的有机肥料为主，如果实际情况需要，也可以每亩追加使用三元复合肥（15-15-15）30～35千克。追肥环节要注意尽量不要追施速效化肥和未腐熟的鸡粪。第二次追肥的时间是在封行前，第二次追肥可以根据实际情况适当使用少量的化肥，促进结藕。

（3）植株的调整　莲藕生长过程中，要进行适当的调整，调整的方法主要就是去除莲藕的老叶、折花梗、除老藕，浮叶、老叶、枯叶、黄叶都要及时清除，保证莲藕能够接触充足的阳光，这些老叶可以再放入土中，做肥料使用，要注意在生长的前期，浮叶不能过早的摘除，折断花梗可以有效地减少养分的消耗，要注意的是花梗只能折断，不能拔出，以免拔除后花梗孔道进水，引起藕节腐烂。

二、茭白

茭白，是禾本科菰属多年生宿根草本植物，又名高瓜、菰笋、菰手、茭笋，高笋。分为单季茭白和双季茭白（或分为一熟茭和两熟茭），双季茭白（两熟茭）产量较高，品质也好。

茭白的营养价值丰富，主要含蛋白质、脂肪、糖类、维生素B_1、维生素B_2、维生素E、微量胡萝卜素和矿物质等。热量低、水分多、味道鲜美、口感好，可清暑清热，利尿祛水，滋润皮肤，可促进新陈代谢。

（一）茭白栽培环境

茭白偏好生长在温暖潮湿的气候条件下。

1. 湿度

茭白整个生长期间不能断水，但茭白又是出水作物，所以水层又不能太深，水位要根据茭白不同的生育阶段进行调节。

2. 温度

茭白喜温、不耐寒冷和高温干旱，5℃以上开始萌芽，适宜温度为10～20℃，分蘖期适宜温度为20～30℃。孕茭期适宜温度为15～25℃。

（二）茭白轻简化栽培技术

1. 品种选择

根据市场需求情况，选择一季茭，一季茭产量稳定品质好，一般亩产可达1 500千克左右，茭肉白皙、细嫩、纤维少和甜脆。

2. 整地施肥

一般选择浅水洼地或稻田栽植，水位不宜超过 25 厘米，最好为黏壤土。可放干水的地块，宜干耕晒垡，施入粪肥后灌水，浅水耕耙。不能放干水的低洼水田，可带水翻耕。茭白生长期长，植株茂密，需肥多。每生产 1 000 千克茭白需氮 14.4 千克，五氧化二磷 4.9 千克，氧化钾 22.8 千克。基肥以有机肥为主，配合氮磷钾化肥，增施磷钾肥，能提早成熟，可提高产品质量和经济效益。

3. 选种与育苗

使用优良母株分蘖进行繁殖。要求生长整齐，植株较矮，分蘖密集丛生；叶片宽，先端不明显下垂，各包茎叶高度差异不大，最后一片心叶显著缩短，茭白眼集中且色白；茭肉肥嫩，长粗比值为 4～6；管短，膨大时假茎一面露白，孕茭以下茎节无过分伸长现象；整个株丛中无灰茭和雄茭。

种株选好后，作出标志，次年春，苗高 30 厘米时，将茭墩带泥挖出，先用快刀劈成几块，再顺势将其分成小丛，每丛 5～7 株。分劈时应尽量少伤花茎。分墩后将叶剪短到 60 厘米左右，减少水分蒸发。

4. 定植

定植时气温以 15～20℃为宜，5 月上旬开始定植，至 5 月底基本结束。一熟茭孕茭前要有 100～120 天生长期；争取定植后 20～30 天开始分蘖，当年能产生 10 个有效分蘖。栽植密度一般行距 60～100 厘米，株距 25～30 厘米，最好用宽窄行，两行一组。茭苗应随挖随栽，引种时，长途运输中要保持湿度，栽苗前割去叶尖。

5. 田间管理

（1）灌水　要根据生长时期和季节严格掌握水层深度。萌发期到分蘖前保持 25 厘米以提高土温，分蘖后期，一般从 7 月下旬开始保持 10～12 厘米，控制无效分蘖；孕茭开始后保持 20 厘米，使茭白浸于水中，促其软化；越冬期保持湿润。

（2）追肥和中耕　定植后 10 天左右开始施第 1 次肥。施肥后将行间泥土挖松，培于植株旁，返青期追施 1 次肥，每亩施 10 千克尿素，孕茭前追 1 次肥，每亩施 15 千克尿素。

（3）割墩疏苗　立秋后将植株基部的黄叶割除，以利于通风透光。次年立春前后，用快刀齐泥割低茭墩，除去母茭上部较差的分蘖芽。4 月底至 5 月初，当分蘖高 30 厘米左右时，每隔 10 厘米左右留一苗，将多余的苗拔除。疏墩后 10～15 天向株丛上压一块泥，使分蘖向四周散开生长改善通风透光条件。

6. 病虫害防治

（1）锈病　进入 7 月之后，天气湿热，容易发生锈病，叶片散生和条生黄褐色似铁锈隆起的小斑点，破裂后散发出黄色粉末，即孢子。严重时全叶枯黄。

防治方法：控制氮肥，摘除基部黄叶，增加通风透光程度；用波美 0.2～0.3 度的石硫合剂或 50% 的胶体硫 200 倍液，或 80% 的代森锌 600～800 倍液，或 250 倍敌锈钠喷洒，7~10天喷1次，共喷2~3次。

（2）胡麻斑病　由水稻胡麻斑病的病源侵染引起，主要危害叶片，叶鞘上也可发生。叶片染病后初为褐色小点，扩大后为褐色椭圆形病斑，大小如芝麻粒，故称胡麻斑病；有时病斑似纺锤形或不规则形，个别的为条形。病斑边缘明显，深褐色，周围还可出现黄色晕，中间淡灰褐色，有时有孢纹。严重时叶片干枯，叶鞘上病斑状与叶片上的相似，但较大。多雨潮湿时，病部产生黑色霉层的分生孢子。该病以菌丝体和孢子在老株及病残体上越冬，翌年气温回升后，产生分生孢子，进而通过气流和雨水溅射进行再侵染，生长温度范围为5~35℃，最适为28℃，孢子萌发的温度为28℃，在有水滴或水膜时发病快，病菌在干燥条件下也能存活数年，在高温多湿天气中，特别是连茬种植，土壤又缺钾和锌肥，植株生长不良时，容易流行。

防治方法：注意轮作，对发病地块倒茬改种其他作物；适当多搁田排水，增施钾肥、锌肥和磷肥；发病初期，用50%扑海因可湿性粉剂600倍液，或40%异稻瘟净乳油800~1 000倍液，或40%多硫悬浮剂400倍液，7~10天喷1次，连喷3~5次。

（3）茭白纹枯病　该病主要危害叶片和叶鞘。病斑初为圆形至椭圆形扩大后为不定形，似云纹状，斑中部干后呈草黄色，湿度大时呈黑绿色，边缘深褐色，分界明显。病部有蛛丝状菌丝缠绕，或由菌丝纠结成菌核。主要由病残体或杂草上的菌核借水流传播，高温高湿，长期深灌，偏施氮肥时容易发病。

防治方法：加强肥水管理，增施基肥，增施磷钾肥。灌水应掌握前浅、中晒、后湿润的原则；及时摘除下部黄叶、病叶，增强田间通风透光性；发病初期喷施异稻瘟净或用5%的可湿性井冈霉素粉剂100~150克，兑75~100千克水喷洒于地上部。井冈霉素为内吸性抗菌素，有治疗作用，对人、畜、鱼等毒性低，有水剂和粉剂两种，可兼治立枯菌核等病。也可用5%甲基硫菌灵，或50%多菌灵700~800倍液喷洒，每10~15天喷洒1次，共2~3次。

（4）大螟和二化螟　大螟又叫紫螟、稻蛀茎叶蛾，成虫灰黄色，前翅方形，从翅基外缘有一条深灰色纵纹。大螟卵块初为乳白色，后转淡黄至褐色。幼虫较粗壮，背皮紫红色、头胸部常附有白粉，二化螟成虫黄褐色，前边长方形、淡灰褐色，外缘有7个小黑点，后翅白色、背面有5条暗褐色纵线，蛹棕黄色，原端稍尖，臀棘扁平。大螟和二化螟均以幼虫蛀食苗心叶和茭白，造成枯心苗和废品茭白。

防治方法：冬季进行烧荒，消灭越冬幼虫；夏季成虫在茭白植株上产卵、在孵化高峰前两天用50%杀螟松乳油250倍液，或90%晶体敌百虫1 000倍液喷雾；化蛹期间，结合搁田、浅灌水，使化蛹部位降低，到化蛹高峰时灌深水杀蛹。

7. 采收

茭白成熟不整齐，每隔一天采收一次。成熟的标准是：孕茭部显著膨大，叶鞘一侧裂开，微露茭肉；心叶相聚，两片叶向茎合，茭白眼收缩似蜂腰状。采收时用刀从茭白下10厘米左右处割下，从茭白眼处切去叶片，留30厘米左右的叶梢，装入蒲包。带叶的茭白俗称水壳，较易保持洁白，糯嫩的品质，耐长途运输和贮藏。

（三）盐碱地茭白高产栽培技术

1. 土地改良

（1）深耕晒垡　选择水源充足、灌排方便的土地，每个茭白田块以1亩左右为宜，于种植前10天深耕，深耕深度25～30厘米，四周开好围沟，中间十字沟，沟宽40厘米，深30厘米，深耕后土块暴晒2～3天，通过夏季高温水分蒸发将土壤下层盐分带到表层，利于洗掉耕层盐分。

（2）灌水洗盐　对经过深耕晒垡后的茭田进行灌深水洗盐，第1次灌水后浸泡一昼夜，于次日上午将田水排干，傍晚再灌上水浸泡1～2天后排干。采取日灌夜排的方式，用该方法轮换2～3次，使耕层中的盐分被水带走，达到洗盐、排盐，淡化耕层的效果。

（3）施足基肥　对洗过盐分的茭田在种植前3天施好基肥进行耕耙，盐荒地肥力贫瘠，应适当增加基肥施用量，基肥可用经充分发酵腐熟的鸭粪农家肥，每公顷面施45 000千克，施后进行1～2次耕田，耕后即耙平，做到肥泥融合，田平泥烂，利于根系深扎。

2. 品种选择

选择适宜于秋季栽培的品种浙大茭白，该品种分蘖性较强，抗逆性好，茭体成纺锤形，茭肉长18厘米左右，横径4厘米左右，单茭重90～120克，其外观洁白光滑，质地细嫩，营养丰富。

3. 合理密植

采用宽窄行种植，宽行为100厘米，窄行为80厘米，窄行双行种植，株距为50厘米，每公顷22 500丛。

4. 适时种植

栽植时间以6月下旬至7月初为好。种苗选择长势均匀、整齐度一致的优质种苗，移植时及时剪去上部叶片和部分老根，留茎叶高度30～40厘米，以减少水分蒸发和防止栽后遇风动摇，影响成活率。选择阴天或晴天16:00后移植，栽插深度以不浮苗、不歪苗为宜，切不可插得太深。

5. 大田管理

（1）追施肥料　茭白追肥采取"促、控、促"的施肥方法，第1次栽后10～15天，每公顷施尿素105～150千克提苗，以促进有效分蘖；第2次在栽后30～35天的分蘖盛期每公顷施尿素105～120千克、过磷酸钙600～750千克；第3次在8月底至9月初（全田有20%～30%的株丛开始"扁秆"）孕茭期，每公顷施三元复合肥（15-15-15）600～750千克；第4次当10%～15%的茭白采收后，视叶色巧施催茭肥，每公顷施尿素75千克、三元复合肥（15-15-15）225千克，叶色浓绿可以不施。

（2）水分管理　茭田水分管理掌握"浅—深—浅—露—深—浅"的原则，插苗时浅水；插后深水返青；浅水促蘖；8月下旬至9月初茭白封行前，进行露地搁田，控制无效分蘖，增加土壤的通气性；孕茭时深水护茭，但灌水深度不超过茭白眼；采茭结束后浅水活根，促进茭白地上部的营养回流至地下部。

（3）田间管理　从定植成活后开始至封行前，每隔15天左右耕田除草1次，一般进行2～3次。第1次耕耘田除草时，可结合施肥、补缺，同时摘除抱茎的枯鞘叶，促进茭白早发；分蘖中期田间分蘖苗过多、过旺，应拔去过密的小分蘖苗，使整墩分蘖苗控制在20～25株以内。分蘖后期，应及时打去黄叶，拔去小分蘖苗，踩入泥中，以增强茭田通风透光，打老叶时不应拉伤植株；在孕茭期和采茭时，注意对生长特别高大、无孕茭迹象或有雄茭、灰茭及变异株的茭墩做好标记，以便冬季掘出提纯茭白种性。

6. 病虫防治

茭白的主要病害有锈病、纹枯病等；主要虫害有二化螟、长绿飞虱等。病虫害防治要以农业防治为主，首先要保持田园清洁，夏茭采收结束后，清除田间残株残叶，冬季割茬时齐泥面去茭，并铲除田边、沟边杂草，集中烧毁，减少病虫害基数和来源；其次实行轮作、合理密植，加强肥水管理，增施有机肥和磷、钾肥，避免偏施氮肥，高温季节适当灌深水降低水温和土温，减少病害；最后搞好化学防治，坚持预防为主、综合治理，尽量减少使用化学农药。

第十章 多年生蔬菜栽培技术

本章介绍香椿、芦笋、黄花菜这三种多年生蔬菜以及草莓的栽培技术，分别从生物学特征、整地育苗、田间肥水管理、病虫害防治等方面进行了系统的介绍。其中，草莓介绍了生产中存在的三种栽培技术，即日光温室半促成栽培、日光温室促成栽培以及连栋温室高架栽培，连栋温室高架栽培技术还重点介绍了高架设施及温室灌溉控制系统。

一、香椿

香椿，又名椿花、香椿头、香椿芽。香椿营养价值高，蛋白质、维生素C含量高。每100克食用部分含蛋白质3.99克、脂肪0.47克、总酸0.27克、粗纤维1.05克、干物质10.5克、还原糖1.46克、维生素C 166毫克、氨基酸总量3.89克、铁1.39毫克、钙69.24毫克、锌0.63毫克。

我国香椿品种很多，根据香椿初出芽苞和子叶的颜色不同，基本上可分为紫香椿和绿香椿两大类。香椿品种不同，其特征与特性也不同。紫香椿一般树冠都比较开阔，树皮灰褐色，芽苞紫褐色，初出幼芽紫红色，有光泽，香味浓，纤维少，含油脂较多；绿香椿，树冠直立，树皮青色或绿褐色，香味稍淡，含油脂较少。神头香椿是山东省德州市陵城区神头镇的特产。陵城区神头香椿是正宗紫芽香椿，其主要特征是嫩芽紫红，粗壮肥嫩，香味浓郁，口感美妙，营养丰富。

（一）育苗

1. 播种育苗

（1）适时采种　香椿一般7～8年生开始结实，采种时应选择生长健壮的15～30年生的香椿为好。当蒴果由绿色变为黄褐色，说明种胚已达成熟阶段，应及时将果实采下，置阳光下风干，待果皮开裂后，种子即可从果实内脱出，去除杂质，进行保存。如果采种过早，种子尚未成熟，播种后难以出苗；若采种过迟，果实随风飘落，不易采集。

（2）种子贮藏　香椿种子发芽率较低，通常为40%～50%，如保存不当，易丧失发芽力。可按种子的数量，拌以2倍种子的湿沙，装入缸或罐中，放在1～5℃的低温处，这样就可保证种子安全越冬。

（3）催芽播种　播种前，筛去混入种子中的细沙，用20~25℃温水浸在盆中，24小时后将种子捞出，装入布袋中，置于25℃温度下，每日用清水淘洗1次，当胚根如小米粒大时，即可进行播种。播种期应在日平均温度1~5℃时为宜。播种苗床宽1.5米，高20厘米，播前先浇1次底水，使床土充分吸收水分，然后翻土整地。在沟内灌水，使水分渗透到床面为度，这样可以满足幼苗出土的水分要求，以免播后浇水，发生地面板结，影响幼苗出土等现象。播种时按行距25~30厘米，深3~4厘米开浅沟，将种子撒入沟中，播种量2~4克/米^2。播后覆土，耙平床面，并及早搭棚盖膜。

（4）苗木培育　香椿种子在圃地出苗后，当幼苗出现第2~3片真叶时进行间苗，每隔10厘米左右留苗1株，待第4~5叶片开放时，按株行距各15厘米定苗。定苗以后及时浇水，保持土壤湿润，待苗高生长达20厘米后，结合浇水施硫酸铵75.0~112.5千克/公顷，促进苗木生长。幼苗初期以除草为主，结合松土、间苗，追施少量氮肥催苗，苗木在7—8月生长非常迅速，需要大量肥料，以施氮肥为主，结合松土，并适量施磷、钾肥。9月以后生长速度显著下降，此时应施磷、钾肥，促进苗木的木质化，以免早霜和早春寒流冻坏苗梢。

2. 无性繁殖

（1）分根法　香椿的根部有较多不定芽，在自然环境条件下，母树的四周地面常萌发一些小苗木，可掘起移栽它处另成新株。但天然萌蘖苗毕竟数量有限，不能满足大面积栽植之需，可采用人工断根分蘖法进行繁殖。其方法是在春季土壤解冻后，新叶尚未萌发前，在母树周围按树冠外缘直下处掘60厘米深的圆形浅沟，以见根为度，将其末梢斩断，用土将沟掩埋，这样根的先端就可萌发新苗，翌年就可移栽。

（2）扦插法　香椿的根部和茎部都会有不定芽，可用来插根或插茎。

①插根法。在秋季落叶后，表土尚未开始冰冻前，翻土筑床。选用1~2年生苗木的根为插条，也可在母树的周围，选取细根，以直径0.5~1.2厘米，长度15~25厘米为好，将大头剪平小头斜剪插时朝下。斜剪，随采随育。为了促进生根，可用1 500毫克/升萘乙酸浸泡24小时后再冲洗干净后扦插。按株距15厘米，行距30厘米插入苗床内，插入深度以插条的2/3为宜。为防止种根愈合组织腐烂，要保证一定的地温，以利出土，一般不可浇水。若遇干旱，可采取行间开沟浇水，浇水后要及时松土保墒，然后地面覆草，防止冬季冻害。

②插茎法。在秋季落叶后，选1~2年生枝条，剪成长约20厘米的插条，插入土中10厘米，保护过冬，翌春萌发，其株行距与插根法相同。

（二）定植

适宜的定植时间是秋季落叶后到春季发芽前，此时树液流动不很旺盛，蒸发量较小，最易成活。无性繁殖苗以3年生为好，种子播种苗3~4年生为好。苗龄过小，枝条松软、髓心过大、顶芽小、侧芽也小，香椿嫩芽产量低；苗龄过大，枝条过长，空间有限，不能密植，椿芽产量也不高。一般要求苗木主干直径2厘米左右，叶痕大，顶芽肥，这样的苗木才能获得高产。

起苗时要保护好根系，秋季落叶时掘起的苗将根部在泥池中蘸上泥浆进行假植，发芽前定植；初冬掘起的苗木需假植，通过一段时间的低温处理，度过休眠阶段，可以获得更好的生长势。低温处理的方法是先将苗木假植于背阴处，经15天左右的低温，然后再假植于温室内。香椿发芽条件主要在于温度，只要温度适宜，即可发芽，因此温室假植香椿，利用温室靠墙边无阳光照射的过道即可。在小雪节气前后，掘50~60厘米深的土沟，先从沟的一端开始，将一束一束的苗木倾斜竖立，根部用松土填起，再将苗木提起，使土壤充满根系空隙。然后适量浇水，保持土壤湿润。

1. 普通栽培

成片营造香椿林的，种植株距5米，行距约6米；栽于路边渠旁，房前屋后，村庄周围，单行栽植，株距以5米左右为宜。定植前挖穴，长宽各1米，深80厘米，穴底施以足量的腐熟有机肥料，上覆一薄层泥土，使苗木与肥料不直接接触。栽植的深度以苗木根茎处的深度为宜，将苗木置于穴内，提苗覆土，然后将苗木往上轻轻一提，使苗木根系舒展，将泥土敲紧压实，再在其上覆一层松土，堆成馒头状。栽植后浇水1次，隔20~30天再浇1次水。

2. 矮化密植栽培

矮化密植栽培是近年来发展的一种栽培方式。育苗方法与普通栽培相同，在栽植密度和树形修剪方面不同。

（1）栽植密度。采用长方形或宽窄行配置，株距40~60厘米，行距80~100厘米。

（2）整形修剪。在苗干15~20厘米处剪去顶端，促发2~3个侧枝作为1级侧枝；1级侧枝长到30厘米以上时，剪去顶梢，保留5~10厘米的枝桩，促发2级侧枝。6—7月，将1年生枝条摘心或短截，留15~25厘米，20天左右可抽发2~5个侧枝，秋季长成10~15厘米的充实短枝，翌年可收椿芽。

3. 保护地栽培

一种是将栽植在温室的矮化密植香椿到11月中旬扣棚。一种是将已通过休眠的二三年苗木假植于温室内。室内温度白天保持18~24℃，夜间不低于12℃，经40~45天，就可采食嫩叶。

（三）田间管理

1. 温湿度调控

在温室内，白天温度控制在25~30℃，夜间12~14℃。白天中午若超过30℃，可适当短时放风，降至26℃闭风。夜间最低温度不低于10℃。在高温时，如果湿度小，植株蒸腾量大，易失水抽干，萌芽率降低。此时除适量浇小水外，还可向植株喷水，一般湿度保持在80%～90%为宜。

2. 肥水管理

一是在栽植时施入少量腐熟有机肥作底肥；二是适量追肥，第一次在椿芽萌动时亩追尿素5～6千克，第二次在顶芽采摘后亩追硫酸钾复合肥（15-15-15）8～10千克，追肥结合浇水进行。还可结合喷水用0.2%磷酸二氢钾加1%尿素液进行叶面喷肥，每隔10～15天喷1次，连续2～3次。

（四）病虫害防治

1. 病害防治

（1）根腐病　根腐病多在夏秋阴雨天和排水不良的圃地或林内发生。防治方法：一是合理选择育苗地和栽植地，宜选肥沃、松软、排水良好的土壤。二是进行土壤消毒，用石灰（0.5～1.0千克/穴）撒入栽植穴内，拌匀后再栽植。三是要选用壮苗，并用5%的石灰水或0.5%高锰酸钾溶液浸根15～30分钟，再用清水洗净后栽植。四是合理施肥，不使用未经充分腐熟的肥料，多施有机肥，氮磷钾肥合理配合使用。五是发现根腐病树应及时挖除，并用生石灰处理根穴，对可能发病或发病很轻的树，用50%代森铵800倍液3～4千克/株浇根。

（2）白粉病　病菌寄生于叶背面，引起叶枯，应在冬季清扫落叶并烧掉。在发病初期喷洒0.2～0.3波美度的石硫合剂1 500千克/公顷，每15天喷1次，喷2～3次，有良好的效果。

（3）叶锈病　叶锈病主要危害香椿叶片，引起叶斑，防治方法同白粉病。

（4）干枯病　干枯病多在幼树上发生，危害主干。防治方法：一是选育良种，培育壮苗，树干涂白色。二是对发生干枯病的树木，可在病斑上打一些小孔，深达木质部，然后涂上70%甲基硫菌灵200倍液。

2. 虫害防治

（1）毛虫　毛虫是食叶害虫，多在6—7月发生，取食香椿叶子。害虫一般白天集中在树下背阴面，夜晚在树叶的背面取食，根据这种生活习性可用扫把扫下，用脚踏死，或点火烧死。

（2）云斑天牛　蛀干害虫，危害树干，蛀食成孔。可用镊子将浸泡枫杨叶原溶液的棉花球塞进树干虫孔内，或用敌敌畏浸过的棉花球塞入树干蛀孔，然后孔口用黄泥堵塞，可达到杀死的效果。

（五）椿芽采收

香椿的嫩芽具有芳香气味，是栽培收获的产品，采收椿芽的长短将影响香椿的产量和品质。采收的标准以芽色紫红，芽长10～12厘米为优。普通栽培和矮化密植栽培的香椿，一般在清明前发芽，谷雨前后就可采摘顶芽，这种第一次采摘的，称头茬椿芽，不仅肥嫩，而且香味浓郁，质量上乘；以后根据生长情况，隔15~20天，采摘第二次。新栽的香椿，最多收2次，3年后每年可收2~3次，产量也相应增加。至于保护地栽培的，通过加温，冬季也可采摘，如不加温的，可在早春提前供应树芽。采收宜在早晨和傍晚进行，采收后挑除木质枝梗和杂叶，再按大小分级，捆扎成把，以便上市销售，或运回分级加工。

二、芦笋

芦笋，属百合科天门冬属多年生草本植物，常用名石刁柏，多年生开花植物，1年种植，可收获15~20年。芦笋富含多种氨基酸、蛋白质和维生素，其含量均高于一般水果和蔬菜，特别是芦笋中的天冬酰胺和微量元素硒、钼、铬、锰等，具有调节机体代谢，提高身体免疫力的功效。芦笋质地细腻，纤维柔软可口，有独特芳香风味，是一种低热量高营养的保健蔬菜，在国际市场上享有"蔬菜之王"的美称。

我国北方芦笋主要以露地种植为主，夏季雨水量增多，湿度大，病害重，不仅造成芦笋品质下降、产量降低、商品性变差，还会影响植株后期的生长及养分积累，对芦笋常年产量造成严重的影响，通过大棚栽培不仅可以解决病虫害加重问题，同时还可以基本实现芦笋的周年生产，提高种植户经济效益，满足日益庞大的市场需求。

（一）大棚建设

建设大棚的拱杆采用直径25毫米热镀锌圆管，串管采用直径20毫米热镀锌圆管，棚头的横梁和立柱采用30毫米×50毫米×2.0毫米热镀锌椭圆管。棚薄膜选用厚度不小于0.15毫米厚的三层防流滴涂覆膜，棚拱架两侧通风口安装手动卷膜器，卷膜器卷轴采用直径2.0厘米的热镀锌圆管，单根卷膜轴长度比大拱棚长70厘米。棚两侧离地面40厘米和150厘米处各安装压膜槽2根，棚顶部通风口处安装2根压膜槽，压膜槽长度与棚等长。棚门框架上均安装压膜槽，压膜槽采用热镀铝锌材料。棚两侧每间隔2米安装一组地锚和压膜绳。地锚深度不小于40厘米，地锚条粗度不小于2.5厘米。棚南北棚头均留宽2米，高2.15米的出入口。出入门采取吊滑轨推拉式或活页平开式结构，单个出入口留2扇门，从中间向两侧打开。棚门管材使用管壁厚度不小于1.5厘米的热镀锌圆管或方管。大棚建设以南北方向为宜，棚宽7米，两侧高1.8米，中心高3.2米，两棚间距2.5米，棚长视地块而定，一般50~70米，为了便于操作不宜太长，棚内及时安装水肥一体化滴灌带。两棚中间开深沟，做到灌排通畅。

（二）品种选择

芦笋品种选择至关重要，是保证芦笋高品质、高产的前提。根据大棚芦笋生产的要求，要选择整齐度一致，包头紧密，散头率低，耐高温，品质好的优良品种。

（三）播种育苗

1. 育苗地的选择

育苗地选择土质疏松、土壤肥沃、透气性好的壤土或沙壤土，不宜选择前茬植物为葱蒜或与芦笋同科作物的地块，地块要具备良好的排灌条件。

2. 育苗畦的处理

为了防治地下害虫和苗期病害，在摆放营养钵或穴盘前，在苗床内撒施适量的杀虫、杀菌剂。可用 3% 的辛硫磷颗粒剂或者 0.5% 的阿维菌素颗粒剂 1 千克加 50% 多菌灵可湿性粉剂 200 克或 30% 噁霉灵水剂 200 克，加干细沙 15 千克充分混匀撒施于苗床内。

3. 营养土准备

营养土不仅要含有丰富的营养成分，而且要具备良好的理化性状，保温、保肥、保水、通透性好，通常为蔬菜育苗专用基质或自制营养土，主要是由肥沃的土壤、充分腐熟的优质圈肥或堆肥以及草木灰等按一定比例配制而成，其比例一般是过筛后的肥沃土壤∶腐熟的圈肥（堆肥等）为 6∶4，混合均匀，每立方米营养土或未消毒基质用 300 克 50% 多菌灵可湿性粉剂充分拌匀。

4. 种子处理

芦笋种子发芽的最低温度为 10℃，最高温度为 35℃，以 25~28℃ 最为适宜。浸种前先将种子摊在篷布或麻袋上，厚度 2~3 厘米，晒 2~3 天，每天翻动 3 次，提高发芽率和发芽势；然后将种子放入水中充分漂洗，除去瘪种和虫蛀种子，用 50% 多菌灵 300 倍液浸泡杀菌 12 小时。清洗后用 25~30℃ 的水浸泡 48 小时，每天换水 2~3 次，然后将种子捞出放入盆内，在 22~28℃ 的条件下进行催芽，种子表面覆盖一层湿布，防止落干，待有 10%~15% 的种子露白时，即可播种。

5. 播种方法

育苗钵或育苗盘装好营养土后放入育苗畦。播种前将育苗畦内灌足水，待水渗下后开始播种，单粒点播，每钵或每穴播一粒，播种后覆盖一层细土，厚度 2 厘米左右，覆土要均匀。春天播种为了提高地温，可再加盖一层地膜，幼芽出土时将地膜揭去。

6. 播种时间

一般在 3 月上中旬采用阳畦育苗，若覆盖草苫等保温材料可提前至 2 月中下旬；根据笋农选地茬口的不同，一年四季均可育苗。

7. 苗期管理

播种后适当浇水，保持苗床湿润。温度白天控制在 25~30℃，夜间控制在 15~18℃。温度超过 32℃ 时，及时通风炼苗，春秋苗期注意保温、防止落干；夏季苗期注意遮阴、降温。当苗龄 60~80 天，苗高 30 厘米以上，有 3 根以上地上茎，5 条以上肉质根，鳞芽饱满，即可定植移栽。

（四）定植

1. 定植时间

我国北方地区的大棚芦笋定植时间一般在4月下旬至5月上旬。

2. 定植田的准备

（1）深耕翻地　芦笋是多年生植物，定植后很难再进行土壤耕翻，为了给根系创造良好的生长环境，定植前要进行深耕，耕层深30～40厘米，同时，结合深耕每亩撒施优质土杂肥5 000千克左右，土、肥要混合均匀，以免烧根，耕翻后将土壤耙细、整平。

（2）挖定植沟　芦笋南北向定植，按1.6米的行距用滑石粉南北划线，然后用开沟机挖定植沟，定植沟一般深20～30厘米，宽25～30厘米。

3. 起苗定植

定植前2天左右，将苗床浇透水。定植时按照25～30厘米的株距定植于定植沟内，芦笋幼苗鳞芽盘低于地面10～15厘米，定植过深，根系发育不良，植株生长势弱并且春季地温回升慢，幼芽萌发晚；定植过浅，地上部易倒伏。幼苗放好后立即覆土，覆土后要轻轻踏实、整平，并立即浇水，以提高笋苗的成活率。等水渗下后，适时松土保墒。定植后1个月内要进行查苗补苗，以确保全苗。

（五）田间管理

1. 水分管理

定植第1年的芦笋，植株较小，耐旱能力较差，遇旱时要适时浇水。一般可结合追肥进行浇水，促进肥料分解，尽快被植株吸收利用。成龄笋根系发达，耐干旱，怕涝，但在整个生长期间如遇干旱也需要补充一定的水分，这样既能满足生长需要，还能提高芦笋品质和产量。芦笋生育期平均用水量为420～610毫米，当0～20厘米土层土壤含水量降至18%以下时需浇水。

2. 肥料管理

芦笋是喜肥作物，在不同的生长期，对矿物质元素的吸收特性也不同，应根据芦笋不同生长阶段合理施肥。绿芦笋生产中每年应重点施好催芽肥、复壮肥、秋发肥。催芽肥在春季地下根、茎和鳞芽开始萌动时施入，以促进鳞芽萌发和嫩茎生长。进入秋季后，气温适中，地上部和根系旺盛生长，此时追施秋发肥，可促进植株生长和营养积累，为翌年优质丰产打好基础。

（1）催芽肥　芦笋定植当年应采取"养根壮株，促秋发"的施肥原则，芦笋定植1个月左右进入正常生长发育期，应施一次发苗肥。不同笋龄的芦笋需肥量显著不同，定植后2年内的施肥量为标准施肥量的30%~50%，3~4年笋龄为70%，5年以后按标准量施肥。

（2）复壮肥　复壮肥在采笋结束后施用。此时，地下贮藏根中的养分几乎耗尽，茎、叶及新根的生长需要大量营养。这个时期的施肥量应该根据笋田的实际肥力灵活掌握。每亩施用三元复合肥（15-15-15）20~30千克，以补充采笋后的营养消耗。这期间的施肥也可在留母茎前15天进行，这样能更好地促使所留母茎粗壮旺盛。

（3）秋发肥　每年9月进行，每亩施优质腐熟土杂肥2 500千克，三元复合肥（15-15-15）15千克，施肥要顺垄开沟追肥，沟与植株的距离要适度，以不伤根为宜，一般距植株15~20厘米，沟深10厘米左右。

3. 清园

北方大棚内芦笋一般11月下旬开始枯黄，这时浇一遍透水，翌年2月，将地上部全部清除。

4. 中耕除草

适时中耕，不仅清除杂草，防止土壤板结，还有利于保墒，为芦笋的生长创造有利条件。中耕除草要及早进行，否则，待植株封行后再中耕比较困难。中耕时深度要适宜，避免伤根过多，嫩茎周围的杂草及时拔除。

（六）采收

1. 正确掌握采收期

幼茎的伸长和气温有直接关系，如果平均气温在15℃左右，从萌芽到采收约需8天；如果在20℃以上仅需4天。根据温度及生长情况，当芦笋嫩茎长至20~25厘米时，沿地面采收。第1年笋田采收1个月后停止采收，让母茎生长。6—7月，再采收1个月的夏笋，让母茎生长。随着笋龄的增加，采收期适当延长，采收期的长短根据植株的生长状况确定。

2. 采收期的肥水管理

棚内芦笋进入采收期，追施肥料1次，隔行施肥，以速效性肥料为主，追肥后接着浇水，该次施肥量占全年的10%左右。当0~20厘米土层土壤含水量降到18%以下时需浇水。

3. 疏枝打顶

芦笋进入采收年份后，茎叶生长期株高可达到2米以上，并且枝叶繁茂，易造成田间郁蔽，通风透气透光差，病虫发生严重，不利于大田管理。疏枝打顶控制株高1.5~1.6米，改善田间通风透气透光状况，地上茎生长旺盛，不易倒伏，减少病虫的发生，便于田间管理，为翌年的高产打下基础。

（七）病害防治

芦笋大棚栽培一年四季全程覆膜管理，一般病害发生较轻，棚中常见的病害有茎枯病、褐斑病、根腐病等。平时注意加强田间管理，严格土壤消毒，清园时彻底清除病株、枯枝，降低病害发生概率，控制笋田的母茎留量，绿芦笋秋季合理的群体结构为每株留茎 7 条，单株生育指数 1 100，总茎数达 19.5 万条 / 公顷就能保证第 2 年的高产。降低地下水位和田间湿度，保证芦笋健壮生长，抗御各种病害。

1. 茎枯病

芦笋茎枯病的致病病原菌为半知菌亚门天门冬茎点霉菌，发病初期病原菌感染植株茎部，形成纺锤形的深棕色病斑，病斑梭形或短线形，周围是亲水的边缘，呈现水肿状。随后病斑不规则地扩展，逐渐扩大，中心凹陷，呈赤褐色，斑中最后变成灰白色，其上着生许多小黑点，待病斑绕茎一周时，被侵染的茎、枝便干枯死亡。在发病初期喷施 70% 甲基硫菌灵 800～1 000 倍液、1∶1∶240 波尔多液、10% 苯醚甲环唑 1 500～2 000 倍液，每 7～10 天喷 1 次，连喷 2～3 次，注意交替用药。

2. 褐斑病

该病是由半知菌亚门尾孢霉真菌侵染所致，主要危害芦笋的茎、枝和拟叶，尤其幼枝和拟叶更严重。病斑初为褐色小斑点，后逐渐扩大成椭圆形或卵圆形病斑，病斑中央由褐色变成灰白色，边缘紫红色，病斑中央密布小黑点，潮湿时散发出白粉状孢子。小枝感病后失水枯死，拟叶感病后导致早期枯黄脱落，病重常引起植株提早干枯死亡。褐斑病与茎枯病在防治措施上有相似之处，可以参照进行。

3. 根腐病

引起该病主要是紫纹羽菌，该病主要危害芦笋的根部，病菌侵入根系后，造成根的木质部和韧皮部腐烂，仅剩下表皮，根表面赤紫色。根系腐烂后，地上部植株生长不良，植株矮小，茎枝及拟叶变黄，最后导致整株枯死。可用 50% 多菌灵可湿性粉剂 500 倍液或 70% 甲基硫菌灵可湿性粉剂 600 倍液对发病植株进行灌根处理。

（八）虫害防治

蚜虫、蓟马、夜蛾类害虫是大棚内芦笋的主要害虫，对芦笋危害较大，进行虫害防治时以预防为主、治疗为辅，进行综合防治。有研究表明，芦笋在设施栽培条件下，于害虫发生前采用防虫网、杀虫灯和性引诱剂等物理、生物防治技术，对害虫具有较好的防治效果。防治芦笋虫害的农药，可选择对产品质量和生态环境无影响、符合出口产品质量要求的生物、植物源农药作为首选品种，必要时也可控制使用少量高效、低毒、低残留的无公害化学农药，如 5% 除虫菊素 1 500～2 500 倍液、8 000IU/毫升苏云金杆菌可湿性粉剂 1 000～1 600 倍液、2.0% 阿维菌素乳油 1 000～1 500 倍液、0.6% 苦参碱 800 倍液等喷雾防治。

三、黄花菜

黄花菜，又名萱草、金针菜，属百合科萱草属宿根草本植物，原产于中国南部和日本及欧洲的温带地区。黄花菜对环境条件的适应性很强，栽培技术也较简单，加上营养价值较高、经济效益较好，在全国各地均有栽培。

（一）整地和施肥

1. 选地

黄花菜在沙壤土、壤土、黏土上均可生长，平原、山岗、土丘等都能种植。但以有利于保土、保水、保肥，土层深厚、土壤肥沃、地下水位低、排灌方便的平地或缓坡地沙壤土较好，25°以上陡坡地不宜种植。

2. 深翻整地

黄花菜根系入土较深，且作为多年生作物，要求土壤肥沃疏松。一般在定植前15天深翻土壤30厘米左右。最好伏天深翻晒土，除去多年生杂草，翻地后耙平，起垄作畦，畦宽2~4米。

3. 施足底肥

定植前结合整地施足基肥，基肥以有机肥为主，可采用沟施或穴施，每公顷施60 000~75 000千克腐熟农家肥，750千克磷酸二铵或过磷酸钙。

（二）定植

1. 品种选择

选用良种是最经济有效的增产措施，应尽可能选用当地品种。引进外地品种必须具有抗病性和抗逆性强、产量高、品质好的特点。一般中熟品种产量较高，早、晚品种产量较低。可合理搭配不同熟性品种，以延长采收期。

2. 选用壮苗

一般从5年以上的老黄花菜刨出1/3老根，或切块分芽繁殖的秧苗作为种苗。如用母株挖出的秧苗，需抖去泥土并分株，将短缩茎上的苗叶剪短到5厘米左右，去掉残叶，将肉质根上膨大的纺锤根剪留约5厘米，再剪去下部的老根、朽根、病根，只保留2~3层新根，扒去褐色衣毛即可移栽。

3. 定植时间

黄花菜在植株生长旺盛期和采收期不宜移栽，其他时间均可移栽。一般在春季或秋季定植。春季在清明节前后，土壤解冻后春苗发芽前定植，当年抽薹结蕾少。秋季一般在地上部叶片和花薹干枯到大地封冻前定植，以9月中下旬为宜，当年根系可恢复生长，次年即有一定的产量。

4. 定植方法

宽窄行定植，每畦2~4行，宽行距100厘米，窄行距60厘米，每公顷栽52 500~60 000株。栽后踩实，并浇水缓苗。定植形式有：①单行单株法，株距30~50厘米，栽60 000株/公顷；②单行穴栽法，穴距50厘米，呈20厘米边长等边三角形，穴内每角栽1株，每公顷栽21 000穴63 000株；③单行双株法：穴距40厘米，每穴栽2株，每公顷栽52 500株。

定植密度大或穴内株数多，分蘖增加快，花茎多，产量高，但所需更新年限短。黄花菜主要利用根状茎繁殖，根状茎定植的深浅直接影响植株分蘖的快慢和长势。定植过深，分蘖慢，进入盛产期时间长；定植过浅，分蘖快，但根系浅，长势弱，易早衰，耐寒性差，易受冻。适宜的定植深度为根茎部入土3~4厘米。

（三）田间管理

田间管理关键是促使幼龄黄花菜提早进入盛产期，提高壮龄期产量，并延长采摘年限。

1. 中耕培土

早春土壤解冻后，春苗出土前选晴天进行第1次中耕松土，清除杂草，提高地温，促进春苗早发快长。春苗出土后再中耕1~2次，保持土壤疏松、无杂草。抽薹后，结合中耕培土1次。秋季采收后选晴天土壤干燥时深耕1次，深度25~30厘米，促使土壤风化。结合深耕可施有机肥60 000千克/公顷，磷肥600千克/公顷，钾肥225千克/公顷，促进根系生长发育。

2. 科学追肥

黄花菜对氮磷钾肥的吸收比例约为5：3：4。追肥原则为：①适施促苗肥。从出苗到抽薹前，是分蘖长叶、花薹积累养分、花芽分化的时期，养分充足可增加分蘖数，促进叶片生长，有利于花薹生长和花芽分化。一般壮苗少施肥，弱苗多施肥。一般施用尿素150~225千克/公顷、过磷酸钙150千克/公顷。②多施促薹肥。从抽薹到现蕾，是黄花菜需肥最多的阶段，以速效肥为主，氮磷钾配合施用，促进快抽薹、多分枝、早现蕾。一般每公顷施375千克尿素、150千克过磷酸钙、150千克钾肥，可分2次施用。③巧施促蕾肥。肥水供应影响结蕾数量和大小。开始采收花蕾后，每公顷施150千克尿素、75千克过磷酸钙、75千克钾肥，追肥2~3次，使植株多结蕾、结大蕾、不落蕾，延长采摘期，提高产量。④勤施保蕾肥。老龄黄花菜和密度较大的青壮龄黄花菜，肥水跟不上，易使花蕾脱落。为保证采摘中后期蕾大花多，盛花期每周叶面喷1次500倍磷酸二氢钾溶液，共喷2~3次。

3. 合理排灌

黄花菜全生育期要保持一定的土壤水分，有助于高产。出苗后到抽薹前需水较少，但抽薹前第1水必须浇足，保持土壤湿润，促使花薹抽齐。抽薹后到采收前需水量较大，缺水易造成抽薹慢，甚至不抽薹，一般每周浇 1 次水。采收期需水量最大，须勤浇水，浇充分，在开花期始终保持土壤湿润。采收结束后浇 1 水，封冻前再浇 1 水蓄墒。此外，黄花菜不耐涝，夏秋雨季要做好排水工作，避免田间积水，导致涝害减产，甚至烂根死苗。

4. 合理间作

定植前 2 年，苗小产量低，可在黄花菜大行间种一些豆、瓜、薯类等低秆作物。但要注意间作作物与黄花菜保持一定距离，并分别追肥，避免相互争水争肥。

5. 客土培根

种植 8 年以上的黄花菜，由于短缩茎不断向上抬升，使部分露在外面，影响以后根系生长。在上冻前引水漫灌或从外面运来肥土将根围住，可培肥地力、防寒抗旱，有利于第 2 年根系生长，提高产量和品质。

（四）适时采收

1. 采收时间

黄花菜从 6 月底开始采收到 8 月中旬结束，历时 50 天左右。盛花期每天采收 10~12 小时，初花期和末花期每天采收 5~8 小时。花蕾多在上午 11 时后裂嘴开放，采收时间以裂嘴开放前 2~5 小时为宜。

2. 采收标准

从外观形态上看，适宜采收的花蕾标准为个大饱满、花嘴欲裂未裂、色泽金黄，3 条接缝十分明显。开花前 2 小时采摘外观品质最好。

3. 采收方法

用手指夹住花柄，从花梗和花蒂连接处折断，边采收边装入篮内。做到不断花、不抽丝、不带梗，小心采摘，轻放、浅装，勿重压。

（五）黄花菜的病虫害防治

1. 主要病害防治

（1）锈病　黄花菜锈病十分常见，主要发生在采收旺季，在初蕾期和采收结束后也有发生。发病初期叶片和花薹上产生铁锈色泡状斑点，周围叶片往往失绿呈淡黄色圈。后期呈红褐色并有黑色斑点，严重时多个斑点并成一片，导致叶片表皮翻卷，叶片最终失绿，逐渐干枯变黄。病株抽薹少，花薹红褐色，花蕾干瘪易脱落，严重的全株叶片枯死。有明显的发病中心，先是点片发生，逐步扩散全田，多雨天气易于蔓延。选栽抗病品种，春季抓好肥水管理，增强植株抗病性；秋季割老叶，拔枯秆，清除病叶、病枝和杂草，集中烧毁，深耕晒土，减少越冬菌源。发病时发现一点治一片，发现一片治全田。点片发生时，喷 700 倍液 80% 代森锰锌可湿性粉剂和 1 000 倍 25% 三唑酮可湿性粉剂混合溶液，间隔7～10天再喷1次。

（2）叶枯病　叶枯病是黄花菜常见的多发性病害，发病率高，但相对容易防治。种植2年以上的田块发病较多，可导致落蕾6%以上，影响品质和产量。发病初期叶尖或叶缘出现水渍状褐色小斑点，而后沿叶脉向下蔓延，逐渐形成褐色条斑，叶片上密生黑色霉点，严重时全叶干枯甚至整株枯死。花薹受害，初为水渍状，后变淡褐色椭圆形病斑，最后致使薹秆呈灰白色干枯状。综合防治，残病叶集中焚烧或沤肥，减少传播病源；合理种植，及时更新复壮；测土配方施肥，使土壤养分处于良好平衡状态。初见病叶或有发病中心时喷洒石灰等量式波尔多液，或用50%多菌灵可湿性粉剂700倍液，或70%甲基硫菌灵可湿性粉剂800倍液，每7～10天喷雾1次。

（3）炭疽病　生产中常因施肥不均衡，过量施用氮肥、植株生长过旺而易发生黄花菜炭疽病。染病多从叶尖或叶缘开始，病部逐步变成暗绿色，后变暗黄色，并向叶基扩展，病斑边缘褐色，密生小黑点，受害部位与健康部位界限明晰，有的病斑外围有黄晕。病斑扩展连合为条斑，使叶片变灰白色至褐色干枯死亡。温暖潮湿的气候有利于发病和传播。防治以预防为主。选用抗病品种，适度增大株行距，增加通风透光；加强肥水管理，降低土壤湿度。发病初期喷50%多菌灵可湿性粉剂500倍液，或36%甲基硫菌灵悬浮剂600倍液，每7～10天喷1次。

（4）根腐病　根腐病又叫烂根病、沤根，是黄花菜的一种常见生理性病害。土壤温度低、水分大易引发该病。一般在开春时发病，病株返青晚，叶片细小，根茎发黑，肉质腐烂。初发时点片发生，有明显的发病中心。病轻时不抽薹，病重时植株整穴死亡。预防为主，不用有病田块的根苗繁殖，不施用黄花菜叶沤制的堆肥。发现病株及时清除，防止传染。发病初期用30%噁霉灵水剂1 200倍液，或50%多菌灵可湿性粉剂800倍液喷淋、灌根，每7天灌1次，连续3次。

（5）黄叶病　黄叶病多为施肥不当、浇水过多、土壤板结、耕作不当、伤根严重、地下害虫危害、缺素等引发的生理性病害。主要危害叶片和花薹，先在叶片基部形成红褐色皱缩病斑，影响水分和养分运输，使叶尖褪绿变黄后枯死，潮湿时病斑上有黄褐色黏液。受害植株生长发育缓慢。防治时要对症下药，区别对待。施肥中耕等农田作业要避免伤根，平衡施肥，调整肥料品种，适度控制肥料用量。缺素引起的要增加追肥和叶面施肥，以氮肥、磷钾肥或多元复合肥为主。地下害虫造成的黄叶，灌水前撒施5%辛硫磷200倍液灌根。

2. 主要虫害防治

（1）红蜘蛛　红蜘蛛是黄花菜的主要害虫之一。地区3月下旬随幼苗出土并开始活动和繁殖，5—6月繁殖速度加快。主要以成虫、幼虫集中叶背危害，吸取汁液，被害叶片出现小白斑，近叶脉处出现赤色条斑，红蜘蛛数量多时，整个叶片呈灰白色，叶片稍向下卷缩，严重者叶片枯黄，花蕾干瘪。降雨较少、田间干旱时发生重。预防为主，早春清除田间枯枝落叶等杂物，消除越冬的红蜘蛛。苗期发现红蜘蛛危害时，用20%双甲脒乳油1 000~2 000倍液，或73%克螨特乳油1 500倍液，或50%辛硫磷乳油2 000倍液喷雾。

（2）蚜虫　蚜虫是黄花菜常见、危害大的害虫，俗称蜜虫、油旱等。德州地区一般5月中下旬群集于叶背，6月中下旬蔓延到花薹、花蕾，7月危害最严重。起初成蚜或若蚜群集在嫩叶叶背，逐渐迁移至幼嫩花蕾和花薹上，吸汁液，导致叶片发黄枯萎，花蕾小的伸展不出，大的发育不良，落蕾加剧。还能排出大量水分和蜜露，滴在下面叶片上，引起霉菌性病变。加强肥水管理，培育壮苗，铲除田间和周边杂草，收获后深翻整地；利用捕食性天敌和寄生性天敌，消灭蚜虫；悬挂银灰色塑料条，或铺设银灰色地膜趋避。发现危害及时喷施10%烟碱乳油500~1 000倍液，或1%苦参碱50~120倍液，或喷施50%抗蚜威可湿性粉剂1 800~2 500倍液，或3%啶虫脒乳油1 500倍液，7~10天喷1次，严重时5~7天喷1次，连续数次。

（3）蓟马　蓟马成虫活跃，能飞善跃，还能借风力传播。成虫或若虫集中在叶背或花薹的心叶夹缝中，锉吸细嫩组织汁液，危害叶片、心叶及嫩薹，影响花薹和花蕾的生长。受害叶片变硬、变薄，叶脉两侧出现灰白色或灰褐色条斑，叶片变形、卷曲、枯萎，植株生长缓慢。受害花蕾短小，花梗上有黄褐色锉吸痕迹，严重时花蕾弯曲，影响外观品质。综合防治，早春清除田间杂草，清理残枝落叶，集中烧毁或深埋，消灭越冬虫源；田间每隔4~6米设置蓝色粘虫板，诱杀成虫。早晨露水未干或傍晚时，用10%吡虫啉可湿性粉剂1 500~2 000倍液，或5%啶虫脒100倍液加2.5%高效氯氰菊酯1500倍液喷雾。

（4）蛴螬　蛴螬又名鸡婆虫、老母虫、蛾头等，危害时咬断黄花菜的根、根状茎，使苗叶萎蔫、枯黄，严重时枯死，造成缺苗断垄。黄花菜发生茎腐病时，常诱使大量蛴螬聚集病害处，加重危害。定植前深翻，将部分蛴螬成虫、幼虫翻到地表，使其风干、冻死或被天敌捕食；施用充分腐熟的有机肥，施肥前筛出其中蛴螬，防止成虫进入田间产卵；新田栽培前沟内撒入毒土，杀灭田间的蛴螬。卵期或幼虫期，每公顷用专用型白僵菌杀虫剂22.5~30.0千克与225~375千克细土拌匀，在黄花菜基部10~15厘米处开沟施药。

（5）地老虎　发现地老虎，用90%晶体敌百虫800倍液，或50%辛硫磷乳油1 000倍液浇灌被害植株周围，或喷于切碎的鲜草或菜叶上，傍晚撒于株间诱杀，次日清晨捕捉。

四、草莓

草莓，又叫红莓、洋莓、地莓等，是对蔷薇科草莓属植物的通称，属多年生草本植物。果实外观呈心形，鲜美红嫩，果肉多汁，酸甜可口，有特殊的浓郁水果芳香。由于草莓色、香、味俱佳，而且营养价值高，含丰富维生素C，有帮助消化的功效，所以被人们誉为"水果皇后"。

（一）日光温室半促成栽培技术

日光温室草莓半促成栽培是草莓通过自然休眠以后利用日光温室进行保温，从而使草莓提前采收和上市的栽培方式。

1. 品种选择

选择休眠期在200～600小时的品种，包括章姬、甜查理、丰香、宝交早生、达赛莱克特、石莓7号等。同一大棚内选择和栽培两个以上品种，便于异花授粉。

2. 育苗

于3月中下旬至4月上中旬，选择生长健壮、无病虫害的母株，定植于大田中。每公顷施入底肥（腐熟有机肥）30～40吨；开沟作畦，畦宽（连沟）2米。每畦种植2行，株距0.4～0.5米；种后连续浇水2～3次确保成活。

3. 整地定植

定植时间一般在8月下旬至9月上旬。定植前，结合深耕整地施足基肥，以腐熟有机肥为主，并施入含硫复合肥、过磷酸钙等；保证适宜株、行距，合理密植，采用高垄定植，每垄定植2行，垄面宽50厘米，垄沟宽30厘米，行距20～25厘米，株距10～20厘米，每公顷栽植12万～17万株，加强田间通风透光。

4. 田间管理

（1）定植后到扣膜保温前的管理　定植后，要及时浇透水，前3～4天每天浇1次，直到缓好苗。如果有条件可进行遮阴覆盖，待成活后及时揭去覆盖物。缓苗后进行中耕晾苗，土壤干时再适量浇水，浇水时为了促进壮苗提高产量，每公顷可随水追施三元复合肥（15-15-15）150千克。

（2）扣棚膜及覆盖地膜

①扣棚保温。半促成栽培开始扣棚保温的时期主要根据自然条件和品种的休眠特性而定。5℃以下低温需求量低的品种，解除休眠的时间早，可以早保温；5℃以下低温需求量高的品种，解除休眠的时期晚，保温可适当晚些。

②覆盖地膜。覆盖地膜是草莓设施栽培中的一项重要措施。覆盖地膜不仅可以减少土壤中水分的蒸发，降低日光温室内的空气湿度，减少病虫草害发生率；还能提高土壤温度，促使草莓根系的生长，从而使草莓植株生长健壮，鲜果提早上市；此外，还可以防止土壤对果实污染，提高果实商品质量。

地膜可选用厚度0.008～0.015毫米、宽90～100厘米的黑色聚乙烯薄膜较为适宜，防草、保温效果好于白色地膜。一般在扣棚后9～11天覆盖地膜，应在早晨、傍晚或阴天进行。盖地膜前需摘去枯叶和老叶，盖膜后应立即破膜提苗，地膜展平后立即浇水。如果覆膜过晚，保温后植株生长量会显著增大，提苗时易折断叶柄，影响植株生长发育。

（3）辅助授粉　主要采用放蜂进行辅助授粉，放蜂量一般保证每株草莓有1只以上的蜜蜂为其授粉，在草莓开花前1周将蜂箱放入温室内，放置时间宜在早晨或黄昏。

把蜂箱放在靠近温室的西南角，蜂箱巢口对着温室的东北角，或者把蜂箱放在温室的东南角，巢口对着温室的西北角，授粉效果比较好，但蜂箱放在南面，要注意保温防潮。

（4）植株管理　从定植到采收结束，植株一直进行着叶片和花茎的更新，为保证草莓植株处于正常的生长发育状态，具有合理的花序数，要经常进行摘除病老残叶、掰芽、摘除匍匐茎、整理花序等植株管理工作。掰芽方法是在顶花序抽生后，每个植株上选留2个方位好且粗壮的腋芽，其余全部掰除，以后再抽生的腋芽也要及时掰除；匍匐茎是从植株叶腋间长出的分枝，要及时摘除匍匐茎；一般生产上每个花序留果实7~12个。

5. 环境调控

（1）温湿度管理

①温度管理。扣膜保温初期，需要保持较高温度，以促进植株生长，使花蕾发育充实均匀。扣膜保温7~10天，白天温度控制在28~30℃，夜间为8~10℃。当白天温室超过30℃时，应及时通风换气降温，夜温达不到要求时，可采用加盖草帘等保温措施。现蕾开花期，一般白天应控制23~25℃，夜间8~10℃。白天温度超过26℃，就会影响植株正常授粉受精。浆果膨大期，白天适宜温度为20~25℃，夜间5~8℃，地温保持18~22℃为宜。夜间温度大于8℃，浆果着色快，果实不易膨大。果实成熟期，要经常通风换气，调节温度，白天保持在20~23℃，夜间保持5~8℃。此期温度高，浆果小，采收早；温度较低，则浆果大，采收迟，所以可根据当地市场的需要，灵活控制温度。3月中下旬后，气温逐渐升高，可顶风、底风同时放，底风宜在中午逐日加大放风量，一般在4月20日前后即可撤除棚膜。

②湿度管理。扣膜保温初期温室内湿度控制在85%~90%，开花期对湿度反应敏感，适宜的湿度为30%~50%，果实膨大期湿度控制在60%~70%。一般排湿要结合调节温度的放风进行，阴雨天室内湿度大，需在中午短时通风，防止温度过低。

（2）水肥管理

①浇水。早晨观察叶片边缘是否有水珠，如叶缘有吐出水珠则说明水分充足，相反则表示缺水，需及时浇水。一般扣膜保温前和盖地膜前各浇1次水，以后每次追肥后浇1次水。浇水不能采取大水漫灌的灌溉方式，最好采用膜下滴灌的浇水方式。

②追肥。一般追肥与灌水结合进行，追施的液体肥料浓度以0.2%~0.4%为宜，一般每公顷追施三元复合肥（15-15-15）105~150千克。第1次追肥在植株顶花序现蕾期，可促进顶花序生长；第2次追肥在顶花序果实开始转白膨大期，可适当加大施肥量，施肥种类以磷、钾肥为主；第3次追肥在顶花序果实采收期；第4次追肥在腋花序果膨大期，之后每隔10~15天追1次肥。

6. 病虫害防治

（1）病害防治

①侵染性病害。日光温室草莓常见侵染性病害包括灰霉病、白粉病、疫霉果腐病、

红中柱根腐病、芽枯病等侵染性病害的防治如下。

选用抗病品种。品种间的抗病性差异大，一般欧美等硬果型品种抗病性较强，例如达赛莱克特、全明星等品种；国产品种石莓7号、石莓8号的抗性表现比较好。

加强栽培管理。合理密植，避免过多施氮肥，防止茎叶过于茂盛，增强通风透光；及时清除老叶、枯叶、病叶和病果，并带出园外销毁或深埋，以减少病原；保护地栽培要深沟高畦，覆盖地膜，以降低棚室内的空气湿度，并及时通风透光。

要坚持"预防为主，综合防治"的原则，日光温室中草莓的灰霉病、白粉病和芽枯病均可采用45%百菌清烟剂熏蒸的方法防治，每公顷用药3.0~3.8千克，每7~10天熏蒸1次，连续防治2~3次。草莓疫霉果腐病发病初期可用64%杀毒矾、黄腐酸盐等进行灌根，或用72.2%普力克600倍液、72%霜脲·锰锌（克抗灵）可湿性粉剂800倍液等进行喷雾防治，7~10天喷1次，连喷3~4次，均能得到较好的防治效果。草莓红中柱根腐病的防治可采用2.5%适乐时悬浮剂600倍浸根处理3~5分钟，晾干后再定植。定植后用58%甲霜·锰锌可湿性粉剂喷雾防治或64%杀毒矾可湿性粉剂500倍液灌根，每7~10天处理1次，连续进行2~3次。

②生理性病害。日光温室草莓常见生理性病害包括草莓畸形果和缺钙症。

草莓畸形果防治：配置授粉品种，因有的草莓品种花粉可育性低，所以应选择一些花粉量多的品种作授粉品种，与主栽品种混栽，能有效降低畸形果率；开花期间在棚室中释放蜜蜂，可显著减少畸形果比率，并明显提高产量和果实的品质；合理调控棚室内的温湿度，花期适宜温度，白天应控制在23~25℃，夜间保持在8~10℃。棚室内湿度不宜过大，以40%的湿度为宜；疏花疏果，疏除易出现雌性不育的高级雌花，摘除病果和过多的幼果，可明显降低草莓畸形果率。减少用药次数，尽量不用或少用农药，如需使用药剂防治时，一定要避开花期，在花前或花后用药。

缺钙症防治：因土壤偏酸缺钙时，最好在栽植前对土壤增施石膏，视缺钙程度而定使用量大小，一般每公顷施用量为780千克；田间出现症状时，叶面喷施0.3%氯化钙水溶液，可减轻缺钙现象；及时浇水，保证水分供应，防止土壤干旱。

（2）虫害防治　日光温室草莓常见的虫害包括蚜虫、螨类和蛴螬等，虫害的防治方法如下。

①蚜虫防治。灭草防蚜，清理田间及周边杂草；诱避防蚜。在草莓田间设置黄板诱杀蚜虫，或用银灰色薄膜驱避蚜虫；及时摘除病老叶，集中烧毁；药剂防治。在草莓开花前喷药1~2次，药剂可选用25%噻虫嗪4 000~6 000倍液，或1%印楝素水剂800倍液等。一般采前15天停止用药。在防治时，应尽量少用广谱性农药，以保护天敌。蚜虫的天敌较多，有瓢虫、草蛉、食蚜蝇和寄生蜂等，应加以保护和利用。

②螨类防治。消灭越冬虫源，清除越冬寄主枯叶和杂草；保护和利用天敌昆虫草蛉等，发挥其自然控害作用或采用捕食螨防控；天气干旱时，进行灌水，增加草莓田湿度，不利叶螨生长繁殖；在温室草莓现蕾或开花后，可用30%虫螨净烟熏剂进行熏蒸防治。采前15天停止用药，并注意经常更换农药品种防止产生抗性。

③蛴螬防治。灯光诱杀，可设置黑光灯诱杀成虫，减少蛴螬的发生数量；不施用未腐熟的有机肥，合理施用化肥，腐殖酸铵、氨化过磷酸钙等释放的氨气对蛴螬等地下害虫有驱避作用，可减轻危害；利用茶色食虫虻、金龟子黑土蜂、白僵菌等进行生物防治；合理灌水，有条件的地区进行秋灌，可有效减少土壤中蛴螬的发生数量；每公顷用5%辛硫磷颗粒剂37.5～45.0千克，拌细土10倍量顺垄撒施，浅锄覆土，对蛴螬等地下害虫有良好防效。

（二）草莓日光温室促成栽培

促成栽培是草莓温室栽培中成熟最早的一种栽培形式，是指草莓植株在完成了花芽分化之后，尚未进入休眠以前，通过高温、长日照、赤霉素处理等措施阻止植株进入休眠，使其继续生长发育从而达到提早开花结果的栽培模式。

1. 品种选择与育苗

日光温室促成栽培中要选择休眠期短、花芽分化早、耐寒、对低温不敏感、不易矮化、花粉多而健全、果实品质优、持续结果性强、抗病虫害能力强和较耐贮运的品种，如丰香、幸香、甜查理、红珍珠等。

2. 土壤准备

耕整地、撒施肥、深松及起垄作业标准参考日光温室半促成栽培。

3. 定植

（1）定植时间　最佳时期为8月下旬至9月中旬。

（2）定植前管理　为预防草莓炭疽病、根腐病等土传病害，在定植前应做蘸根处理。选用30%甲霜·噁霉灵水剂500倍液、25%嘧菌酯悬浮剂1 000倍液和生根剂进行药液配置。把秧苗根部在药液中浸泡1～3分钟，确保秧苗不带病菌，同时避免浸泡苗叶。待根系、基质吸足药液后，提起苗、淋掉多余药液，随即定植。

（3）定植方法　定植时每垄两行交错定植，株距15～25厘米，行距20～30厘米，密度为每亩6 000～9 000株。定植时将种苗的弓背朝向沟道即垄外侧。

（4）缓苗期管理　定植后立即浇一次透水，定植初5～7天，每天浇一次小水，使土壤保持相对湿润并能降低地温，促发新根。浇水后需及时检查，把被泥土覆盖住的苗心清理出来，根部露出的要及时培土。

4. 田间管理

（1）扣棚保温和覆盖地膜　适期保温是草莓促成栽培的技术关键。9月和10月上旬，白天温度20～30℃，夜晚10～20℃，适合草莓生长，日光温室不扣棚膜。10月中旬，在顶花芽分化后，并且第一腋花芽已分化至将要进入休眠前扣棚保温。保温适期以最低温度在10℃，日均温度在16℃为宜。

（2）温湿度管理　草莓完成缓苗进入花芽分化时期，温室内白天温度保持26℃左右，如超过30℃要及时通风、降温、排湿，夜间温度控制在15～18℃，最低温度不低于 8℃；现蕾至开花前，白天温度 25℃左右，夜间温度 10℃左右，空气相对湿度 60%~70%；开花至结果期，白天温度 22~26℃，不高于 30℃，夜间温度 10℃，不低于 6℃，空气相对湿度 40%~50%；膨大至成熟期，白天温度 20~25℃，夜间温度 6~8℃，空气相对湿度 60%~70%，夜温低有利于养分积累，可促进果实膨大，降低小果率。

（3）水肥管理　半促成栽培只要秧苗壮、花芽分化好而多，促成栽培不但要求花芽分化好，还要花芽分化早。为此，在育苗时要掌握好以下三个时期的管理。

①匍匐茎苗发育期。在草莓花芽分化前要看苗施肥，一般在 8 月上旬之前每亩追施尿素 8~10 千克或磷酸二铵 10~15 千克，共追施 1~2 次，以促进秧苗根系发达，生长健壮。

②草莓花芽分化期。此期要中断氮肥供应，以防植株旺长、推迟花芽分化，可每亩追施磷酸二氢钾 10~15 千克。为防止秧苗旺长，可提前在 8 月中旬即中断氮肥的施入，并在花芽分化期间对旺长苗进行断根处理。断根方法：用三角刀在离植株 5 厘米处切断根系，深度约 10 厘米，并把土块微微向上松动一下，根据秧苗长势可处理 2~3 次。

③子苗充实期。在花芽分化以后恢复氮肥供应，一般每亩追施三元复合肥 15~20 千克。这样秧苗不但开花结果早，而且连续结果能力强、果数多、果个大、产量高。

（4）光照管理　冬季光照时间缩短、强度降低，可于 11 月中旬至翌年 2 月上旬采取补光灯进行补光，每亩安装 100 瓦植物生长补光灯 25~30 个，灯高 1.8 米左右，每天 17:00—22:00 补光 3~5 小时，能促进植物光合作用，缩短生长周期，提早上市 10~20 天，增产增收 20%~70%，促花促果、提高坐果率、驱虫抗病、减少畸形果，提高果实的口感甜度和质量。

（5）辅助授粉　参考草莓日光温室半促成栽培。

5. 环境调控

（1）卷、放保温被　近几年，由于温室大棚逐渐向长 100 米，宽 10~20 米发展，现有的前置卷轴支杆式卷帘机已经不能满足发展的要求，轨道式卷帘机无论是安全性能、卷铺质量还是使用寿命都优于前置卷轴支杆式卷帘机。

（2）开、关风口　在草莓生产的日常管理中，经常通过开、关棚膜进行空气热交换，使温室内尽可能达到作物生长所需要的温湿度。市场上的放风设备，能以机械代替人工，可以实现按照人工的处理方式进行开关风口。具体分为 4 个阶段：一是快速查看整个棚内不同位置的温、湿度；二是机械代替人工开关风口；三是远程遥控开关风口；四是综合考虑实现自动开关风口，如考虑风向、雨季等。

（3）补光灯　补光灯能为草莓生长提供最佳光源，促进草莓的光合作用，从而缩短草莓生长周期，提高草莓品质和产量，减少因光照不足给农户造成的经济损失。温室里采用专用光源进行补光，可使作物产量提高10%～30%。对于果实品质，可使瓜果色泽更加均匀，畸形果减少，含糖及维生素量均有提高。

（4）电除雾　经试验验证，应用温室电除雾防病促生设备的温室，湿度下降约5%，有效地减少草莓病虫害的发生。空间电场与二氧化碳的增补同时作用于植物生长环境，可加速草莓生长速度，增加产量，同时有效预防气传病害及湿度引起的病害和部分土传病害，显著减少农药的施用。

6. 采收与产后处理

（1）采收　草莓果实皮薄，果肉柔软多汁，不易储存。德州的草莓主要以鲜食和休闲采摘为主。以鲜食为主草莓机械化采摘难度较大。

大棚草莓一般自11月即有成熟果上市，进入12月以后草莓陆续进入采果盛期，至翌年2月上旬第1次采果盛期结束。第1次采果盛期过后，为促进腋花芽的发育、迎接2次采果盛期的到来，可追施1次三元素复合肥（15-15-15）20千克。同时要清理植株，将老叶、病叶、花序柄、多余的侧芽等摘除，并根据秧苗长势，喷施高产素草莓叶面肥。经过大约1个月的管理，促成栽培又可结出第2次果，并可一直采摘到5月，第2次结果一般能占总产量的50%左右。因此，加强管理，争取2次结果的丰收是促成栽培中实现高产高效的重要一环。

（2）废弃秧苗处理　收获后的草莓废弃秧苗包括疏花疏果等废弃物，以往的处理方式是堆放腐烂后填埋或直接填埋处理。复合粉碎机逐渐应用于草莓废弃秧苗的粉碎处理。复合粉碎机采用电动动力，可处理粉碎草本植物的茎叶，动力为7.5千瓦，快、慢刀组结合，粉碎物粒径3～8毫米。粉碎时无须处理废弃秧苗沾带的土，粉碎机粉碎后可进行还田、填埋或发酵等无害化处理，解决了草莓废弃秧苗难以处理的难题。

（3）破垄作业　草莓经过一个种植周期，土壤硬化板结比较严重。为保证下一季草莓的生产，避免重茬病害的发生，土壤必须进行消毒处理。"双向耕耘工作法"利用具有双向行驶功能的四轮拖拉机，在日光温室中不用调头便可完成草莓种植南北向高垄和东西向高垄的破垄旋耕作业。在作业环节，使用具备反向行驶功能的拖拉机悬挂旋耕部件作业，利用拖拉机的反向行驶功能，后挂式旋耕部件变为前置式悬挂，进行破垄作业时，旋耕部件破碎旋耕草莓高垄后，轮式拖拉机轻松行走，解决了轮式拖拉机高垄不能行走的难题。

（三）连栋温室草莓高架栽培技术

草莓产业作为逐渐兴起的都市型现代农业产业，既为市民提供了良好的休闲观光场所，又能实现可观的经济效益。随着社会的发展，农业人口日益老龄化，符合人体工学、省力化的草莓高架栽培，可以显著降低劳动强度，提高工作效率，能将生产人员从繁重的劳动中解放出来。下文详细介绍了该技术的温室设施、灌溉、施肥、环境控制及病虫防治等草莓管理措施,以供种植者参考。

1. 连栋温室及草莓育苗架

连栋温室是高架草莓栽培成功的设施保障,覆盖材料为塑料薄膜,综合采用湿帘风机强制通风、雾化加湿和室外遮阳等措施为草莓苗生长提供适宜的环境条件,可采用"H"形和"A"形两种形式的栽培架种植草莓。

2. 高架栽培灌溉系统

灌溉系统主要由水处理系统、灌溉水肥一体机、控制器、变频调速恒压供水系统、肥料罐、电磁阀、灌溉支管和灌溉毛管等组成。

(1)水处理系统　草莓耐盐性低,苗期适宜的 EC 值为 0.3~0.5 毫西/厘米,开花坐果期 EC 值临界值为 1.5 毫西/厘米。草莓每株日最大耗水量 0.3~0.8 升,原水池内的地下水经水泵加压,通过石英砂、活性炭和精密过滤器 3 级过滤后,再经过高压泵施压、反渗透膜过滤,生产出灌溉所需要的净化水,水质 EC 值为 14~20 微西/厘米,pH 值为 5.5~6.0。

(2)灌溉水肥一体机和控制器　高架栽培的灌溉、施肥采用自动灌溉施肥机,其最大流量为 25 米^3/小时。灌溉施肥机装有 6 个施肥通道,1 个调节酸碱度通道,基于文丘里原理吸入所需的肥料,最大吸肥量为 300 升/小时,并采用 PID 控制算法调整营养液的浓度和酸碱度。施肥机能够根据生产需要进行手动和自动控制,即采取定时或根据光合辐射量大小实现自动控制;按照实际生产需要,对不同电磁阀进行灵活编组。灌溉控制器能根据需要进行扩展,最多能控制 100 个电磁阀。

(3)变频调速恒压供水系统　系统采用变频器、控制器和压力传感器控制灌溉水泵,可以根据灌溉分区流量的变化,以设定的压力(2 千帕)自动调节水泵的运转速度,保证滴灌管灌溉压力恒定,确保灌溉量的均匀一致。

(4)滴灌管和灌溉设置　电磁阀为确保灌溉均匀,每行"H"形栽培架铺设两行滴灌管,长度为 29.5 米,滴头间距为 15 厘米,滴头最大流量为 1.38 升/小时,每小时最大灌溉量 0.542 米^3。"H"形栽培架共采用 8 个电磁阀,每 2 个电磁阀为一组,灌溉 30 行栽培架。"A"形栽培架共分 8 个小区,每个小区共有 14 条滴灌管,长度为 29.5 米,滴头间距为 15 厘米,滴头最大流量为 1.38 升/小时,最大灌溉量为 3.8 米^3/小时。"A"形栽培架共采用 8 个电磁阀,每个电磁阀控制 2 个小区,8 行栽培架。

3. 营养液配方及营养液的管理

(1)营养液配方　草莓营养液配方按照营养生长期(表 10-1)、开花坐果期(表 10-2)和果实膨大期(表 10-3)等 3 个时期进行配置。系统采取 A、B、C 三个施肥罐,A 罐放置硝酸钙、硝酸钾和螯合铁;B 罐放置硫酸镁、硫酸铵、磷酸二氢钾和微量元素;C 罐放置氢氧化钾,用于调节营养液的 pH 值。

表 10-1 营养生长期的草莓营养液的配置

化合物名称	分子式	化合物含量/（毫克/升）
硝酸钙	$Ca(NO_3)_2 \cdot 4H_2O$	354
硝酸钾	KNO_3	252
硫酸镁	$MgSO_4 \cdot 7H_2O$	123
硫酸铵	$(NH_4)_2SO_4$	66
磷酸二氢钾	KH_2PO_4	68

表 10-2 开花坐果期的草莓营养液的配置

化合物名称	分子式	化合物含量/（毫克/升）
硝酸钙	$Ca(NO_3)_2 \cdot 4H_2O$	472
硝酸钾	KNO_3	534
硫酸镁	$MgSO_4 \cdot 7H_2O$	246
硫酸铵	$(NH_4)_2SO_4$	46
磷酸二氢钾	KH_2PO_4	91

表 10-3 果实膨大期的草莓营养液的配置

化合物名称	分子式	化合物含量/（毫克/升）
硝酸钙	$Ca(NO_3)_2 \cdot 4H_2O$	472
硝酸钾	KNO_3	724
硫酸镁	$MgSO_4 \cdot 7H_2O$	246
硫酸铵	$(NH_4)_2SO_4$	86
磷酸二氢钾	KH_2PO_4	113

微量元素参考通用微量元素配方，其中螯合铁含量采取通用配方的中间数，具体配制时，需要根据不同含量的铁进行折算，硫酸锰有一水硫酸锰和四水硫酸锰（表10-4）。

表 10-4 通用微量元素配方

化合物名称	分子式	化合物含量/（毫克/升）
乙二胺四乙酸二钠铁（含 Fe 13%）	[EDTA-2Na]Fe	30
硼酸	H_3BO_3	2.86
硫酸锰	$MnSO_4 \cdot 4H_2O$	2.13
硫酸锌	$ZnSO_4 \cdot 7H_2O$	0.22
硫酸铜	$CuSO_4 \cdot 5H_2O$	0.08
钼酸铵	$(NH_4)_6Mo_7O_{24} \cdot 4H_2O$	0.02

（2）营养液及肥料管理　灌溉系统结合基质的回液量，采取定时灌溉，8个区轮流灌溉，每个区一次灌溉3～5分钟，营养液EC值根据不同生长时期进行调整，pH值控制在5.8～6.5。为促进根系生长和减少缺钙现象，每周滴灌1次生物菌剂1 000倍液和氨基寡糖素800倍液。

4. 草莓栽培管理

（1）草莓定植　选用穴盘基质苗，茎粗0.8～1.0厘米，根系长满穴盘孔。定植时，对草莓根系进行断根处理，去掉一半的草莓根系或者用力把草莓根系的基质捏扁，以利于草莓生根。"H"形草莓栽培架，每架交叉定植2行，株距20厘米。草莓弓背朝外，草莓植株与栽培架成45°角，以利于果枝生长与管理。

（2）植株整理　及时去除老叶、匍匐茎、侧芽、畸形果，做好疏花疏果等相关工作。当草莓苗成活并长出2～3片真叶时，及时去除老叶、匍匐茎和侧芽，为第1穗花的盛开做好准备。第1穗花有3～4个果授粉完毕、开始膨大时，及时进行疏花疏果，根据草莓植株的长势，每株草莓只保留3～4个完成授粉且发育正常的果实。第1穗果采收完毕后，及时去除草莓果柄和老叶，同时去除长势弱的侧芽，每株草莓苗最多保留3个长势壮的侧芽。

5. 温室环境调控

采用温室自动控制系统，根据温度、湿度、风速、光照强度和降雨情况自动控制温室天窗、水帘风机、遮阳网、高压雾化加湿系统、供暖系统和保温幕等设备，为草莓生长创造适宜的生长环境。在使用过程中，可以根据设备运行稳定性、草莓的生长状况进行灵活调整。温室目标温度的设定，可根据草莓不同生长阶段灵活更改。

（1）天窗控制　在冬季，主要采用开闭天窗控制温室内的温度和湿度，目标温度与设备工作温度之间的差值设定为1～2℃，具体设定值可以根据温室及外界天气的变化进行调整，防止传动系统动作太频繁，易于发生故障。采用相对温度管理方法控制温室内的温度，首先把天窗开度分为3级，其次系统设定目标温度、天窗打开温度差值、天窗关闭差值和系统延迟时间。比如设定目标温度25℃，天窗打开温度差值为2℃，温室内温度为27℃时，天窗开始打开，打开的大小为第1级开度，然后系统开始计算开窗延时时间，在延时的时段内，无论温室内气温如何变化，天窗都处于打开状态。如果温室内温度继续升高，超过29℃，天窗继续打开，大小为第2级开度，其他依次类推。天窗关闭温度差值为2℃，当室内温度降为23℃时，天窗开始关闭。

（2）湿帘风机降温系统　风机共分2组控制，当温室内温度高于26℃时，打开第1组风机，关闭天窗，温度低于24℃时，打开天窗，关闭风机。当第1组风机打开，天窗关闭，温室内温度高于28℃时，开启第2组风机，并配合雾化加湿系统和遮阳系统共同降低温室内温度。

（3）高压雾化加湿系统　温室共采用4台高压雾化加湿器，压力达到20千帕，加湿器每台加湿面积为2 500米^2。可以根据温室环境温度、湿度条件，采用温室环境自动控制系统进行自动加湿；也可以根据时间进行自动加湿，比如每隔10分钟加湿2分钟，4台机器轮流开启，减小温室用电荷载。

（4）冬季加温和保温　温室顶部采用双层保温幕进行保温，温室四周采用塑料薄膜密封保温。以地热水为热源，圆翼式散热器管道供暖。夜间减小供暖量，花期夜间温度保证在11～13℃，果期保证在5～8℃。白天，以最大流量供暖，尽快提高温室内的温度，增加温室换气量，增加温室内二氧化碳浓度，降低温室湿度。

6. 病虫害防治

病虫防治以预防为主，在顶花露白前，务必把蚜虫、蓟马、白粉虱、红蜘蛛防治彻底。对病叶、病果及时进行清理，重点防治、局部防治与全面防治相结合。在高温季节，进行傍晚喷药，冬季在高温前把药喷施完毕，采用高压雾化喷头，促使液滴在叶面上分布均匀。

（1）二斑叶螨防治　二斑叶螨可以采用乙螨唑、联肼苯酯、丁氟螨酯、螺螨酯、噻螨酮、阿维菌素、香芹酚等农药。香芹酚可以与乙螨唑、联肼苯酯等农药混合使用，能显著提高防治效果。在喷施防治二斑叶螨的化学农药时，可以在农药中添加高度白酒（42°以上），每15升水添加30～50毫升白酒，既能增强防治效果，又不抑制植物生长。

（2）蓟马　蓟马可以采用呋虫胺、乙基多杀菌素等，使用时可添加红糖，红糖浓度为200倍液，宜傍晚喷施。球孢白僵菌和金龟子绿僵菌可土壤表面撒施、基质中添加和叶面喷施。

（3）蚜虫　蚜虫可采用苦参碱、印楝素、呋虫胺、噻虫嗪、氟啶虫酰胺等农药进行控制。

（4）白粉病　防治草莓白粉病的化学药剂可以采用苯醚甲环唑、四氟醚唑、乙嘧酚、氟菌·肟菌酯、氟菌·戊唑醇、醚菌·啶酰菌、吡萘·嘧菌酯、唑醚·氟酰胺、乙嘧酚磺酸酯、腈菌唑、吡唑醚菌酯。戊唑醇对草莓生长有明显的抑制作用，当温度较高、草莓秧易于徒长时施用，可以较好地控制草莓生长。乙醚酚磺酸酯容易造成药害，喷施时注意浓度和助剂的问题。

（5）炭疽病　炭疽病可以采用苯醚甲环唑、嘧菌酯、吡唑醚菌酯、多抗霉素、溴菌腈、氟啶胺、二氰蒽醌、咪鲜胺、克菌丹等进行防治。定植后1～2天施药，在全面喷透的同时，对幼苗进行绕茎喷雾。

（6）细菌性病害　细菌性病害采用春雷霉素、中生菌素、噻菌铜、芽孢杆菌等灌根预防和控制。

第十一章　豆类蔬菜栽培技术

豆类蔬菜是指以豆科植物的嫩豆荚或嫩豆粒为食用部分的蔬菜。常见种类有扁豆、菜豆、豇豆、毛豆、荷兰豆等，该类蔬菜不仅富含蛋白质，可以为人体提供必需的氨基酸，有助于维持身体正常的生理功能，同时膳食纤维丰富，促进肠道蠕动，预防便秘，维持肠道健康。豆类蔬菜种植比较广泛，山东德州位于华北平原，气候相对温和，春季回温较快，适宜豆类蔬菜的春播和夏播，主要种植种类有豇豆、菜豆、扁豆等。

一、豇豆

豇豆为一年生草本植物，又称角豆、带豆、裙豆，多作蔬菜食用。现已有数千年的栽培历史，按荚果长度分为普通豇豆、短荚豇豆和长豇豆3种，其中长豇豆的豆荚最长，以豆荚为菜用。长豇豆在我国栽培面积大，在许多地区都有种植，有很高的营养价值和经济价值。豇豆产业周期短、见效快、效益高，能够为种植户带来可观的经济收入。其品种繁多，具有营养丰富、蛋白质含量高，富含维生素、粗纤维等特点，其嫩荚可以凉拌、炒食，也可以腌渍、干制加工，市场需求量大，是夏秋主要蔬菜之一。长豇豆茎叶生长旺盛，适应性强，根系能产生固氮菌，具有固氮作用，能够改良土壤结构，可以实现菜、粮、绿肥兼用。通过合理的栽培技术能够确保豇豆的产量和质量，促进我国豇豆产业的可持续发展。

（一）露地豇豆栽培技术

1. 品种选择

我国种植的豇豆种类较多，要结合当地的气候条件和市场需求选择豇豆品种，了解品种的产量以及抗病虫害能力，选择最佳的豇豆品种。不同的种植季节选择不同的品种。早春时节应选择耐低温、弱光能力强的早熟品种；夏季高温栽培时要选择耐热、耐湿能力强的品种。种子的纯度和净度分别达99%和98%以上，发芽率控制在95%以上。

2. 播种前准备

（1）选种　在播种前，需要对种子进行精选，从而保证种子的饱满性和一致性，并将破碎粒、虫害粒、杂质等全部挑除，提高种子成活率的同时降低病虫害引入的风险。在经过精选后，还需要对种子进行药液浸泡，以防止豇豆受到地老虎、线虫、根腐病等病虫害的侵扰。为了提高豇豆苗的长势，有条件的地方可以增加等离子处理的工序，用以激活种子，提高存活率。

（2）选地与整地　豇豆种植应选择地势平整、排水性良好、土质疏松的地块，同时需要避免重茬。在种植前，需要借助拖拉机进行深松整地，并施肥，翻耕的深度控制在15~20厘米之间，并将土块全部粉碎。最后使用起垄机起宽约20厘米，高约30厘米的垄。

3. 机械播种

豇豆种植采用机械旋耕盖种技术。首先，旋耕机前端的播种机在垄地上均匀的播撒种子，后半部分的旋耕刀将种子埋入土壤中，旋耕深度控制在8~10厘米之间，太深会影响豇豆出苗，太浅则会使豇豆根系不稳，易倒伏。旋耕机效率极高，每小时可播种超过4.5亩的土地，可以极大地提高生产效率和降低人工成本。

4. 田间管理

（1）水肥管理　豇豆水肥管理坚持以基肥为主、追肥为辅的原则，前期要做好控水工作以防茎叶徒长，后期要及时追肥以防植株早衰。豇豆秧苗期要结合苗情追施苗肥，每亩施入尿素2千克左右，并且适当蹲苗，防止秧苗前期徒长，促进开花结荚。在豇豆伸蔓时期，每亩每隔8~10天使用高氮高钾型的水溶性肥料5千克兑水1 000千克，第一花序开始结荚时应增加追肥量，保证水分充足。在豇豆第1次采收后要追肥和灌溉，每亩施用三元复合肥（15-15-15）10~15千克，追肥2~3次。8月很容易出现高温天气，要尽早追肥，防止脱肥早衰。遇到伏旱，应科学灌溉，禁止大水漫灌。降水后及时排除田间积水，以免出现烂根和落叶落花。

（2）插架引蔓　当植株长到25~30厘米时要做好搭架引蔓处理，可以选择竹竿作为高架，搭成人字形，高度为2.2~2.3米，每穴插1根竹竿，适当向内倾斜，每两根交叉，并使用塑料绳扎紧，避免被大风吹倒。

（3）整枝、摘心、打杈　为确保豇豆生长，促进主蔓生长，要及时将主蔓50厘米以下所有的侧枝摘除，保证豇豆的结荚率，同时降低病虫害的发生概率。要做好抹芽处理，将主蔓第一花序以下的各节位芽全部抹除，避免与主蔓争夺养分和水分。另外，还要做好主蔓的打顶工作，当主蔓长到顶时，要及时打顶摘心。

5. 采摘

豇豆主要是人工采摘，为了提高产量，在采摘时需要注意，在离豇豆蒂头2~3厘米处使用剪刀剪断，该位置可再开花长出豇豆。随着机械自动化水平的提高，豇豆采摘机也逐步开发并得到初步应用，可以大大降低人工成本。

（二）大棚豇豆栽培技术

德州地区在早春利用冷棚栽培豇豆，如果3月初温室育苗，大棚定植，5月上中旬即可上市。比春季露地栽培采收时间提前1个月，市场行情好，经济效益比露地栽培的要高出不少。

1. 品种选择

选择高产、早熟、抗病、耐低温、耐弱光的品种，同时具有长势强，分枝少，不易老化，收获期较长这些优点则最佳。豇豆特早30、之豇翠绿、之豇90、之豇特长80、早丰60在春季冷棚中的栽培效益较好。

2. 播种前准备

（1）种子处理　播种育苗前为了提高种子的萌发率，可先用0.01%~0.03%的钼酸铵溶液浸泡种子10分钟，然后把种子包在湿棉布中，放到25~30℃的环境中催芽，经过2~3天豇豆种子即可发芽。

（2）苗床准备　豇豆一般采用营养钵育苗。营养土使用未种过豆类的菜园土，菜园土和腐熟的有机粪肥按4∶1的比例混合。在营养钵中装好营养土后，整齐地摆放在育苗床内，浇透水，待水全部渗下即可播种。

（3）温室育苗　根据豇豆种子催芽情况，每钵放3~4粒种子。播后均匀覆土厚度为2厘米左右。在苗床上覆盖地膜以增加地温。豇豆播种后温室内温度白天保持在25~30℃，夜间保持在15~18℃。5~6天豇豆就可以出齐苗。

（4）苗期管理　齐苗后进入苗期管理阶段，为15~20天。苗期管理工作的重点是控制温度。播种后7天左右幼苗就能出土。此时应着重防止幼苗徒长，可进行通风排湿，适当降低温室内温度，白天温度可控制在20℃，夜间温度应保持在15℃以上。幼苗子叶展开后，要适当提高温室内的温度以促进根、茎、叶生长和花芽分化，白天温度以25℃为好，夜间温度仍保持在15℃以上。豇豆苗期要保持营养土的湿度在60%左右。营养土干燥时选择晴天中午浇一次透水，当第一组真叶出现后即可移栽定植。

3. 移栽定植

（1）土壤　豇豆对土壤要求不高，肥沃的沙壤土最好。忌连作，连作会使土壤酸度增加，抑制根瘤菌的活动和发育，影响豇豆产量；还会使栽培期间病虫害加重。最好与非豆科蔬菜轮作，轮作期2~3年。

（2）整地施肥　多施基肥，对中等肥力地块，每亩施充分腐熟的有机肥2 500~3 500千克，过磷酸钙15~20千克。施肥后深翻有利于提温，促进根系发育，翻土深度要在25厘米以上。耙细整平后，南北向作成1.1米宽的畦，然后覆膜。定植前一天给豇豆苗浇1次水。

（3）定植　在晴天定植。用打孔器按照行距50~60厘米，株距40~45厘米，在畦中打出定植孔。从底部轻捏营养钵，让土坨和营养钵分离，把豇豆苗带土坨一起从营养钵中取出，放到打好的定植孔中。向定植孔内填土，浇一遍水。缓苗期冷棚内的温度要高一些。白天应保持在25~28℃，一般情况下要密闭棚膜，不通风，当温度超过32℃时，可短时通风降温，防高温烤苗。夜间温度保持在15~20℃，3~5天可以缓苗。

4. 田间管理

（1）抽蔓期管理

①温度管理。缓苗后要适当降低棚内的温度，防止豆苗徒长。白天棚内温度保持在20℃左右。夜间温度在15℃左右。5~7天后再逐渐提高棚温，白天温度达到22℃左右，夜间在18℃左右。

②适时吊蔓。豇豆是蔓生植物，当豇豆植株长至20厘米左右时吊蔓。吊蔓既有利于豇豆生长，又便于管理和采摘。先把尼龙绳一端系在秧蔓正上方的大棚横梁或铁丝上。吊绳的长度以下垂后到达地面略有富余为好。吊绳绑好后，用小木棒将吊绳在距5~7厘米的地方插入土壤中。秧蔓便可自动缠绕。

③肥水管理。豇豆开花结荚前对肥水要求不高。如肥水过多，植株生长过旺，会使开花结荚部位上移，造成植株中下部出现空蔓，产量下降，甚至还会造成植株早衰。所以应控制水肥供应，保墒蹲苗，抑制茎叶旺盛生长。开花前浇1次抽蔓水，结合浇水追肥1次。中等肥力地块每亩追施磷酸二铵15~20千克，促进抽蔓。之后到开花前，控制浇水，促进豇豆由营养生长向生殖生长发展。

（2）结荚期管理　结荚期从豇豆开花到采收前，一般20天左右。结荚期也是豇豆从营养生长转为营养生长与生殖生长并存的阶段。

①温度光照管理。一般豇豆一株秧蔓上能分生出20个以上的花序。每个花序又可着生5~10朵小花，但它的结荚率却很低，仅占开花量的20%~30%。豇豆开花结荚的这个规律，说明了豇豆结荚率还具有很大的提高潜力。造成落花落荚原因很多，除温度因素，还和水分过多或过少、营养不良、光照不足等因素有关。豇豆开花后，棚内温度要比抽蔓期略高。白天温度控制在25℃左右，夜间温度仍要保持在18℃。低于15℃或高于30℃都会对豇豆的开花结荚不利。超过35℃时会引起大量的落花落荚。因此，晴天中午要密切注意棚内的温度变化，当温度超过30℃时，应及时通风降温。豇豆为喜光植物，尤其在开花结荚期，光照不足会影响开花作荚。此期光照度最好保持在400 000勒克斯。为了保持充足的光照，要经常清洁棚膜，减少落花落荚。

②整枝。合理的整枝是保证花荚营养充足、减少落花落荚、提高豇豆产量的措施。整枝分三个步骤，第一步将第一花序以下长出的侧枝全部疏除，保证主茎粗壮；第二步第一花序以上的侧枝留2~3片叶摘心，并把侧枝缠绕在吊绳上；第三步主蔓长至2.0~2.3米高时打顶，控制植株向上生长，促进下部侧枝形成花芽。通过整枝可大大减少营养消耗，保证开花结荚的营养供应。

③水肥管理。第一花序的嫩荚伸出后，植株逐渐进入旺盛生长期。既要长茎叶，又要陆续开花结荚，这时要浇1次水，随水追肥1次，多施钾肥利于提高豆荚品质。中等肥力地块，每亩追施三元复合肥（16-8-16）10千克。结荚盛期保持土壤见干见湿，发现土壤干时立即浇水。

5. 采收

豇豆为总状花序,每一花序有2～5对花。一般在第一对豆荚采收后,第二对花蕾才能开始发育。所以采收时动作要轻,一手捏住荚条,一手护住花序,不要碰伤或碰掉花序上的花芽,以增加结荚数量,提高产量。因为采收期棚温较高,植株生长速度快,豆荚数量也渐渐变多,这就要求足够的营养和水分供应。所以采收6～8天后,追施一次三元复合肥(15-15-15),中等肥力地块按每亩8～10千克,随水施入。采收后期棚中温度较高,防止植株过早衰老,延长冷棚豇豆采收期可为植株补充营养,此时根系吸收能力已大大减弱,采取叶面补肥。喷施的肥液可用磷酸二氢钾溶液或尿素兑水配制成0.2%的溶液。豇豆到了结荚后期,植株的下部容易出现老叶,要及时摘除。大棚栽培一般比露地早收获豇豆30天左右,此时市场行情好,经济效益比露地栽培要高2～3倍。

(三) 日光温室豇豆栽培技术

1. 品种选择

温室栽培豇豆应选择适应性广,耐寒性强的早熟品种。菜用豇豆可分为蔓生和矮生两类,温室栽培一般选择蔓生型长豇豆。为适应当地土壤和气候特点,选择抗病性好、采收期长、高产优质、商品性好的品种。豇豆品种间差异也很大,豆荚有深绿色、白绿色、紫红色等,应根据市场需求选择栽培品种,适合本地栽培的品种有紫花油豆、之豇28-2等。

2. 播种前准备

(1) 场地环境选择　基地选择在地形开阔、通风良好、土壤肥沃的地方,灌溉用水清洁无污染。以日光为主要能源的温室,一般由透光前坡、外保温帘(被)、后坡、后墙、山墙和操作间组成。基本朝向坐北朝南,东西延伸。土墙或砖混结构的墙体,墙体基部厚2米、长70米、跨度7.5～9.0米、高3.5～4.5米。

(2) 栽培时间　在日光温室栽培以秋延迟栽培和冬(早)春茬栽培为主,冬季生产困难。既可以单作,也可以与娃娃菜、黄瓜、西瓜等作物间作套种栽培。秋延迟茬栽培一般在8月播种,10月开始陆续采收;冬(早)春茬一般在1月下旬至2月上旬播种,3—5月采收上市。

(3) 整地施肥　7—8月将土壤翻耕后覆盖地膜进行高温消毒,利用太阳能晒土高温杀菌。具体方法是亩用优质农家肥3 000～4 000千克结合深翻施入土壤,灌透水,土壤表面盖地膜,扣棚膜,密封棚室10～15天,进行高温消毒。

(4) 整地起垄　根据土壤湿度适时进行深耕,亩用三元复合肥(14-16-15)70～90千克,结合深翻施入土壤,深翻25厘米左右,整细耙平。温室豇豆一般选择起垄栽培,南北向起垄,垄宽0.7米,垄距0.5米,垄上覆盖地膜。

3. 直播或育苗

（1）直播　播种前将选好的种子晾晒1～2天，干籽直播，一般在7月下旬至8月中旬播种，按照行距50～60厘米，株距20～25厘米，穴深3～4厘米进行播种，每穴播种子3～4粒，播种后覆盖厚2～3厘米的湿土。亩用种量2.0～2.5千克。当70%豆芽顶土时，浇水1次，保证出齐苗。浇水后及时深中耕保墒、增温蹲苗，伸蔓后停止中耕。当真叶出现后，及时进行查苗补苗，每穴2～3株，发现缺苗应及时补苗，发现病苗及时拔除。

（2）育苗

①穴盘与基质的准备。豇豆育苗一般选择直径50孔或72孔的穴盘，选择优质的商品基质，基质的制作与质量满足育苗所需的营养，需符合NY/T 496—2010《肥料合理使用准则》的要求。先将基质预湿至含水量60%～70%，然后装满穴盘，覆盖地膜保湿待播种。

②种子处理。将选好的豇豆种子放入50～55℃的温水中，搅拌水温至30℃左右浸种，待种子吸饱水，捞出、沥干即可播种。

③播种。播种期根据茬口安排确定，一般在定植前25～30天前育苗。育苗每孔2～3粒种子，播深2～3厘米，覆盖细土3厘米，亩用种量3～4千克。播种后浇透水，用地膜覆盖保湿。出苗前水分不宜过多，以防种子腐烂。出苗后需及时浇水，确保土壤湿润，避免幼苗因缺水停止生长。出苗前保持室内气温25～30℃。出苗后及时揭开地膜，保持土壤湿润，不宜过量浇水。

④炼苗。一般5天左右出苗，出苗后，通过加大通风量降温炼苗，以提高幼苗抗性，从而预防高脚苗。苗期保持白天温度25℃，夜间不低于15℃。出苗25～30天，苗高18～20厘米可移栽定植。整个育苗期，苗床既要防止土壤过干，又不宜浇水过多，更应防止苗床积水。

4. 定植（移栽）

温室栽培豇豆一般采取穴播或挖穴定植，垄上两侧双行播种或定植，亩定植或播种2 500～3 000穴。起苗时要多带土、少伤根，营养土坨紧实，防治散坨伤根，定植深度以不露土坨为准。

5. 田间管理

（1）温度和光照管理　秋冬茬定植时注意保墒苗，定植后遮阴防晒。早春茬播种或定植后要定期清洁棚膜、棉帘晚揭早盖，以便于提高地温，高温出苗或缓苗。豇豆植株生长阶段保持白天棚内20～30℃，夜晚不低于15℃，每天揭盖棉被，保持光照条件良好。

（2）吊蔓整枝　设施栽培的豇豆一般是蔓生品种，当豇豆开始抽蔓时就要准备好吊绳，进入甩蔓期即将吊绳下端绑在植株基部，或在穴旁插入木棍或竹片用以绑绳。按逆时针方向进行人工引蔓，防止茎蔓互相缠绕，一般1穴设置吊绳1根。田间密度过大时，可将主蔓第 1 花序以下侧枝全部摘除，当主蔓伸出架材无处攀缘而倒挂时，花序伸长无力，不能正常结荚，要及时打顶摘心。

（3）肥水管理 豇豆定植缓苗后至开花结荚前，对水肥的要求不严格，灌水量不宜过大，以保持土壤见干见湿即可，中耕蹲苗，防止徒长。开花以后植株进入旺盛生长期，当幼荚长到 3～4 厘米时，每 5～7 天浇水 1 次，保持土壤湿润。结合浇水每亩追施复合肥（14∶16∶15）18～20 千克，以保持植株健壮生长和开花结荚。进入采收期，每采收 1 次即浇水 1 次，亩追施尿素 3 千克加磷酸二氢钾 2 千克。高温季节采取小水勤浇，早上和傍晚浇水。

6. 病虫害防治

德州地区设施豇豆常见的病害包括锈病、煤霉病、炭疽病、白粉病等，主要虫害有蚜虫、豆荚螟、地老虎、叶螨、蝼蛄类等。病虫害的防治按照"预防为主、综合防治"的原则，优先选用农业防治，合理使用生物防治、物理防治和化学防治。

（1）农业防治 做好温室清洁是消灭豇豆病虫害的根本措施，将摘除的残株、病株烂叶、杂草等清扫干净，集中烧毁或深埋，减轻病虫害的繁衍危害。可视情况摘除靠近地面的老叶、黄叶、病残叶片，以及部分侧枝，减少田间郁闭，改善通风透光条件。结合温湿度管理，调节温室风口，使通气流畅，降低空气湿度。生长期保持白天棚内温度 20～30℃，夜晚不低于 15℃。保证足够数量的充分腐熟的有机肥，维持和提高土壤肥力、营养平衡和生物活性，补充土壤有机质和养分从而补充因前茬收获而从土壤中带走的有机质和土壤养分，可使豇豆生长健壮，提高抗病虫的能力。实行轮作栽培，加强设施防护，选用抗病虫害品种。

（2）生物防治 利用瓢虫防治蚜虫、丽蚜小蜂防治白粉虱、捕食螨防治叶螨等；选用 0.3% 苦参碱 300 倍液防治蚜虫，选用枯草芽孢杆菌（菌数≥500 亿/克）400 倍液预防锈病等。

（3）物理防治 利用病原、害虫对温度、光谱、声响等的特异反应和耐受能力，杀死或驱避有害生物，如挂黄色诱虫板诱杀粉虱、蚜虫等成虫，每亩悬挂 20～30 张。根据豇豆生长期调整诱虫板的高度，苗期高出植株顶部 15～20 厘米，生长中后期悬挂在植株中上部。

（4）化学防治 豇豆主要的病害包括基腐病、根腐病、细菌性疫病、锈病、白粉病、角斑病、菌核病、炭疽病、病毒病、枯萎病、灰霉病、斑枯病、煤腐病、茎枯病、豇豆疫病、褐缘白星病、假尾孢叶斑病等；主要虫害包括豆蚜、蓟马、小地老虎、美洲斑潜蝇、豌豆潜叶蝇、烟粉虱、豆荚螟、大豆卷叶螟、斜纹夜蛾、甜菜夜蛾、棉铃虫、朱砂叶螨等。主要草害包括菟丝子、马齿苋、曼陀罗、龙葵、反枝苋、牛筋草、鳢肠、豚草、小花鬼针草、牻牛儿苗、猪毛菜、田旋花等。

①根腐病。豇豆根腐病主要是由菜豆腐皮镰孢菌菜豆专化型（*Fusarium solani* f. sp. *phaseoli*）引起的，在种植豇豆的地区均有发生，病菌可在病残体、厩肥和土壤中多年存活，一般发病率在 25%～40%，严重的达 60%，是制约豇豆生产的重要土传病

害。已知有 11 种镰孢菌可引起豇豆根腐病，如尖孢镰刀菌 *F. oxysporum*、轮枝镰孢 *F. verticillioides* 等。该病发病严重，防治困难，主要危害植株根部和茎基部，发病时间为出苗后 7 天开始，发病高峰在生长 3～4 周时进入。早期发病时症状不明显，直到开花发病时，主根病部产生褐色或黑色斑点，多由侧根蔓延至主根，病部有凹陷，后期主根腐烂或坏死，地上根部茎叶萎蔫枯死。在潮湿条件下，病株基部可出现粉色霉状物，即为病菌的分生孢子梗和分生孢子。该病的发生与土壤湿润、田间积水、偏施氮肥有关。播种前要做好土壤的消毒，可选择木霉菌和芽孢杆菌等微生物菌剂进行土壤处理。在豇豆苗期选择枯草芽孢杆菌等微生物菌剂进行灌根和喷雾，但不能和其他化学农药混合使用。在播种前可选择种衣剂拌种，可用 2.5% 咯菌腈悬浮种衣剂 2 千克，拌种 1 500 千克。

②锈病。豇豆锈病是由担子菌亚门锈病目豇豆属单胞锈菌引起的真菌性病害，在我国豇豆种植区普遍发生，发病严重时会造成 50% 左右的减产，是豇豆的主要病害之一。豇豆锈病发生在植株生长的中后期，主要危害叶片，叶柄和豆荚在发病严重时也会出现症状。侵染初期，叶片和茎蔓出现不明显的褐绿色小黄斑，扩大后形成具有黄色晕圈的红褐色夏孢子堆，破裂后散出红褐色粉末即夏孢子。侵染后期，叶片上产生黑色的冬孢子堆，可致使叶片变形和早落。在我国南方地区夏孢子为豇豆锈病的最初侵染源，温暖高湿适宜孢子萌发，尤其在早晚露重雾大利于锈病流行。防治锈病可选用 15% 三唑酮可湿性粉剂 1 000 倍液，或 50% 硫黄悬浮剂 300～500 倍液。发病初期喷药，用药间隔 10 天左右，连续防治 2～3 次。

③白粉病。豇豆白粉病是由囊菌门白粉菌属蓼白粉菌引起的真菌性病害，是豆类蔬菜常见且发生严重的病害之一，发病严重时可造成 50% 以上的减产。此病主要危害叶片，也可侵害茎蔓及豆荚。在发病初期叶背呈黄褐色斑点，扩大后呈紫褐色斑，上面覆盖一层白粉（分生孢子），后病斑沿叶脉发展，白粉布满整叶。严重时叶面出现相同症状，导致叶片枯黄，引起大量落叶。多雨容易诱发白粉病，一般发病严重时期是在植株生长的中后期，尤其开花结荚中后期。防治白粉病可用 15% 三唑酮可湿性粉剂 1 000 倍液，或 25% 乙嘧酚悬浮剂 1 500 倍液喷雾。每隔 7～10 天 1 次，连续防治 3～4 次。

④炭疽病。豇豆炭疽病是由半知菌亚门的菜豆炭疽菌引起的，在多雨多雾、冷凉的地区该病发生较为严重。该病主要危害的部位是叶、茎、荚，幼苗期和成株期均可发病。幼苗染病后先是出现褐色小斑点，后扩大成短条病斑。子叶上生近圆形的红褐色病斑，有凹陷并呈溃疡状，严重时常使幼苗折倒枯死。成株期叶片染病，出现圆形至不定形病斑，边缘褐色，中部淡褐色，斑面隐现不明显云纹。豆荚染病后生褐色小点，后期扩大成大圆形病斑，呈红褐色或紫褐色晕环，湿度高时病斑分泌出大量紫色黏稠物。茎秆染病后病斑呈红褐色，有凹陷，外缘有黑色轮纹，防治炭疽病可用 75% 百菌清 600 倍液，或 70% 甲基硫菌灵 1 000 倍液，每隔 7～10 天用药 1 次，连续防治 2～3 次。

⑤煤霉病。又被称为叶霉病，对叶片危害较大，蔓延方向是从下往上。发病初期会出现不显眼的黄绿色病斑，扩散后逐渐变为紫红色，环境湿度过大，就会在患病表层出现灰黑色或暗灰色烟煤状霉，严重时会造成叶片萎缩和干枯脱落。该病在高温高湿多雨的田块更易发生，嫩叶比老叶的抗病能力更强。发现煤霉病要及时用药喷洒，可选择70%甲基硫菌灵可湿性粉剂600倍液，隔7~10天用药1次，坚持用药2~3次，保证喷洒均匀。

⑥红斑病。通常先出现在下部老叶上，之后向上部蔓延。前期会造成叶片枯萎脱落，后期在叶片背面和正面会出现斑点。茎蔓染病后会出现不规则或多角形病斑，对豇豆的质量影响较大。通常在多雨的秋季连作的土壤地块上该病容易发生。因此，在入冬前要做好土壤深翻，促进病残体的腐败分解。选择高畦栽培模式，减少田间积水，防治可选择10%苯醚甲环唑水分散粒剂1 500倍液进行喷雾，隔10天用药1次，连续用药2~3次。

⑦豇豆荚螟。豇豆荚螟（*Maruca testulalis* Geyer），又名豇豆野螟、豇豆蛀野螟、大豆螟蛾等，属鳞翅目螟蛾科豆野螟属，是危害豇豆的一种钻蛀性害虫。豆类作物的果荚和种子是豇豆荚螟幼虫蛀食的部位。由于田间豇豆春秋大面积种植，豇豆荚螟的普发率高达100%，严重受害田块占80%，如防治不当，虫荚危害率可达15%~20%，严重时可达70%左右，严重影响豇豆的产量和品质。豇豆荚螟一年可发生6~7代，以蛹在土壤中越冬，翌年4月底5月初越冬蛹羽化，并在豇豆叶片、叶柄、叶芽上产卵，且产卵具有明显的趋蕾、趋嫩性。幼虫共5龄，每年5月下旬至11月上旬幼虫危害，钻蛀进入花蕾或嫩芽取食，造成落花和落荚，幼虫进入3龄后蛀入嫩荚，取食豆粒，被害荚雨后常腐烂。冬季温暖对豇豆荚螟越冬十分有利，越冬存活率较高。5—10月是高温、多湿季节，适宜豇豆荚螟的发生，是该虫的发生高峰期。在设施栽培中覆盖防虫网，减少虫源的数量。药剂喷洒防治效果明显，可选择20%氯虫苯甲酰胺乳油1 500倍液，隔5~7天用药1次。利用生物防治技术可减少对生态环境的破坏，虫口密度低时，可选择苏云金杆菌等防治。

⑧地老虎。可以在播种前或定植前结合翻地喷洒50%辛硫磷800倍液来防治；或采用90%敌百虫晶体50克溶解于2千克水中后，拌入10千克切碎的鲜菜叶（或鲜草），在傍晚均匀撒于豇豆田间进行诱杀。

⑨蚜虫和叶螨。用1.8%阿维菌素乳油1 500倍液，根据虫情选择喷洒次数。

7. 采收

豇豆通常每花序结荚果2条，从播种到采收，蔓生豇豆一般60~70天。开花后10~15天，嫩荚充分长大，豆粒刚开始发育，荚壁肉质细嫩、纤维少时为采收最适期。此外，还要做好花的保护工作，防止落花，也不能连花柄一同摘下。在豇豆盛荚时期可1天采收1次，后期可每隔1天采收1次。分批采收可以保证豇豆的商品价值。豇豆收获后，拔除豇豆植株，及时清除枝叶杂草。

二、菜豆

菜豆又称芸豆，生长期短，栽培容易，供应期长，在豆类蔬菜中栽培较为普遍。菜豆的嫩荚有着很高的营养价值，除含糖类外，还含有丰富的蛋白质、脂肪等，为人们所喜食。

（一）露地菜豆栽培技术

1. 选用良种

选用粒大、饱满、光泽好、无破损、耐热、抗病、适应性强的种子，播前晒种1~2天。中红品种一般选择英国红、龙芸豆13号；奶花品种一般选择龙芸豆6号；中白品种一般选择龙芸豆8号、日本白、白沙克等品种；小粒白菜豆品种一般选择龙芸豆5号、品芸2号、克芸1号、克芸2号；小粒黑菜豆品种选择龙芸豆10号、克芸3号、龙芸豆4号等品种。

2. 精细整地

选择土层深厚、有机质含量高、排灌良好、通风向阳的微酸性土壤。种植前翻耕、晒垡，提高土壤疏松程度及肥力。施足底肥，亩施农家肥2 000千克左右和三元复合肥（15-15-15）15千克左右。

3. 播种

菜豆忌重茬种植，与玉米、马铃薯等其他蔬菜隔年种植。谷雨至立夏之间（4月中旬至5月中旬）土壤温度10℃左右时即可播种。播种深度控制在10~15厘米，覆土6厘米左右。亩播种量控制在5~6千克。合理密植应把握肥地稀播、瘦地密植的原则。

4. 田间管理

（1）定苗、间苗、补苗　播后10~12天出苗，幼苗2~3片真叶时进行定苗、间苗、补苗，留壮苗去弱苗和畸形苗，缺苗及出现药害时，采用催芽或坐水补苗的方法，保证田间植株生长一致。

（2）抽蔓前管理　中耕除草2~3次，并做好培土和埋垄。中耕深度为苗旁浅、行间深，深度控制在5~10厘米。防止杂草与幼苗争肥、争光。保证通风透光，结荚饱满。为避免损伤花荚，花期不进行中耕除草。

（3）及时搭架、打顶摘心　当主茎30~40厘米，或真叶5~6片时搭种植架，架高2米左右，并引蔓上架，防止倒架，1次插不稳，透雨后再插1次。株高50厘米左右时摘除顶心。为使植株形成矮灌丛状，要多次摘除植株主侧蔓的顶尖，减少茎蔓的长度，增加开花结荚数。

（4）适时追肥浇水　苗期一般不浇水施肥，保持土壤通透性，促使根系向纵深扩展。始花期和结荚期适当追肥，始花期应亩施尿素10千克。第1花序开花坐果后，结合浇水亩追三元复合肥（15-15-15）15千克，结荚后保持田间湿润，见干即浇水。采收1次豆荚补施磷钾复合肥5千克。

（5）病虫害防治　病害主要有白粉病、炭疽病，选用25%多菌灵或波尔多液500倍液喷雾防治。虫害主要有地老虎、豆荚螟。地老虎可在从事农事操作时人工捕杀，其他虫害可用辛硫磷农药防治。

（二）大棚菜豆栽培技术

1. 播种前准备

（1）苗床准备　每公顷大田需要建苗床600米^2。先整平苗床，铺上一层塑料膜，然后再覆盖一层5厘米左右厚的稻糠，最后再覆盖一层10厘米左右厚的营养土，撒施50%多菌灵可湿性粉剂8~10克/米^3、三元复合肥（15-15-15）500克/米^3，将肥料与营养土拌均匀后灌溉，并喷洒96%噁霉灵可湿性粉剂6 000倍液等。也可选择采用营养钵进行育苗，用营养土（腐熟圈肥与壤土的比例为3∶7，喷洒上述药剂后混合均匀）填满营养钵后，将营养钵整齐排列在稻糠层上。整地做床前施足基肥，每亩可施用充分腐熟的有机肥700~1 000千克、草木灰30千克、三元复合肥（15-15-15）8~10千克。播种前2周左右进行苗床的制作，控制床土湿度为手捏成团、手松即散开的状态。若床土过干，可先灌溉，待水分充分下渗后再进行整地做床。

（2）种子选择及处理　德州地区大棚内适合种植的菜豆品种主要为绿龙等，其长势佳、产量高。选种时，要求挑选外表具有光泽、粒大、饱满、无病虫害以及无机械损伤的种子。播前晒种1~2天，以促使种子尽快萌发。之后在1%高锰酸钾、50%甲基硫菌灵可湿性粉剂800倍液、1%甲醛溶液等药剂中浸泡种子，利于预防苗期灰霉病、炭疽病等，10~20分钟后捞出用清水冲洗干净即可，也可将种子浸泡在热水（温度50℃左右）中，10分钟后加冷水将温度降到30℃，继续浸泡，2小时后即可捞出备播。需要注意的是，种子药剂处理后需要晾干才可播种。

2. 播种育苗

春季在大棚内进行早熟菜豆栽培，需要采用育苗移栽的方法，育苗的方式有营养钵育苗和撒播育苗。德州地区在2月中旬至3月上旬播种。营养钵育苗，提前将适合规格的营养钵以及营养土准备好，每钵播种3~4粒，之后覆盖、保温。撒播育苗，在提前准备好的苗床上均匀撒上种子，要求种子之间不重叠；播后种子上方覆盖2厘米左右厚的土，然后再覆盖一层稀疏的稻草，最后覆盖一层农用薄膜，可起到很好的保温效果，夜间还要覆盖草帘。

秋季在大棚内进行菜豆栽培，可结合当地气候选择播种期，德州地区一般在7月下旬至9月上旬播种，过早播种易受高温等危害，影响幼苗生长；过迟播种，有效积温无法满足菜豆生长所需，导致菜豆产量降低。秋季栽培菜豆一般采用直播方式，也可选择营养钵育苗，播种后可覆盖一层稻草，以保持土壤墒情。播种后可选择新高脂膜粉剂对地表进行喷洒,不仅可以减少土壤水分蒸发,还可以使土壤中的害虫窒息死亡,降低幼苗病虫害发生概率。播种后,将大棚内的温度保持在20～25℃时,一般3～4天幼苗即可出土,若温度略低,则在播种后5～7天幼苗出土。在出苗比例达到30%左右时即可将稻草、薄膜揭除。当幼苗子叶充分展开后,大棚内昼夜温度可分别适当降低到15～20℃、10～15℃,防止幼苗徒长。定植前5天,需要降低夜间温度至5～12℃。菜豆苗期对水分要求不高,一般不需要灌溉。定植前4～5天,为了促使幼苗健壮,需要在低温下进行炼苗。为了便于移栽,提前1天对苗床进行灌溉。菜豆苗壮标准:胚轴长势粗壮,子叶及基部着生的真叶完整、叶肉厚肥、叶片颜色深绿。

3. 定植

(1)选地整地 菜豆应选择排灌条件良好、富含腐殖质、土层深厚的沙壤土或者壤土地块进行定植。定植前深翻土壤,并清除土壤内石块、碎根等,每亩施入充分腐熟的厩肥500～700千克、过磷酸钙8～10千克、草木灰30～50千克。若土壤为酸性或者缺乏钙元素,则要及时撒施生石灰进行改良。整地时开龟背形的深沟高畦,畦宽(连沟)为1.3～1.5米,之后即可覆上一层地膜。

(2)科学定植 菜豆具有根系再生能力弱的特点,因而定植时间选在苗龄25天左右、子叶长出2片时,此时苗小,定植时根系损伤小,可以较快缓苗。定植以冷尾暖头的晴天进行为宜。如果选择营养钵育苗,可适当增加苗龄。起苗前苗床需要先灌透水,带坨移栽。移栽前将第1对真叶缺失及基部发红发病的幼苗剔除。定植时,地膜上破口尽量小,定植结束后尽快进行灌溉,并将定植孔用泥土封住,以利于幼苗成活。具体的定植密度应结合品种的特性而定,不宜过大,以利于丰产。对于蔓生品种,定植穴距为20厘米,每畦定植2行,每公顷栽植4.5万～6.0万穴;对于矮生品种,每公顷定植6.75万～7.50万穴,每穴栽植3～4株。

4. 田间管理

(1)补苗 大棚菜豆定植后,经常进行田间观察,一旦发现缺苗,或者基部着生的叶片出现损伤,及时起苗重新补栽,切记栽植后要及时灌1次透水,以促进补栽幼苗尽快缓苗。

(2)搭架 如果栽植的菜豆为蔓生品种,则需要及时搭架。可在菜豆苗刚"甩蔓"时进行搭架引蔓,以免幼苗生长过程中出现相互缠绕等影响通风透光的情况,避免花、荚脱落,搭架的材料可就地取材,一般有竹竿、木棍、绳子等。如果选择竹竿,可搭建人字架,长度以2.0～2.5米为宜。每穴中插入1根竹竿,将竹竿沿着穴基部边缘10～15厘米的位置插入土壤中,深度为15～20厘米。竹竿基部上方1.5米左右的位置再横着搭放1根竹竿,并用绳子捆绑结实。搭架后,进行2～3次的引蔓,要求沿着逆时针的方向进行,确保菜豆蔓沿着支架自然延展生长。

(3)花荚管理 大棚栽植菜豆,面临的一个难题即为花、荚脱落严重,对菜豆的丰产极为不利。分析其原因,主要有以下两个。一是缺乏营养,菜豆较早即进入花芽分化阶段，营养生长与生殖生长并进，在养分不足的情况下可导致花、荚脱落，尤其是菜豆处于大量开花阶段，落花落荚现象较为严重。二是不利气候条件的影响，在外界气温较高的条件下，菜豆的花器发育情况不佳，影响其授粉、受精。一般当大棚内温度在28℃以上时即可出现落花现象，超过30℃则易出现更为严重的落花现象。结合以上两个方面因素，为了减少大棚内菜豆生长过程中落花落荚，需要及时补充养分，并及时揭膜，以加大棚内的通风量。此外，菜豆落花落荚与大棚内湿度有较大的关系。菜豆处于开花结荚时大棚内相对湿度应控制在70%左右，湿度过低会导致花柱干燥、影响花粉管延伸，易造成落花，湿度过高会导致病虫害滋生，不利于菜豆植株生长，易造成落荚。通过采取合理的管理措施如施肥、通风等，可以营造有利于菜豆花、荚生长的条件，降低花、荚脱落率。

（4）温度控制 菜豆定植后至成活前这段时间，大棚内白天温度应控制为25~30℃，夜间温度确保>15℃。如果定植后遇到强降温天气，可在大棚内搭小拱棚，必要时夜间还需要用稻草等材料覆盖。菜豆开花后，白天温度控制为25~30℃，夜间温度确保>15℃；结荚期，白天温度控制为20~25℃，夜间温度确保≥15℃。白天时，如果温度达到30℃以上，及时揭膜通风降温。进入11月中旬，气温进一步降低，对于矮生菜豆品种，可采取搭小拱棚的方法延长采收期。

（5）水分管理 大棚内栽植菜豆，需要严格控制水分，以免导致植株徒长。定植后每3天左右灌溉1次，待幼苗缓苗后原则上不需要进行灌溉，应控水蹲苗。菜豆刚开花时及时灌溉，以免缺水影响植株对养分的吸收，导致落花落荚。坐荚后，菜豆进入快速生长阶段，在茎叶生长的同时逐渐开花结荚，需要加大灌水量，保持土壤相对含水量为60%~70%即可。当幼荚长度达2~3厘米时，每5天左右灌水1次，其间如果遇到降雨及时调整灌溉频次，必要时应进行排水、防渍。

（6）整枝与修剪 定植后10~15天即可进行整枝打尖，以控制顶端徒长、促进植株健壮生长，同时可以达到枝蔓合理、降低花果脱落、减少养分消耗、加强通风透光的效果。大棚菜豆需要及时修剪，要求选择刀口锋利的刀具，以避免损伤植株。将菜豆顶部的嫩芽剪除，促使更多分枝萌生。此外，如果菜豆植株上枝条及叶片密度过大、长势过旺，也要及时修剪，确保大棚内通风性良好。

5. 病虫害防治

同日光温室菜豆的病虫害防治。

6. 采收

菜豆采收的具体标准为豆荚呈粗长状、有品种特有的光泽、还没有"鼓豆"。采收时间要结合实际情况确定，过早采收会影响菜豆的产量，过迟采收则可导致豆荚老化、品质降低。大棚内早春菜豆一般在定植后30~40天开始收获。可结合实际分批进行收获。采收时动作要轻缓，以免折断花序甚至是侧枝，影响后续豆荚的结实。秋延后菜豆一般在10月上旬开始采收，对于矮生类型，采收时间可延续到12月；对于蔓生品种，采收时间可持续到 11 月中旬左右；有少许品种采收时间可持续到翌年 1 月初。

（三）日光温室菜豆栽培技术

1. 品种选择

选择开花期对日照长短要求不严、适应性强、抗病、产量高、品质好的早中熟品种。常用品种有泰国架豆、二扁芸豆、嫩丰 2 号和绿丰等。

2. 播种前准备

（1）营养土配置　用腐熟有机肥 4 份、过筛园土 6 份，加入 0.1% 的三元复合肥（15-15-15），充分混合均匀后装入 50 孔穴盘中或营养钵（10 厘米 ×10 厘米）中。

（2）种子处理　选择种皮有光泽、无斑点的 2 年以下的新种子，2 年以上的陈种子发芽力和发芽势都较弱，不宜采用。每亩用种量为 3~4 千克。播前进行晒种和选种，晒种在每天 11:00—14:00 进行，持续 2~3 天。用 55℃ 温水浸种 15 分钟并不断搅拌，待水温降至 30℃ 时浸泡 4~6 小时，再用 0.1% 高锰酸钾或 10% 磷酸三钠浸种 15 分钟，用清水冲净，捞出沥干后用湿纱布包住种子，置于 25~30℃ 条件下催芽。每天用温水清洗种子 1~2 次，持续 2 天左右，多数种子露白时即可播种。

3. 播种

（1）播种　播种前将营养土浇透水，待水渗下后，用手指或圆柱形工具对准每个钵或穴中央，按下 3 厘米深，将种子播入，每个钵播种 2~3 粒，覆盖过筛的营养土 2 厘米左右厚，扣上小拱棚或覆盖地膜保温保湿。

（2）苗期管理　播后白天温度 25~30℃、夜间 18~20℃。幼芽出土后，揭去地膜，再盖 0.3 厘米厚的过筛消毒细土，温度降低到白天 20℃ 左右、夜间 10~15℃，以防徒长，加强光照，保持每天 10~11 小时的充足光照，空气相对湿度保持在 65%~75%，并且注意防止苗期低温多湿。当幼苗子叶展平后，白天保持在 18~20℃、夜间 10~15℃。对生叶充分展开，第一片真叶出现后，为促进根、茎、叶生长和花芽分化，应适当提高温度，白天 20~25℃、夜间 15~20℃，定植前 1 周进行幼苗锻炼，白天 15~20℃、夜间 10~15℃。幼苗在中午前后出现轻度萎蔫时浇 1 次透水，不要小水勤浇，易徒长。定植前 1 天，浇 1 次水，利于秧苗脱钵。壮苗的标准：苗龄 20 天，子叶完好，4~5 片真叶，株高 5~7 厘米，第一片复叶初展，根系发达，无病虫害，叶片厚而色浓，节间短、柄短。

4. 定植

选择 3 年未种豆类作物的田块种植，并且根据土壤肥力和目标产量确定施肥总量。一般每亩施入腐熟农家肥 4 000~5 000 千克、三元复合肥（15-15-15）50 千克作为基肥，深翻 25~30 厘米，耙细，封垄，作畦。小行距 60 厘米，大行距 80 厘米，株距 35~40 厘米，每亩约 2 200 穴。如果土壤干旱，应提前 1 周浇水造墒。定植应选择在

"冷尾暖头"的晴天上午进行。定植前先给苗床浇透水,起苗(带土),淘汰子叶缺损、真叶扭曲等弱苗、病苗和虫苗。定植时先在挖好的穴中浇足定植水,水下渗后,每穴定植2株。再覆少量营养土,使苗坨与膜面相平,培土压严膜口。

5. 田间管理

(1)温湿度管理 从定植到6片真叶展开,白天温度25~30℃,夜间15℃以上,密闭不透风,以提高地温,促进缓苗。缓苗以后适当降低温度,棚温白天保持在22~25℃,夜间不低于15℃,伸蔓期白天温度22~28℃,夜间15~20℃。开花结荚期白天温度20~22℃,夜间10~12℃。适宜土壤最大持水量为60%~70%。

(2)肥水管理 浇水采用"干花湿荚"措施。苗期不灌水,但过分干燥对菜豆生长不利。视土壤墒情,可浇小水,不宜大水浇灌。结荚初期每5~7天浇1次水,以后逐渐加大浇水量。2片真叶展开后、花芽开始分化时,每亩追施三元复合肥(15-15-15)30~35千克。开花结荚初期,每亩追施尿素10~15千克、磷酸二氢钾6~8千克,以后每隔10天左右亩追施三元复合肥(15-15-15)15千克,每5~6天浇1次水。同时,还应有针对性地喷施微量元素肥料,可用0.2%磷酸二氢钾加0.1%硼砂加0.1%钼酸铵溶液,或2%过磷酸钙浸出液加0.3%硫酸钾溶液喷施防早衰。

(3)吊绳引蔓 当植株主蔓长至30~40厘米时,进行插架或吊绳引蔓。吊绳引蔓的方法是在每行植株正上方预置距地面2米高的铁丝,从铁丝上垂下绳子,把绳子用活扣绑到茎基部,盘蔓上去。在主蔓长到铁丝前,让茎蔓沿吊绳回头向下,进行回蔓。主蔓长过铁丝20厘米时,摘心。现蕾时,第一花序以下的侧枝打掉。当蔓长到1.8~2.0米时打掉顶梢,促进分生侧枝。若植株生长过旺,要抹去过多的分枝,防止形成"伞形帽",影响光照及中后期产量。生长中后期,去除下部老叶、黄叶、病叶,既能改善通风透光条件,减少病害发生,又能促使新侧枝生长。此外,当苗高30厘米时,用100毫克/千克助壮素加0.2%磷酸二氢钾混合喷雾;当苗高50厘米时,用200毫克/千克助壮素加0.2%尿素混合喷雾;当苗高70厘米时,用200毫克/千克助壮素+0.2%磷酸二氢钾混合喷雾,对促进花芽分化、早结果、提高早期和中期产量非常重要。

6. 病虫害防治

菜豆主要病害有根腐病、炭疽病、锈病、细菌性疫病和灰霉病等,虫害有豆荚螟、美洲斑潜蝇、蚜虫和白粉虱等。

(1)根腐病 发病时间在植株出现复叶后,具体表现为植株矮小,开花结荚后症状更加明显,下部叶片枯萎发黄。防治上,可用50%多菌灵可湿性粉剂500~600倍液或75%百菌清可湿性粉剂600倍液喷洒植株,也可用70%甲基硫菌灵可湿性粉剂800~1 000倍液灌根防治。

(2)炭疽病 叶片受到侵害时病斑为红褐色至暗褐色,呈圆形凹陷。叶片受害,叶背面叶脉处呈多角形条斑,由红褐色变黑褐色。茎蔓染病,病斑为条状锈色斑,有凹陷或龟裂，使幼苗折断。荚果病斑为暗褐色，有近圆形凹陷，边缘有红褐色晕圈，潮湿时病斑分泌肉红色黏稠物。防治方法为选用无病种子或播种前进行种子消毒。合理密植，加强棚内通风降湿和栽培管理，促使植株健壮生长，增强抗病能力，可用80%代森锰锌可湿性粉剂1 000倍液，或50%甲基硫菌灵可湿性粉剂600倍液喷雾防治。

（3）锈病　叶片是主要受害部位，严重时也可危害叶柄和果。发病初期，在叶背面出现淡黄色小斑点，后变为锈褐色，微隆起呈小脓疱病斑，为夏孢子堆，病斑破裂后散放出红褐色粉末状物，后期病斑变黑，为冬孢子堆，内含黑色粉末状物。防治方法：选用抗病品种，培育壮苗，合理密植，改善通风透光条件，加强栽培管理，控制好棚内温度和湿度等环境条件，使其不利于该病的发生，发病初期可用50%萎锈灵可湿性粉剂800~1 000倍液，或25%三唑酮可湿性粉剂2 000~3 000倍液，或50%多菌灵·硫悬浮剂400倍液，每7~10天喷1次，连续2~3次。

（4）细菌性疫病　细菌性疫病初发生时，首先表现在叶片上，叶片尖端或者边缘部位逐渐变黄，有的还会出现小斑点，油渍状，之后形状逐渐变为不规则形，有晕圈。可用30%琥胶肥酸铜500倍液防治。

（5）灰霉病　该病在菜豆的花、茎、荚、叶上均可发生，在湿度大的情况下会产生灰色霉层，可用50%乙烯菌核利可湿性粉剂1 000倍液，或50%腐霉利可湿性粉剂1 000倍液，或40%双胍三辛烷基苯磺酸盐可湿性粉剂3 000倍液喷雾防治。

（6）白粉病　叶片是主要受害部位，严重时也可危害蔓梢及荚果。防治方法是选育和选用抗耐病高产良种。结合防锈病及早喷药预防控病，本病同锈病一样，在植株开花结荚后、生长中后期渐趋严重，并由下而上逐渐往上发展，对锈病菌有效的药剂亦可兼治白粉菌，故抓好锈病的防治也可兼治本病，一般不需单独防治。

（7）豆荚螟　主要是幼虫危害豆叶、花及豆荚，常卷叶危害或蛀入荚内取食幼嫩的种粒，荚内及蛀孔外堆积粪粒，受害豆荚味苦，不能食用。农业防治：加强田间管理，及时清除田间落花、落荚，并摘除被害的卷叶和豆荚，以减少虫源。药剂防治：采用增效氰马21%乳油6 000倍液；氰戊菊酯40%乳油6 000倍液；溴氰菊酯2.5%乳油3 000倍液，从现蕾开始，每隔10天喷蕾、花1次。

（8）美洲斑潜蝇　美洲斑潜蝇可用1.8%阿维菌素乳油2 000倍液，或98%杀虫单可溶性粉剂800倍液，或20%吡虫啉可溶性粉剂4 000倍液，或5%氟啶脲乳油2 000倍液喷雾防治，时间掌握在成虫羽化高峰后的8~12小时效果好。此外，释放姬小蜂等寄生蜂，控制率较高。

（9）蚜虫　在温暖的环境下蚜虫全年可发生，可导致菜豆植株节间变短、弯曲，造成植株矮小，最终影响产量，可用21%氰戊·马拉松乳油3 000倍液，或10%烯啶虫胺·吡蚜酮水分散粒剂2 000~3 000倍液，或25%吡虫啉可湿性粉剂1 000~1 500倍液，或50%抗蚜威可湿性粉剂2 000倍液喷雾防治。

（10）茶黄螨　顶端的心叶部位先受到侵害，而后开始逐渐蔓延。防治上，可选择

5% 氟虫脲乳油 1 000~1 500 倍液、20% 速螨酮可湿性粉剂 3 000~4 000 倍液等药剂进行喷雾。

（11）白粉虱　用 25% 噻嗪酮可湿性粉剂 1 500 倍液或 20% 甲氰菊酯乳油 2 000 倍液喷治。

7. 采收

开花后 10~15 天即可采收。采收标准：豆荚颜色由绿转为淡绿，外表有光泽，种子略显露。采收过迟，纤维多，品质差，种子发育需消耗大量养分，不利植株生长和结荚，容易造成落花落荚。每 2~4 天采收 1 次，或根据市场需要采收。

三、扁豆

扁豆味道甘甜，具有补脾和胃、消暑解毒、除湿止泻等功能，有治疗脾胃虚热、呕吐泄泻、口渴烦躁、酒醉呕吐等功效。扁豆营养成分以及食用价值相对较高，是社会大众喜爱的蔬菜。

（一）播种

扁豆露地栽培，要选择豆粒饱满、大小整齐、颜色一致的种子，播种前将种子放在阳光下晾晒 1~2 天，然后在 0.1%~0.2% 的高锰酸钾溶液中浸种 20~30 分钟，或 50% 多菌灵可湿性粉剂 500 倍液中浸泡 30 分钟。浸种后，用清水将种子冲洗干净，去除残留的药剂。播种时每行间距 60~70 厘米，孔洞距离为 30~40 厘米。播种尽可能选择晴朗天气，等待水渗透之后放置种子，防止种子腐烂。

（二）田间管理

1. 间苗

管理过程中，当幼苗生长至 4 叶 1 心时，需要间苗，每个孔洞保留幼苗 2 株，确保幼苗密度 3.15 万~3.45 万株/公顷。

2. 搭架

当幼苗藤蔓生长至 40~50 厘米时搭架，每个种植孔洞插 2 根长度为 180~200 厘米的木棍，每个种植宽度进行人字形搭架处理，木棍填埋入土中深度为 10~20 厘米，木棍上半部分 150 厘米位置上将两根木棍捆绑在一起，种植区域使用竹竿进行横向连接，引蔓上架。主蔓生长至 50~60 厘米时，第一次摘心，藤蔓生长至 80~100 厘米时，进行第二次摘心。

3. 肥水管理

前期需要适当控制肥料使用数量。幼苗需要适当控制肥料使用数量，一般在幼苗生长后期施肥，按生长情况追施三元复合肥（15-15-15）150~225 千克/公顷。花荚期用浓度为 0.1% 硼、钼等微肥喷施 1~2 次，收获期则施加追肥至少 1 次。缓苗期，浇缓苗水，中耕蹲苗。初花期，控制浇水，防止徒长，第一花序荚坐住后，结合追肥浇足水。结荚盛期每隔 8~12 天浇 1 次水。

（三）病虫害防治

1. 农业防治

为了减少病虫害对扁豆生长的影响，提高扁豆综合产量，必须做好农业防治技术应用，采用科学的绿色农业防控技术，能够减少扁豆病虫害对其生长的影响。

（1）扁豆种子处理　扁豆种子选择不仅能够对其产量产生影响，同时会影响扁豆植株抵御病虫害的能力。为了降低病虫害发生率，必须做好扁豆种子选择与处理工作。首先，在扁豆品种选择时，要选择根系发达、分蘖力强、穗大粒多且抗逆性强的扁豆品种，不仅能够促进扁豆产量提升，还能够使得扁豆植株抵抗病虫害的能力提高。其次，在扁豆种子处理过程中，需要做好选种、消毒浸种等工作，扁豆种子选择可以采用多种技术，需要依据实际情况确定；在对扁豆种子处理时，可以采用药液对其进行浸泡处理，比如用 1% 石灰水进行浸泡，浸泡之后将种子充分洗净后催芽播种；通过采用药液浸泡，能够将扁豆种植带有的病菌消除，防止扁豆种子带有病毒进入播种环节；在选择扁豆种子时，需要保证扁豆种子性状良好，可以采用清水对不饱满的种子进行漂洗，将不饱满的种子去除，从而提升扁豆对病虫害的抵抗能力。通过科学的种子选择以及处理，能够为扁豆生长打下基础，是农业防治中的关键，种植人员需要掌握科学的选种与处理技术。

（2）轮作换茬　扁豆与非豆科作物进行 2 年以上的轮作，轮作能够减少土壤中病菌数量和虫卵数量，对于病虫害的发生和蔓延起到良好的控制作用，能够有效减少蚜虫、根腐病等问题发生，是提高扁豆病虫害防治效果的有效措施。轮作倒茬是一种科学有效的病虫害防控技术，种植人员需要结合历史种植情况，进行轮作倒茬，降低扁豆多种病虫害发生率。需要注意的是，在一个固定的种植区域内，连续种植某种抗病品种会使病虫害种类产生一定的变化，需要采用不同抗病品种交替种植。

（3）科学栽培管理　在扁豆栽培期间，需要做好通风处理，严格控制棚内湿度，消除病虫害产生有利条件；及时将出现病虫害的扁豆枝叶去除，在扁豆收获后需要及时对大棚进行清理，将病虫残体带出田外集中销毁；在冬季种植期间，需要采用深翻冻垡的种植措施，从而能够减少病虫害基数；在扁豆生长过程中需要做好浇水和施肥管理，夏季需要结合棚内温度情况进行降温，在雨季时需要做好水肥管理，防止过多水分影响扁豆根系发育；肥料主要用有机肥和氮、磷、钾复合肥，并适当使用磷酸二氢钾作叶面肥，补充扁豆植株生长所需养分，提升扁豆抵抗病虫害能力；在扁豆种植过程中，精准控制肥料使用，使用的有机肥要充分腐熟，不得混有病虫害、扁豆残体及腐烂物，防止土壤出现板结等，从而为扁豆创造良好的生长环境，提高扁豆抵抗能力。

（4）综合防控　首先，种植人员要根据当地的地理环境、气候因素等，尽量选择抗病虫害能力强的扁豆植株和品种，在种植前对扁豆种子的质量进行检测，确保扁豆品种能够抵抗当地大部分病虫害，同时做好扁豆病虫害的预防工作，消除有利于扁豆病虫害滋生和繁殖的条件。其次，种植人员需要加强对扁豆病虫害的日常监测，从而能够提前发现扁豆病虫害的发生，从而提前开展预防措施，防止病虫害对扁豆造成严重危害。例如，在现代科学技术发展的推动下，信息技术逐渐在扁豆病虫害防治中取得应用，通过在扁豆农田中安装传感器的方式，能够建立自动化、智能化病虫害防控体系，当检测到存在病虫害问题时能够自动发出报警提醒，从而提高病虫害识别效率。

2. 生物防治

在生物防治处理过程中，需要格外关注利用天敌生物，选择使用生物农药进行农作物防治和病虫害防治，保护自然生态环境。

3. 化学防治

使用农药时，严格控制药剂的剂量、用药次数和安全间隔期，做到多种害虫或病害兼治，使用农药的准则与注意事项符合 NY/T 1276 的相关规定，严禁使用国家明令禁止的剧毒、高毒、高残留农药品种和国家规定不得在蔬菜上使用的农药以及含有这些农药的复配剂。注意交替用药，合理混用。

（1）扁豆根腐病主要发生在扁豆根系，导致扁豆根系生长受到影响，造成扁豆根系不发达、根瘤少，从而导致地上植株发育矮小瘦弱，扁豆结荚数量降低，综合产量降低。可以选用 4% 农抗 120 水剂 200 倍液灌根、70% 噁霉灵可湿性粉剂 1 500 倍液泼浇根系周围土壤。

（2）扁豆黑斑病是德州地区扁豆生产中常发生的间歇性流行病害，在病害流行的年份，会造成扁豆减产 10% 左右，严重时可减产 30%～40%，百粒重下降 2～3 克，蛋白质含量也会降低。可以选用 40% 多菌灵胶悬剂，用量 100 克/亩，稀释成 1 500 倍喷雾 50% 多菌灵可湿性粉剂或 70% 甲基硫菌灵可湿性粉剂，用量 120 克/亩，稀释成 1 000 倍液喷雾，能够起到较好的治理效果。

（3）扁豆炭疽病可选用 70% 甲基硫菌灵可湿性粉剂 500 倍液、50% 多菌灵可湿性粉剂 500 倍液、50% 百菌清水剂 600～800 倍液等喷雾防治，能够取得良好防治效果。

（4）猝倒病、立枯病，苗床消毒可用 3% 精甲霜·噁霉灵水剂 300～500 倍液浇淋床土，大田发病初期，选用 58% 甲霜·锰锌 500 倍液等药剂喷雾，隔 5～7 天再防治 1 次。

（5）灰霉病，可用 60% 甲硫·霉威可湿性粉剂 800 倍液，或 50% 腐霉利可湿性粉剂 700～1 000 倍液等药剂喷雾防治。

（6）蚜虫是对扁豆危害较为严重的害虫，可选用 10% 吡虫啉可湿性粉剂 1 000～1 500 倍液、3% 啶虫脒乳油 2 000～3 000 倍液喷雾防治。